薄膜光學概論

葉倍宏　編著

全華圖書股份有限公司　印行

Preface 序言

　　本書編寫目的，旨在使用 MATLAB 撰寫光學薄膜模擬程式，以及 ThinFilmView、TFCalc 商用模擬軟體試用版來輔助學習薄膜光學，適合大專院校理工學院各系，尤其是光電系所的同學主修，或有興趣研究薄膜光學的讀者參考使用。

　　本書各章導讀，如下所述：

● 第 0 章：簡介商用光學模擬軟體 ThinFilmViewDemo，快速瀏覽即可。

● 第 1 章：介紹光學薄膜的基本概念，包括特徵矩陣、薄膜符號以及學習如何使用 MATLAB 自行開發、撰寫光學薄膜的模擬程式；此單元的學習，有必要將學習時間延長。

● 第 2 章：詳細討論各類型抗反射膜的設計與應用，內容包括單區域抗反射膜，雙區域抗反射膜與電腦優化合成抗反射膜。此單元是很重要的章節，尤其配合太陽能與 LED 綠能產業的研究發展，請務必加強學習。

● 第 3 章：介紹各類型高反射率鍍膜，其中特別針對典型的應用-雷射鏡片，進行更進階的探討與研究。

● 第 4 章：內容涵蓋中性分光鏡、雙色分光鏡以及偏振分光鏡的設計。

● 第 5 章：介紹旁通濾光片的概念與設計，應用上的重要性不言可喻，如果時間允許，請儘量延長學習時間。

● 第 6 章：介紹帶通濾光片的概念與設計，與第 5 章構成完整的濾光片學習單元。

　　本書所呈現的相關程式檔案，配合研習進度參考學習即可，原則上，初步的學習應該著重在薄膜光學課程本身，進階學習再考慮自行發展模擬程式的可能，量力而為，以避免本末倒置，事倍功半。書中所列舉的範例，以及設計實例，務必確實研習、瞭解，並且儘量配合模擬程式或商用軟體實做一遍，期能增強輔助學習的效果。章末習題原先規劃對應學習內容的各類型鍍膜產品設計，但因屬於延伸學習單元，故不再指定詳列，若有興趣研究鍍膜設計問題，請自行參閱網路資源或參考資料之產品型錄。

感謝恩師李正中教授在作者就讀中央光電所期間的指導，今日才有本書的編著出版。作者才疏學淺，純粹以教學需要編撰，並且使用新式的教學方式與模擬軟體，誤漏難免，尚祈讀者、先進不吝指正，針對本書中任何問題，或有任何建議，請 email：yehcai@mail.ksu.edu.tw。

Preface
編輯部序

「系統編輯」是我們的編輯方針，我們所提供給您的，絕不只是一本書，而是關於這門學問的所有知識，它們由淺入深，循序漸進。

本書主要使用 MATLAB 撰寫光學薄膜模擬程式，以及 ThinFilmView、TFCalc 模擬軟體來輔助學習薄膜光學。全書共分七個章節：第 0 章為程式模擬軟體簡介，第 1 章開始介紹光學薄膜的基本概念，第 2 章及第 3 章討論各類型抗反射膜及高反射率鍍膜，第 4 章介紹分光鏡的應用及設計，第 5 章及第 6 章介紹濾光片的概念與設計。本書適用於科大電子、光電系、大學物理系「薄膜光學」課程使用。

同時，為了使您能有系統且循序漸進研習相關方面的叢書，我們以流程圖方式，列出各有關圖書的閱讀順序，以減少您研習此門學問的摸索時間，並能對這門學問有完整的知識。若您在這方面有任何問題，歡迎來函連繫，我們將竭誠為您服務。

相關叢書介紹

書號：0587702
書名：發光二極體之原理與製程
　　　（第三版）
編著：陳隆建
20K/288 頁/350 元

書號：0555602
書名：薄膜工程學
編譯：王建義
20K/360 頁/380 元

書號：0605301
書名：白光發光二極體製作技術－
　　　由晶粒金屬化至封裝(第二版)
編著：劉如熹
20K/344 頁/450 元

書號：0552502
書名：薄膜科技與應用(修訂二版)
編著：羅吉宗
20K/464 頁/440 元

書號：05678
書名：CCD/CMOS 影像感測器之
　　　基礎與應用
編譯：陳榕庭.彭美桂
20K/328 頁/350 元

書號：102987
書名：真空技術與應用 (精裝本)
編著：國研院精密儀器中心
16K/680 頁/850 元

◎上列書價若有變動，請以
　最新定價為準。

流程圖

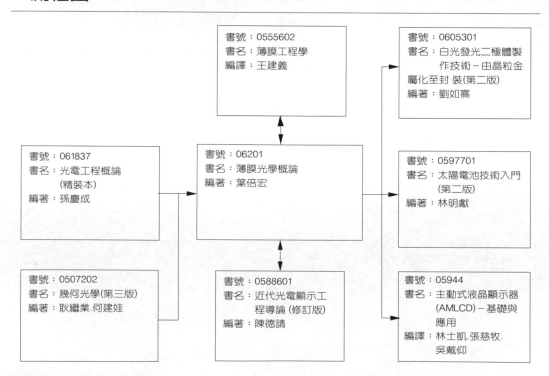

書號：0555602
書名：薄膜工程學
編譯：王建義

書號：0605301
書名：白光發光二極體製作技術－由晶粒金屬化至封裝(第二版)
編著：劉如熹

書號：061837
書名：光電工程概論
　　　（精裝本）
編著：孫慶成

書號：06201
書名：薄膜光學概論
編著：葉倍宏

書號：0597701
書名：太陽電池技術入門
　　　（第二版）
編著：林明獻

書號：0507202
書名：幾何光學(第三版)
編著：耿繼業.何建娃

書號：0588601
書名：近代光電顯示工程導論 (修訂版)
編著：陳德請

書號：05944
書名：主動式液晶顯示器
　　　(AMLCD)－基礎與應用
編譯：林士凱.張慈牧.吳戴仰

Content
目錄

第 1 章 基本概念 1-1

第 2 章 抗反射膜 2-1

第 3 章　　高反射率鍍膜　　　　　　　　　　　　　　3-1

參考文獻

Chapter 0

薄膜光學模擬軟體簡介

0-1　下載與安裝

下載網站 http://www.thinfilmview.com/tw/download.html，填寫下載試用版資料後下載。

下載Demo Version 2.1

公司名稱(必填)	
部門名稱	
姓名(必填)	
電話	
E-mail(必填)	

下載(24.45Mb)　清除

該網頁同時註明試用版的限制如下：

This software cannot be re-distributed.

Demo version limitation.
1. Film data and dispersion data file cannot load and save.
2. Wavelength range cannot change.
3. Incident Angle range cannot change.
4. Only Quartz and Air(n=1) are included as a substrate and incident medium.
5. Only MgF2 and TiO2 are included as a film material.
6. Refractive index value can not be inputted directly.

並且提供繁體中文的使用手冊

ThinFilmView2.1 Users Guide 繁體中文 (pdf, 2.82Mb)
ThinFilmView2.1 Users Guide 英語 (pdf, 2.79Mb)
ThinFilmView2.1 Users Guide 日語 (pdf, 3.06Mb)

User's guides were included the demo version.

安裝過程如下：滑鼠雙按　TFVDemoSetup　圖示，確定選用繁體中文

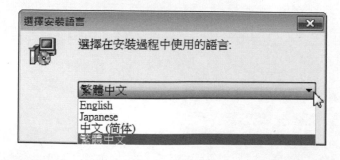

選擇安裝語言

選擇在安裝過程中使用的語言：

繁體中文
English
Japanese
中文 (简体)
繁體中文

依照安裝順序與指示進行，例如建立桌面圖示。

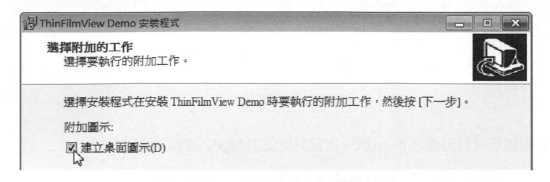

0-2　整合開發環境

按[開始 / 程式集 / ThinFilmView Demo / ThinFilmView Demo]，或者按[開始 / ThinFilmView Demo]啟動系統，啟動後出現 ThinFilmView 主視窗與波長曲線圖，如下所示：

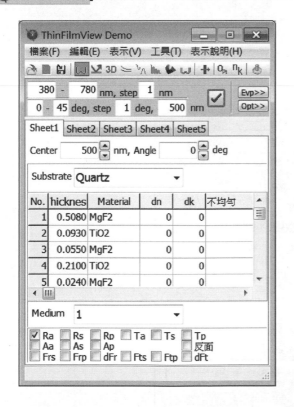

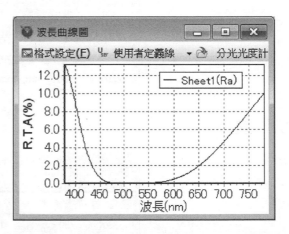

主視窗中會出現如下所示的預設 7 層抗反射膜設計範例，以及相對應的波長曲線圖。

No.	hicknes	Material	dn	dk	不均勻
1	0.5080	MgF2	0	0	
2	0.0930	TiO2	0	0	
3	0.0550	MgF2	0	0	
4	0.2100	TiO2	0	0	
5	0.0240	MgF2	0	0	
6	0.1140	TiO2	0	0	
7	0.2500	MgF2	0	0	

其中膜層材料因為是 demo 版，因此只能使用 MgF_2、TiO_2 兩種材料。

No.	hicknes	Material	dn	dk	不均勻
1	0.5080	MgF2	0	0	
2	0.0930	MgF2	0	0	
3	0.0550	TiO2	0	0	
4	0.2100	TiO2	0	0	
5	0.0240	MgF2	0	0	
6	0.1140	TiO2	0	0	
7	0.2500	MgF2	0	0	

0-2-1　主視窗說明

1. 功能表列：

2. 工具列：

3. **波長範圍**：從 380~780nm，計算波長間距 1nm (試用版不能更改)

4. **入射角範圍**：從 0~45 度，計算入射角間距 1 度，入射角計算波長為 500nm (試用版不能更改)

5. **適用鍵**：

6. **蒸鍍控制數據顯示鍵**：

7. 蒸鍍控制數據顯示鍵：

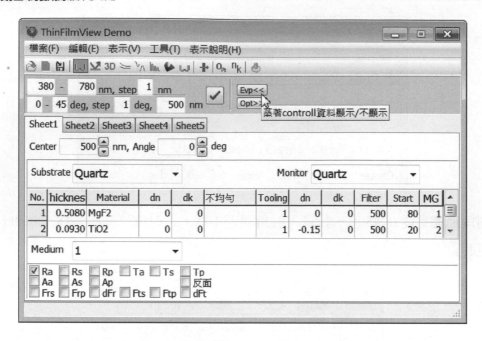

8. 最適化參數顯示鍵：

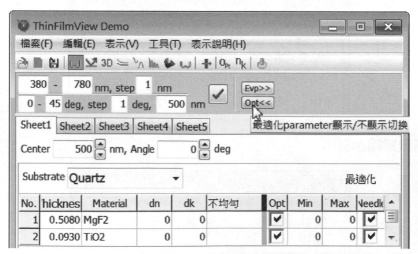

9.　工作表切換頁籤：

10. 設計的中心波長與光入射角度：

11. **基板**：(試用版只有兩項選擇，Quartz 或空氣介質)

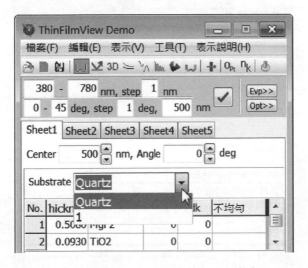

12. **鍍膜資料**：(試用版只有兩種材料選擇，低折射率材料 MgF_2 與高折射率材料 TiO_2)

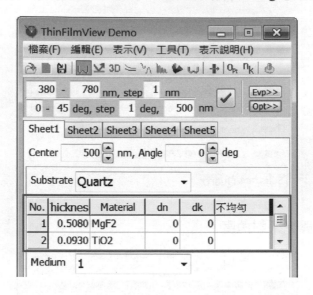

其中 Thickness：膜厚，Material：鍍膜材料，*dn*：折射率補正，*dk*：吸收係屬補正。

13. **入射介質**：(試用版只有兩項選擇，空氣或 Quartz 介質)

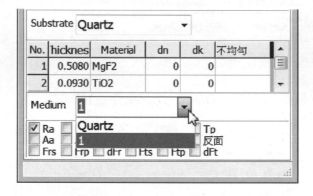

14. **計算種類選取**：

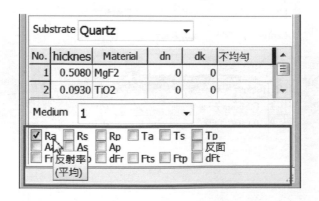

0-3　功能表列與工具列

包括**功能表列**(Menu Bar)，如下圖所示：

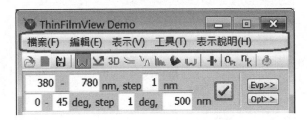

檔案功能表中的項目

編輯功能表中的項目

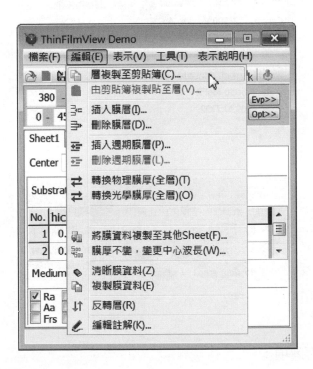

表示功能表中的項目

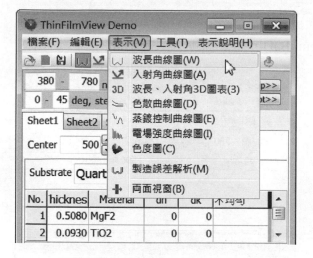

工具功能表中的項目

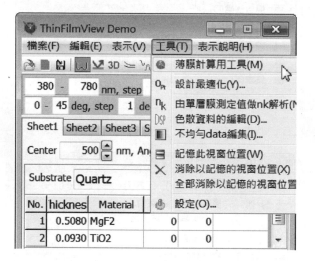

表示說明功能表中的項目

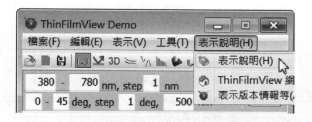

🎯 0-3-1　工具列

工具列(ToolBar)的選項：

相對於檔案功能表中的**開啓舊檔**項目

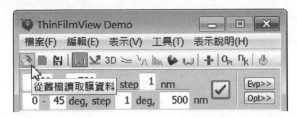

相對於檔案功能表中的**另存新檔**項目

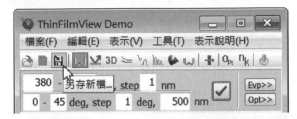

相對於表示功能表中的**波長曲線圖**項目

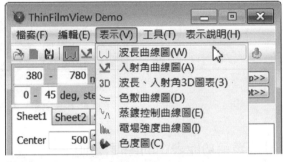

相對於表示功能表中的**入射角曲線圖**項目

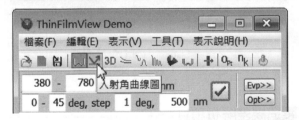

對於表示功能表中的**波長、入射角 3D 圖表**項目

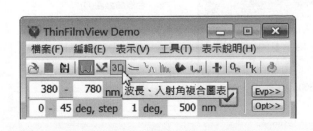

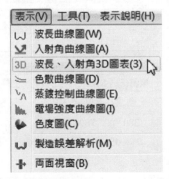

相對於表示功能表中的**色散曲線圖**項目

相對於表示功能表中的**蒸鍍控制曲線圖**項目

相對於表示功能表中的**電場強度曲線圖**項目

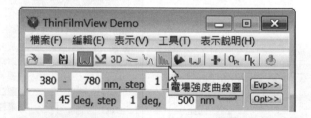

相對於表示功能表中的**色度圖**項目

相對於表示功能表中的**製造誤差解析**項目

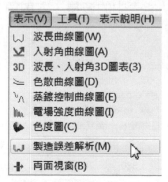

相對於表示功能表中的**雙面視窗**項目

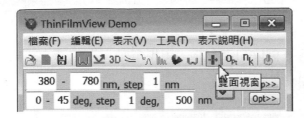

相對於工具功能表中的**設計最佳化**項目

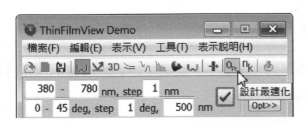

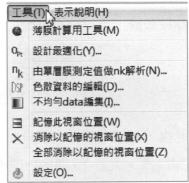

相對於工具功能表中的**由單層膜測定值做分散的解析**項目

相對於工具功能表中的**設定**項目

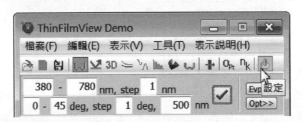

0-4　鍍膜資料操作

鍍膜材料厚度 $\dfrac{nd}{\lambda}$ 可以直接輸入更改，例如下圖所示，滑鼠按兩次第一層鍍膜 Thickness 欄位的儲存格，即可直接更改膜厚的數值，其中 nd 為光學膜厚，d 為物理膜厚

No.	hicknes	Material	dn	dk	不均勻
1	0.5080	gF2	0	0	
2	0.0930	TiO2	0	0	

或者滑鼠按一次 Thickness 欄位的儲存格，出現滑動尺與數據上下鍵微調控制項，此時使用滑鼠拖曳滑動尺微調更改

No.	hicknes	Material	dn	dk	不均勻
1	.5340	gF2	0	0	
2	0.0 30	TiO2	0	0	

或者滑鼠點按數據上下鍵微調更改

No.	hicknes	Material	dn	dk	不均勻
1	.5000	gF2	0	0	
2	0.0930	Ti 2	0	0	

微調更改過程，可以即時看到波長曲線圖的改變效果。此欄位輸入的數值，預設值為小於 10 代表光學膜厚，大於 10 則為物理膜厚(參考下圖)。

鍍膜材料的更改，類似上述鍍膜厚度的處理，同樣以滑鼠點按第一層鍍膜 Material 欄位的儲存格，即可透過下拉式控制項選用其他材料(試用版只提供兩種材料：MgF_2 與 TiO_2)。

◉ 0-4-1　dn 與 dk

所謂材料折射率補正 *dn* 與吸收係數補正 *dk*，係針對設計波長時的折射率 *n* 與吸收係數 *k*，微調增大或變小的動作。例如下圖所示，滑鼠移至鍍膜第一層 *dn* 的欄位，系統會自動顯示在設計波長 500nm 處的折射率 $n = 1.38479$，若滑鼠移至鍍膜第一層 *dk* 的欄位，則自動顯示在設計波長 500nm 處的吸收係數 $k = 0$。一般而言，MgF_2 可視為低折射率介質材料。

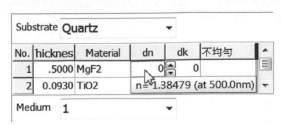

同理，TiO₂ 視為高折射率介質材料，在設計波長 500nm 處，其折射率 $n = 2.49135$，吸收係數 $k = 0$，系統顯示數值如下所示

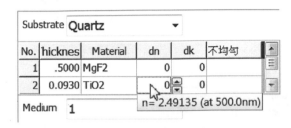

若需要微調增大，滑鼠按欄位右邊的▲圖示，每按一下增加 0.01，數值顯現如下所示

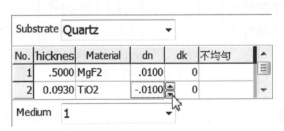

反之，當需要微調變小時，則按欄位右邊的 ▼ 圖示，每按一下減少 0.01，數值顯現如下所示。

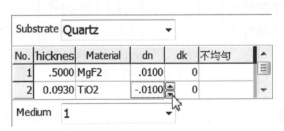

🔵 0-4-2　不均勻(折射率斜面)設定

所謂不均勻，係指折射率呈現斜面分佈。例如下圖所示，滑鼠移至鍍膜第一層不均勻的欄位，系統會自動出現下拉式選單，滑鼠點按 ▼ 圖示，發現系統預設為 none，其餘尚有四種不均勻的選項。

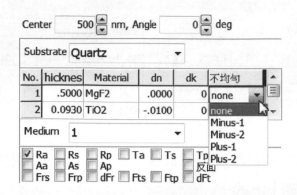

四種不均勻的選項效果，分述如下：

(一) Minus-1：

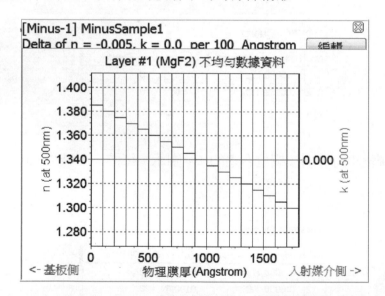

滑鼠移至此欄位，出現如下所示的膜層不均勻分佈情形。

由膜層不均勻分佈圖可以清楚看到此膜層每間隔 100Angstrom 物理膜厚，折射率降低 0.005，範圍從 1.38 至 1.3，影響所及的波長曲線圖如下所示。

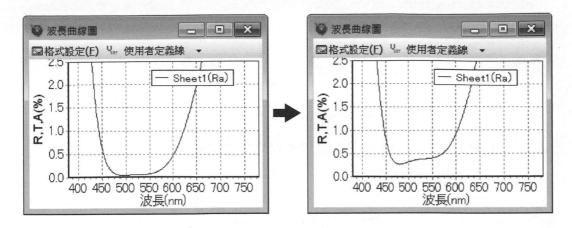

(二) Minus-2：

No.	hicknes	Material	dn	dk	不均勻
1	.5000	MgF2	.0000	0	Minus-2
2	0.0930	TiO2	.0000	0	

　滑鼠移至此欄位，出現如下所示的膜層不均勻分佈情形

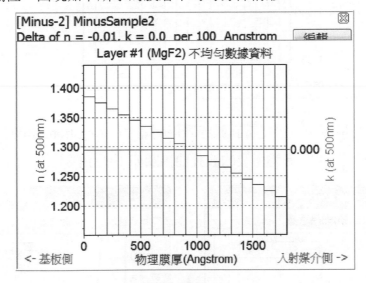

由膜層不均勻分佈圖可以清楚看到此膜層每間隔 100Angstrom 物理膜厚，折射率降低 0.01，範圍從 1.38 至 1.21，影響所及的波長曲線圖如下所示。

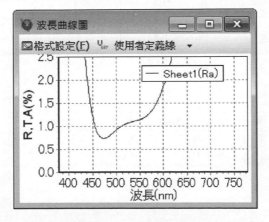

(三) Plus-1：

No.	hicknes	Material	dn	dk	不均勻	
1	.5000	MgF2	.0000	0	Plus-1	
2	0.0930	TiO2	.0000	0		

滑鼠移至此欄位，出現如下所示的膜層不均勻分佈情形。

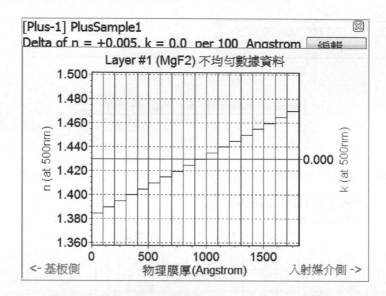

由膜層不均勻分佈圖可以清楚看到此膜層每間隔 100Angstrom 物理膜厚，折射率增加 0.005，範圍從 1.38 至 1.47，影響所及的波長曲線圖如下所示。

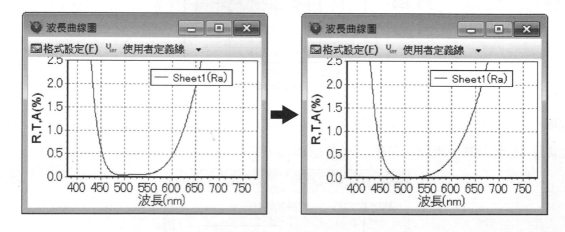

(四) Plus-2：

No.	hicknes	Material	dn	dk	不均勻	
1	.5000	MgF2	.0000	0	Plus-2	
2	0.0930	TiO2	.0000	0		

滑鼠移至此欄位，出現如下所示的膜層不均勻分佈情形

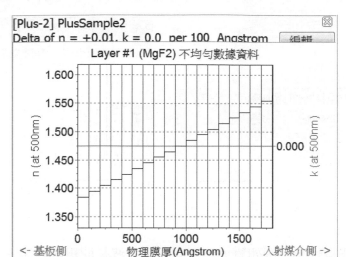

由膜層不均勻分佈圖可以清楚看到此膜層每間隔 100Angstrom 物理膜厚，折射率增加 0.01，範圍從 1.38 至 1.56，影響所及的波長曲線圖如下所示。

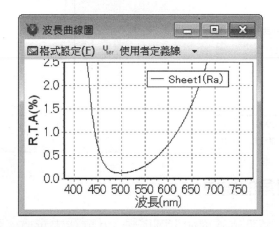

0-4-3　設計中心波長的變更

　　所謂中心波長，係指鍍膜監控所設定的波長，由此數值可以得知光學膜厚與物理膜厚之間的關係。例如下圖所示，中心波長為 500nm，第一層鍍膜的光學膜厚為 0.5，意即 $\frac{nd}{\lambda} = 0.5$，光學厚度 $nd = 0.5\lambda = 0.5 \times 500 = 250$nm。此欄位的數值可以直接輸入更改，亦可按 ▲ 或 ▼ 圖示微調增加或減少

Sheet1	Sheet2	Sheet3	Sheet4	Sheet5		
Center	500 ▲▼ nm, Angle		0 ▲▼ deg			
Substrate	Quartz		▼			
No.	hicknes	Material	dn	dk	不均勻	▲
1	.5000	MgF2	.0000	0		
2	0.0930	TiO2	.0000	0		▼

若設計中心波長變大，例如變更爲 550nm，其波長曲線圖效果如下所示

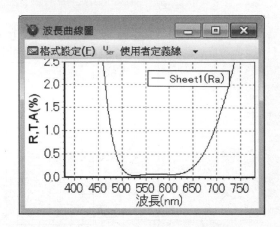

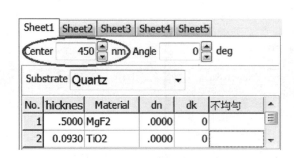

反之，若設計中心波長變小，例如變更爲 450nm，其波長曲線圖效果如下所示。

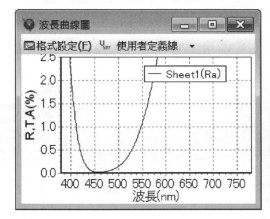

0-4-4　光線入射角的變更

光線的入射角設定，預設值 0 度如下圖所示，0 度代表垂直入射

| Center | 550 | nm, | Angle | 0 | deg |

No.	hicknes	Material	dn	dk	不均勻
1	.5000	MgF2	.0000	0	
2	0.0930	TiO2	.0000	0	

現在將光入射角度改爲 30 度

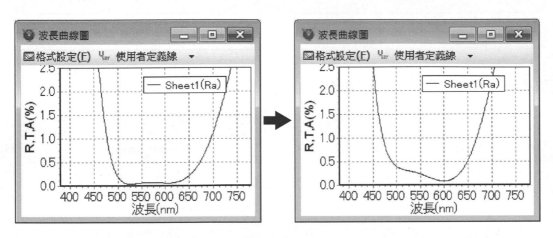

其波長曲線圖效果變化如下所示

換言之，不同入射角度對應不同的波長光譜效果。

0-4-5　圖表種類的變更

波長曲線圖種類及其各種選項的定義，如下所示

Ra　：反射率 (平均)
Rs　：反射率 S 偏振光 (TE)
Rp　：反射率 P 偏振光 (TM)
Ta　：透射率 (平均)
Ts　：透射率 S 偏振光 (TE)
Tp　：透射率 P 偏振光 (TM)
Aa　：吸收率 (平均)
As　：吸收率 S 偏振光 (TE)
Ap　：吸收率 P 偏振光 (TM)
Frs　：反射相移變化 S 偏振光 (TE)
Frp　：反射相移變化 P 偏振光 (TM)
dFr　：反射相移差
Fts　：透過相移變化 S 偏振光 (TE)
Ftp　：透過相移變化 P 偏振光 (TM)
dFt　：透過相移差
反面：計算由反面測得的入射光

延續上述範例，以入射角 30 度為例，其波長曲線圖如下圖右顯示

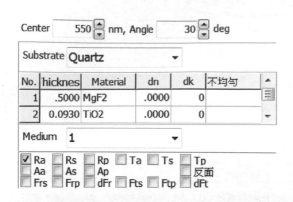 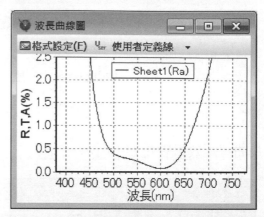

若選項新增 ☑Rs，其波長曲線圖如下圖右顯示

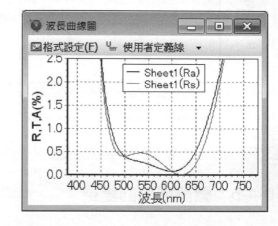

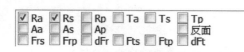

若選項新增 ☑Rp，其波長曲線圖如下圖右顯示

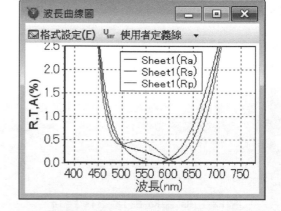

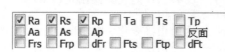

若將入射角改為 0 度，其波長曲線圖如下圖右顯示

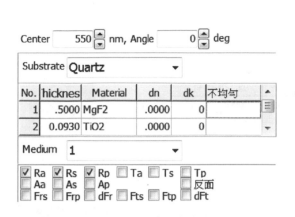

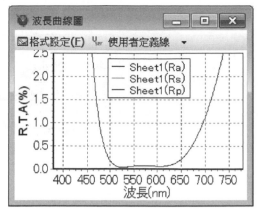

由波長曲線圖可知，當入射角改為 0 度時，其 S 偏振光與 P 偏振光將簡併，因此三條波長曲線合併為一。

0-4-6　膜層的新增、刪除、複製

膜層需要新增，例如在第 1 層與第 2 層之間新增膜層，以滑鼠右鍵點按第 2 層的編號 2，如下所示

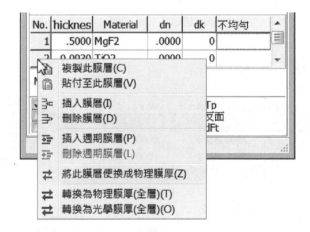

然後再選按 　 插入膜層(I)

No.	hicknes	Material	dn	dk	不均勻
1	.5000	MgF2	.0000	.0000	
2	.2500	MgF2	.0000	.0000	
3	.0930	TiO2	.0000	.0000	

若需要刪除膜層，則以滑鼠右鍵點按該膜層的編號，如下所示

若考慮新增週期膜層，選按 插入週期膜層(P) 後，出現設定對話框如下所示

沿用預設值，滑鼠按 OK ，結果如下所示

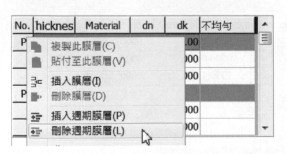

類似同樣步驟，刪除新增的週期膜層，選按 刪除週期膜層(L)

◉ 0-4-7　光學膜厚與物理膜厚的切換

膜層厚度表示可以切換為物理膜厚表示，例如以滑鼠右鍵點按 ⇄ 轉換為物理膜厚(全層)(T)，如下所示

No.	hicknes	Material	dn	dk	不均勻
	複製此膜層(C)			0	
	貼付至此膜層(V)			0	
	插入膜層(I)			0	
	刪除膜層(D)			0	
	插入週期膜層(P)			0	
	刪除週期膜層(L)				
	將此膜層變換成光學膜厚(Z)				
	轉換為物理膜厚(全層)(T)				Tp 反面
	轉換為光學膜厚(全層)(O)				dFt

切換為物理膜厚表示，轉換數值如下所示

No.	hicknes	Material	dn	dk	不均勻
1	1987.7	MgF2	.0000	.0000	
2	.0930	TiO2	.0000	.0000	
3	.0550	MgF2	.0000	.0000	
4	.2100	TiO2	.0000	.0000	
5	.0240	MgF2	.0000	.0000	

類似同樣步驟，將物理膜厚表示方式切換為光學膜厚表示方式，選按 ⇄ 轉換為光學膜厚(全層)(O)

No.	hicknes	Material	dn	dk	不均勻
1	.5000	MgF2	.0000	.0000	
2	.0930	TiO2	.0000	.0000	
3	.0550	MgF2	.0000	.0000	
4	.2100	TiO2	.0000	.0000	
5	.0240	MgF2	.0000	.0000	

0-4-8 反轉層

滑鼠選按功能表[編輯/ ↓↑ 反轉層(R)]，可以將膜層上下兩層對調，結果與波長曲線圖如下所示

No.	hicknes	Material	dn	dk	不均勻
1	.2500	MgF2	.0000	.0000	
2	.1140	TiO2	.0000	.0000	
3	.0240	MgF2	.0000	.0000	
4	.2100	TiO2	.0000	.0000	
5	.0550	MgF2	.0000	.0000	
6	.0930	TiO2	.0000	.0000	
7	.5000	MgF2	.0000	.0000	

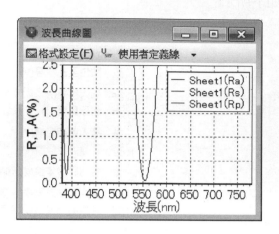

最後，提醒注意，膜層若有設定不均勻，將無法全部反轉處理。

0-5 波長曲線圖操作

0-5-1 格式設定

選按波長曲線圖視窗上的功能表列 [格式設定(F)]，或者在曲線圖形區域滑鼠點按右鍵之 [曲線圖格式設定(F)...]，依序如下圖所示

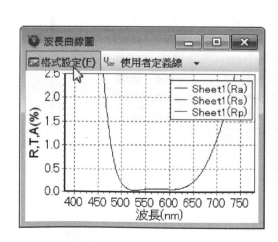

選按後出現曲線圖格式設定視窗

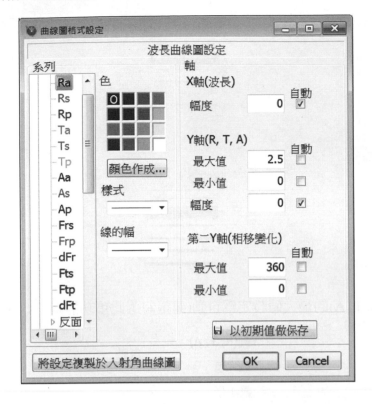

設定項目包括

1. **曲線顏色**

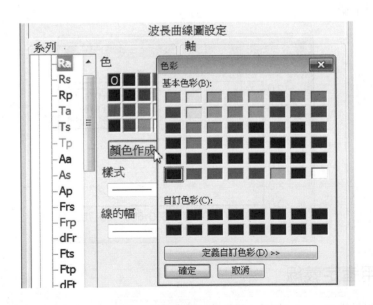

2. 曲線樣式

3. 曲線寬度

若將 Y 軸(R, T, A)的最大值設定為自動(建議勾選此項功能)

波長曲線圖顯示如下圖

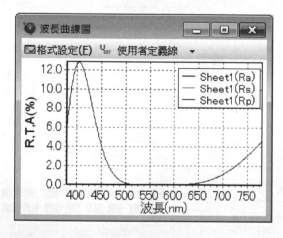

0-5-2 使用者定義線

選按波長曲線圖視窗上的功能表列 ᵁˢᵉʳ 使用者定義線 ，或者在曲線圖形區域滑鼠點按右鍵之 ᵁˢᵉʳ 於圖上追加使用者定義線(A)... ，依序如下圖所示

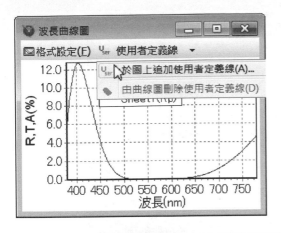

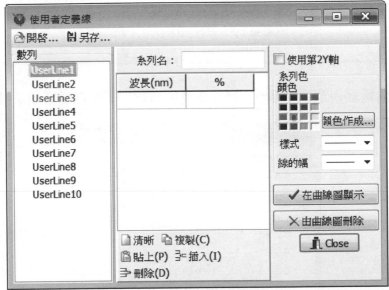

使用者定義線視窗中，左側數列數有 10 個，各數列數據在中央標示波長(nm)與%的表格中直接輸入，例如，波長欄位輸入 380 後按 ⌷Enter⌷，%欄位輸入 6 後按 ⌷Enter⌷，結果如下所示

波長(nm)	%
380	6

同樣步驟，繼續輸入波長欄位 400，%欄位 5.5，波長欄位 420，%欄位 5，波長欄位 440，%欄位 4.5，波長欄位 460，%欄位 4，以此類推，波長每間隔 20nm，%欄位減少 0.5 直到等於 0 為止，此後%欄位開始增加 0.5，待設定完畢後按　✔ 在曲線圖顯示

結果可見在波長曲線圖視窗中，新增一條使用者所自行定義的曲線，如下圖 UserLine1 所示

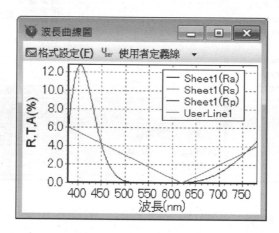

若需要刪除此使用者定義曲線，選按波長曲線圖視窗上的功能表列[**使用者定義曲線/~刪除使用者定義曲線**]

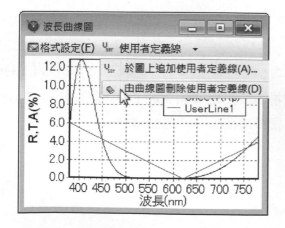
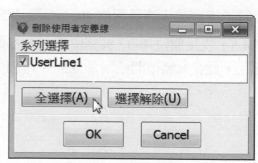

或者於使用者定義線視窗中按 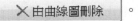 。

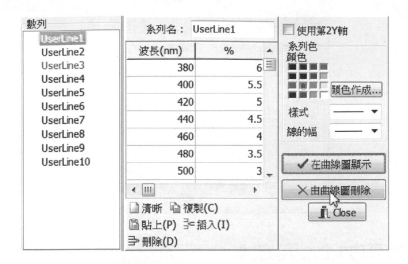

0-5-3　圖形放大、捲動功能

圖形欲放大觀察的部分，使用滑鼠左鍵拖曳方式，如下圖左所示

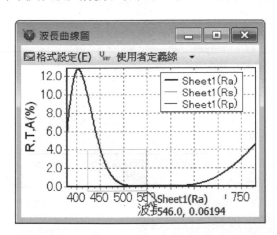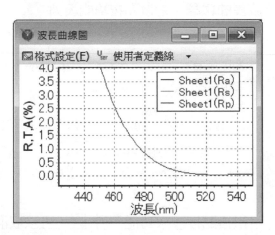

放開滑鼠左鍵後顯示放大區域，結果如上圖右所示；反之，恢復原圖形顯示，同樣使用滑鼠左鍵拖曳方式，於放大曲線任意區域，由右下至左上反方向拖曳即可，如下圖所示

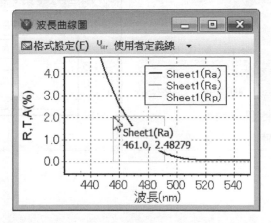

圖形捲動功能，必須改用滑鼠右鍵按住拖曳方式，如下圖所示。

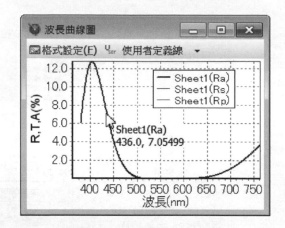

0-6 各種計算功能的使用方式

計算功能項目主要有

1. **波長曲線圖**：滑鼠點按功能表列

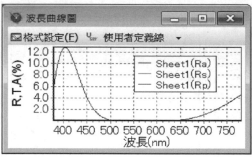

滑鼠再點按一次功能表列，可以取消顯示波長曲線圖視窗

2. **入射角曲線圖**：滑鼠點按功能表列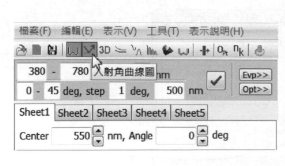

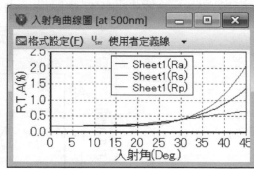

3. **3D 曲線圖**：滑鼠點按功能表列 3D

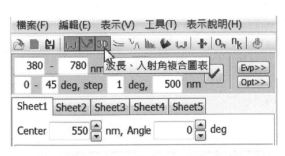

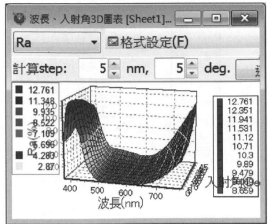

4. **色散曲線圖**：滑鼠點按功能表列 ≊

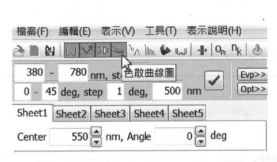

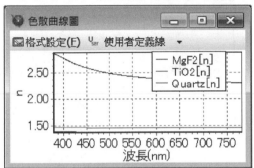

5. **蒸鍍控制曲線圖**：滑鼠點按功能表列

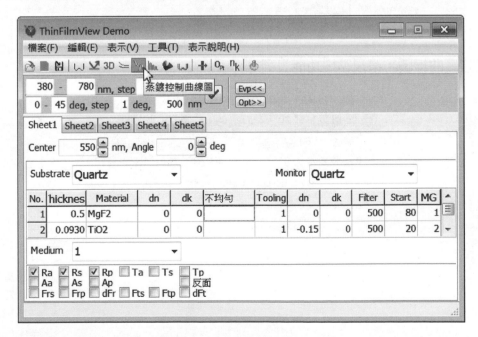

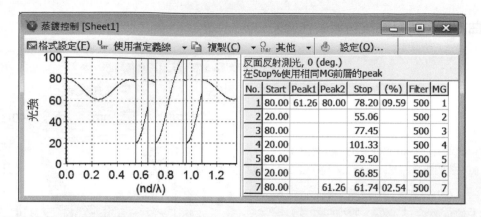

滑鼠點按 [⎈ 設定(O)...] ：有三種測光模式

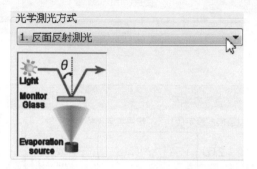

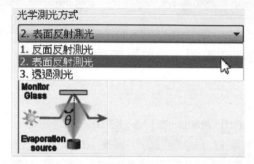

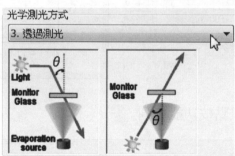

6. **電場強度曲線圖**：滑鼠點按功能表列 ⎁

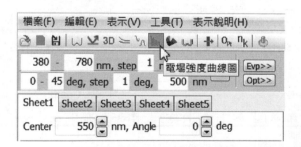

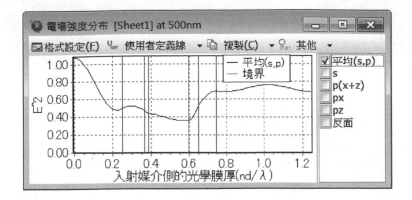

7. 顏色計算圖：滑鼠點按功能表列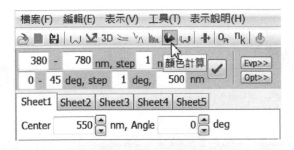

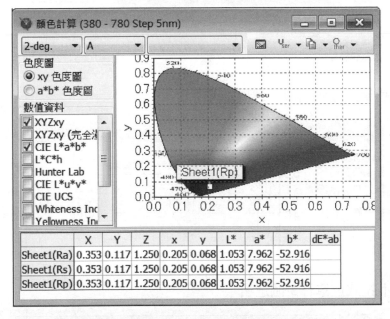

8. 製造誤差解析圖：滑鼠點按功能表列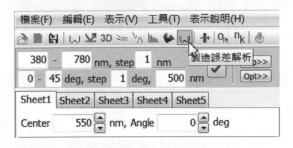

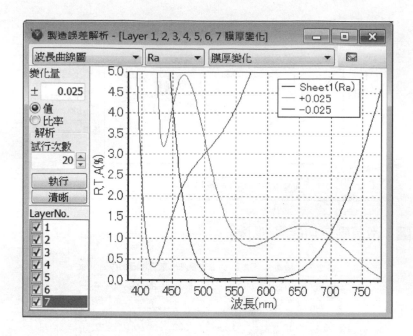

其中 波長曲線圖 下拉式選單有 3 個選項

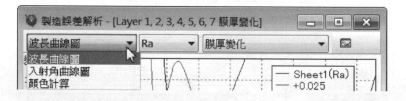

Ra 下拉式選單為繪圖種類，選項如下所示

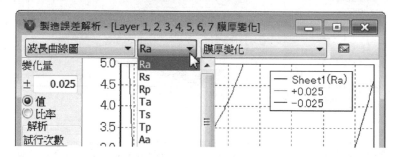

膜厚變化 下拉式選單有 3 個選項

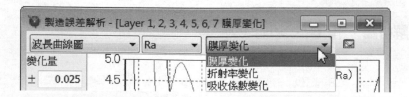

以上述數據為例，依序減少層數的膜厚變化，所對應的光譜效果如下所示，其中紅色曲線為增加膜厚處理，藍色曲線為減少膜厚處理。

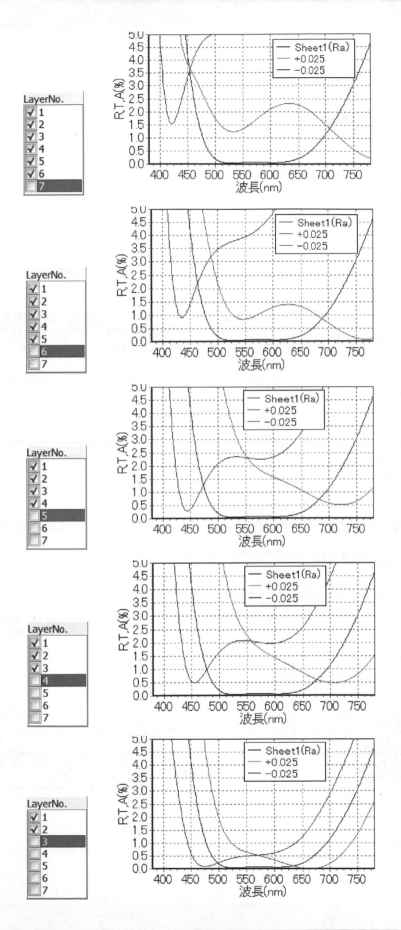

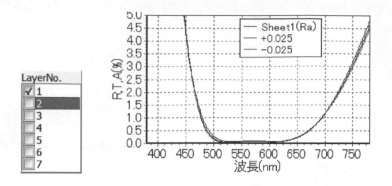

由以上輸出結果，可見多層膜厚變化對反射率光譜效果有很顯著的影響。

9. **反面測量特性**：顯示光線由反面側射入時的特性，同時觀察有吸收的膜的表面側、反面側的特性來做設計

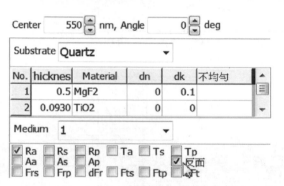

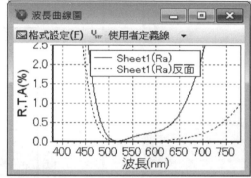

10. **平行基板的兩面特性**：平行基板的兩面(又或單面)附著薄膜時的合成特性

滑鼠點按功能表列

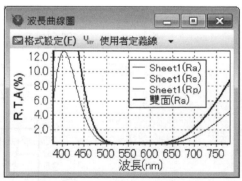

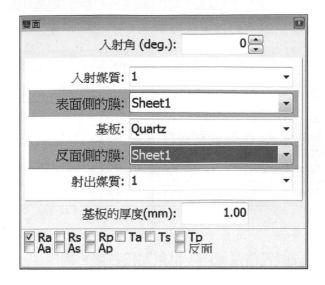

若選擇反面側不鍍膜

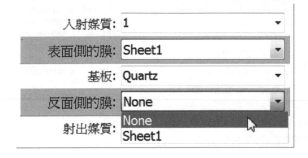

其反射率光譜圖如下所示

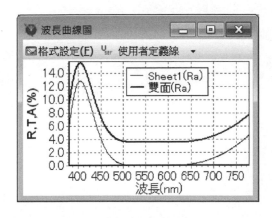

若選擇表面側與反面側均不鍍膜，其反射率光譜圖如下所示。

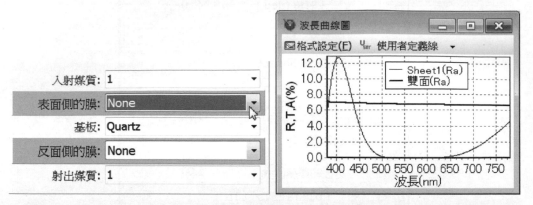

11. **數據顯示**：波長曲線圖視窗區域內，滑鼠點按右鍵，選擇 $^{1}2_{3}$ 數值表示計算結果(N) 。

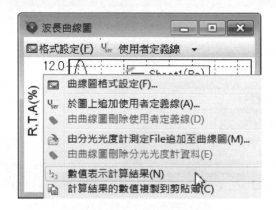
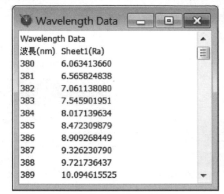

Chapter 1

基本概念

1-1　簡介

　　光學薄膜(optical thin film)的效果，基本上就是光的**干涉**(interference)作用，例如肥皂泡沫(soap bubble)，水面上的油漬，或者是蝴蝶、蜻蜓、蜜蜂的翅膀、甲蟲的甲殼及貝殼內膜所呈現的顏色，皆為光學薄膜的干涉效果。一般而言，若光在膜層內的干涉作用可以被偵測到，即可稱為薄膜，否則便是厚膜，因此相對於厚度常在 1 厘米以上的基板，膜厚只有幾個波長的鍍膜皆可稱為薄膜。

　　因為現今的網路資源非常多元豐富，在此示範如何透過網路查詢所需要的參考資料。例如，使用英文版維基百科網站查詢(http://en.wikipedia.org/wiki/Main_Page)。

　　在查詢欄位中輸入欲查詢的主題，例如輸入 optical thin film 之後，以滑鼠按 Q 查詢相關內容，結果顯示如下：

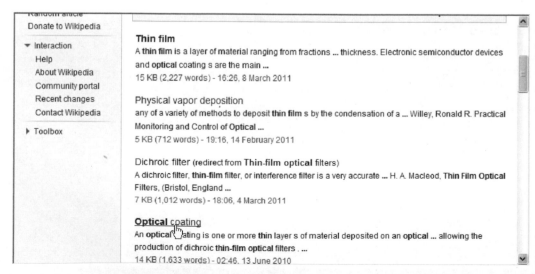

這些相關主題可能很多，可以隨意選按主題項目閱讀參考。

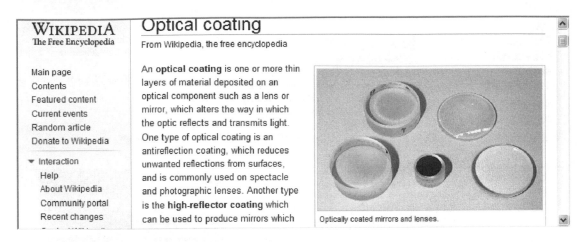

或者使用 Google 網站查詢

其中搜尋到的相關主題很多，同樣可以隨意選按主題項目閱讀參考。例如有學術文章的主題

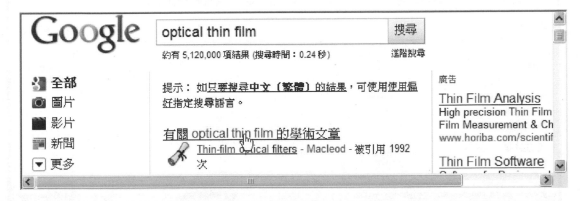

或者其他相關的網站

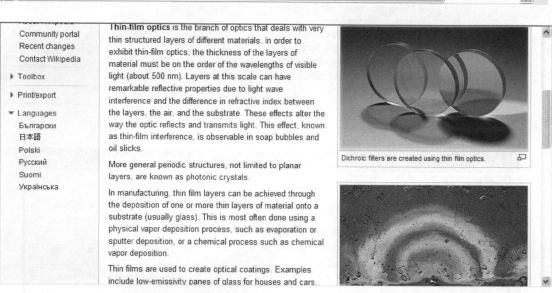

因為使用英文關鍵字查詢，顯示主題內容自然是以英文內容為主，如果需要中文，可以選按繁體中文網頁。

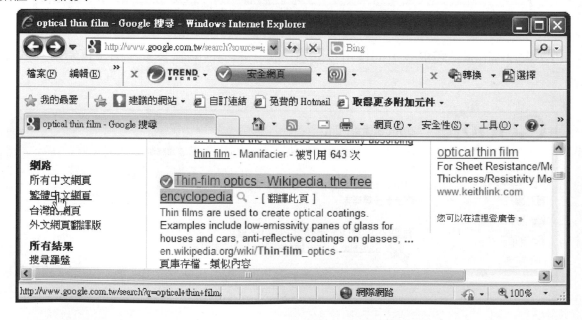

　　光學薄膜係指在光學元件或獨立基板上鍍上**介電質膜**或**金屬膜**，或者是介電質膜或金屬膜所組成的膜堆，以改變光波之傳遞特性，其特性包括光的**透射**(Transmission*，標示*號，代表書末有示範查詢網路資源)、**反射**(reflection*)、**吸收**(absorption)、**散射**(scattering)、**偏振**(polarization*)及**相位**(phase)**改變**。換言之，經由適當設計可以調變不同波段上，元件表面之**穿透率** T 及**反射率** R，以及上述其他不同的特性，進而製造各種單層以及多層光學薄膜來滿足科學與工程上的應用。

1-2　光學鍍膜分類

　　假設膜層的膜質具有以下特性：

1.　**平面平行**(plane parallelism)：膜層平整以避免散射問題

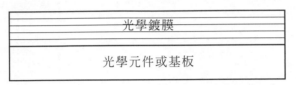

2.　**同質均勻**(homogeneous)

3.　**等方性**(isotropy)

4.　**沒有吸收**(free of absorption)

5.　**沒有色散**(free of dispersion)

　　實際上，膜層有微觀結構(microstructure)，並非假設理想狀態下所說，是一塊緊密平整光滑連續的薄層；由網路資源 6 所查詢的資料圖形可以清楚看到，以玻離基板為比較對象，如下圖中鍍膜層 ZnS 與 MgF_2，皆有非常明顯的界面與柱狀結構，SiO_2 沒有明顯的柱狀結構，膜層的特性優於 TiO_2。

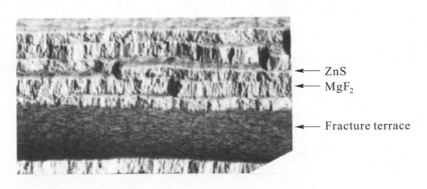

光學鍍膜分類(classical optical coatings)有：

1. **抗反射膜**(anti- reflection coating*)：理想與實際抗反射膜之反射率光譜圖，如下所示；對理想抗反射膜而言，在設計波段內的反射率 R 等於或非常接近零，但是對實際抗反射膜而言，這是不可能輕易達到的設計，換言之，所謂理想，就是代表鍍膜設計的終極目標。例如，下圖右所示的實際抗反射膜，在見光的波段內 0.4~0.7μm，具有**低反射率**的光譜特性，反射率介於 0~2.5%之間；另外，低反射率意即高透射率(或者稱為高穿射率)，通常在不考慮吸收與散射的情況下，透射率 $T = 1 - $ 反射率 R。

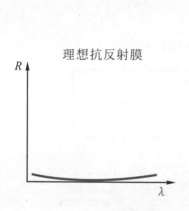

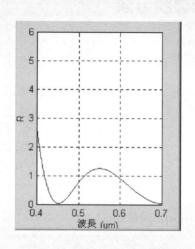

2. **高反射膜**(high reflection coating)：理想與實際高反射膜之反射率光譜圖，如下所示；對實際高反射膜而言，在波段內 0.9~1.3μm，具有**高反射率**的光譜特性。

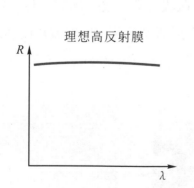

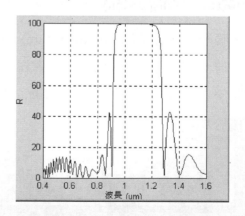

3. **中性分光鏡**(neutral beam splitter)：理想與實際中性分光鏡之反射率光譜圖，如下所示；對實際中性分光鏡而言，在波段內 0.5~0.9μm，具有反射與穿透率固定比例的光譜特性。

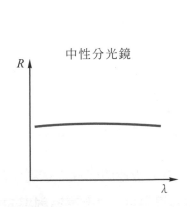

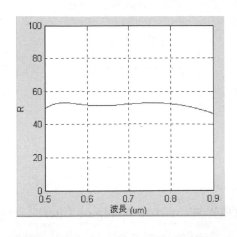

4. **短波通濾光片**(short pass edge filter)：理想與實際短波通濾光片之透射率光譜圖，如下所示；對實際短波通濾光片而言，在短波長區域 0.3~0.6μm，具有**高透射率**的光譜特性。

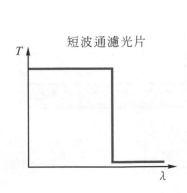

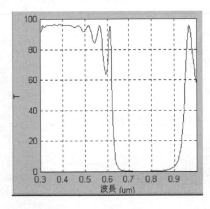

5. **長波通濾光片**(long pass edge filter)：理想與實際長波通濾光片之透射率光譜圖，如下所示；對實際長波通濾光片而言，在長波長區域 0.58~1μm，具有**高透射率**的光譜特性。

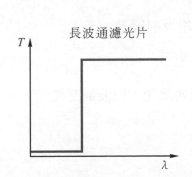

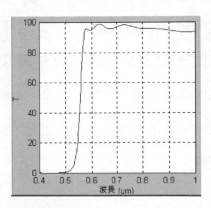

6. **寬帶通濾光片**(wide bandpass filter)：理想與實際寬帶通濾光片之透射率光譜圖，如下所示；對實際寬帶通濾光片而言，在特定寬波長區域內，具有**高透射率**的光譜特性。

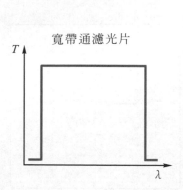
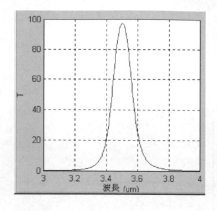

7. **窄帶通濾光片**(narrow bandpass filter)：理想與實際窄帶通濾光片之透射率光譜圖，如下所示；對實際窄帶通濾光片而言，在特定窄波長區域內，具有**高透射率**的光譜特性。

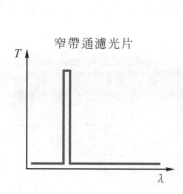
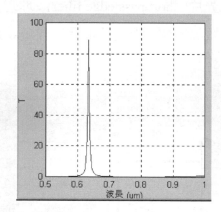

1-3　光學鍍膜功能

光的干涉作用是強烈的波長函數，使得光通過光學薄膜之後，產生**反射**、**透射**、**偏振**以及**相位**的改變，由此變化可知光學薄膜具有下列的功能：

1. 反射率 R 的降低(或者是透射率 T 的提高)：抗反射膜。

2. 反射率 R 的提高(或者是透射率 T 的降低)：增反射膜。

3. **分光作用**：有中性分光，雙色分光，偏振分光。

4. **濾光作用**：光譜帶通濾光，帶止濾光，長波通濾光，短波通濾光。

5. 輻射熱控制。

6. 相位改變。

7. 光波引導、光開關與積體光路*。

8. **色光、色溫調變**：模擬自然日光光源。

9. **光資訊記存**：光學薄膜在光資訊的記存上，如常見的光碟片，藉由不同薄膜厚度改變碟片上的反射光反射率或相位，雷射光射到 Lands(平地)的部分反射回來強度不會變弱，而射到訊洞(pits)的部分在反射回來強度則會變弱。

10. 液晶顯示功能彰顯色光顯示、反射。

11. 防偽：光學薄膜在色光顯示、色光反射、鈔票及有價證券之防偽上，藉由對鈔票視角不同多層光學薄膜在色光反射上產生不同顏色，這種顏色變化無法以印刷方式達成且以平面掃描方式亦無法複製，由此可得到極高的防偽功能。

1-4　　光學薄膜特徵矩陣

光是電磁波，入射於膜層各界面將會分成反射光與透射光，其中還包括吸收與散射光，意即

反射率 R + 透射率 T + 吸收 A + 散射 $S = 1$

在不考慮吸收與散射的理想假設下，上式簡化為

反射率 R + 透射率 $T = 1$

在忽略多重反射光的情況下，膜層特性可以由 2×2 的**特徵矩陣**(characteristic matrix)描述，對多層鍍膜而言，其特徵矩陣就是各單層特徵矩陣的依序乘積，這些矩陣相乘後，仍然是 2×2 的矩陣，再配合一個代表基板的 2×1 矩陣，即可計算導納值與所有相對應的薄膜特性。

q 層鍍膜結構，光從入射介質 N_0 以 θ_0 角度入射，其薄膜特徵矩陣可表示成：

$$\begin{bmatrix} B \\ C \end{bmatrix} = \prod_{r=1}^{q} \begin{bmatrix} \cos\delta_r & \dfrac{i}{\eta_r}\sin\delta_r \\ i\eta_r\sin\delta_r & \cos\delta_r \end{bmatrix} \begin{bmatrix} 1 \\ \eta_s \end{bmatrix}$$

$$Y = \frac{C}{B}$$

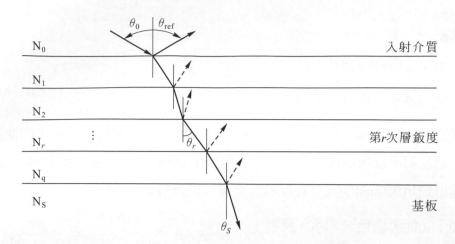

其中**相厚度**(phase thickness) $\delta_r = \dfrac{2\pi}{\lambda} N_r d_r \cos\theta_r$ ，r：第 r 層鍍膜

$$\eta_r = \begin{cases} n_r \cos\theta_r & S\,偏振 \\ \dfrac{n_r}{\cos\theta_r} & P\,偏振 \end{cases} \quad , \quad \eta_S = \begin{cases} N_S \cos\theta_S & S\,偏振 \\ \dfrac{N_S}{\cos\theta_S} & P\,偏振 \end{cases}$$

λ：**波長**，$N_r\,d_r\cos\theta_r$：**光學厚度**，$N_r = n_r - iK_r$：**複數折射率**，n_r：**實數折射率**，K_r：**消光係數**，如果是介電質材料，$K_r = 0$，d_r：**幾何厚度**，θ_r：第 r 層折射角，由 Snell's law 決定

$$N_0 \sin\theta_0 = N_r \sin\theta_r = N_S \sin\theta_S$$

N_0：入射介質複數折射率，θ_0：入射角，N_S：基板複數折射率，θ_S：基板折射角，Y：導納

由**特徵矩陣**公式中的**光學導納**觀念，可以計算薄膜膜堆的**反射率** R，**穿透率** T 及**吸收** A：

$$R = \left(\frac{\eta_0 - Y}{\eta_0 + Y}\right)^2$$

$$T = \frac{R_e(\eta_S)(1-R)}{R_e(BC^*)}$$

R_e 代表實數部份

$$A = (1-R)\left(1 - \frac{R_e(\eta_S)}{R_e(BC^*)}\right) = 1 - R - T$$

將導納 $Y = \dfrac{C}{B}$ 代入上式，得

$$R = \left(\frac{\eta_0 B - C}{\eta_0 B + C} \right)^2$$

$$T = \frac{4\eta_0 R_e(\eta_S)}{(\eta_0 B + C)(\eta_0 B + C)^*}$$

$$A = \frac{4\eta_0 R_e(BC^* - \eta_S)}{(\eta_0 B + C)^2}$$

上述光學薄膜特徵矩陣的由來，可以從基礎光學之夫瑞奈方程式(Fresnel equation)章節中得到初步的證明，故在本章節中不再詳細討論。

範例 1. 入射介質折射率 $n_0 = 1$，基板折射率 $n_S = 1.52$，鍍膜折射率 $n = 1.38$，光學厚度 $\lambda_0/4$，計算其反射率 R。

解 使用 $\delta_r = \frac{2\pi}{\lambda} N_r d_r \cos\theta_r$ (以垂直入射計算)

$$\delta = \frac{2\pi}{\lambda} \frac{\lambda}{4} = \frac{\pi}{2}$$

代入特徵矩陣 $\begin{bmatrix} B \\ C \end{bmatrix} = \prod_{r=1}^{q} \begin{bmatrix} \cos\delta_r & \frac{i}{\eta_r}\sin\delta_r \\ i\eta_r \sin\delta_r & \cos\delta_r \end{bmatrix} \begin{bmatrix} 1 \\ \eta_S \end{bmatrix}$

$$\begin{bmatrix} B \\ C \end{bmatrix} = \begin{bmatrix} \cos\frac{\pi}{2} & \frac{i}{n}\sin\frac{\pi}{2} \\ in\sin\frac{\pi}{2} & \cos\frac{\pi}{2} \end{bmatrix} \begin{bmatrix} 1 \\ n_S \end{bmatrix}$$

$$\begin{bmatrix} B \\ C \end{bmatrix} = \begin{bmatrix} 0 & \frac{i}{n} \\ in & 0 \end{bmatrix} \begin{bmatrix} 1 \\ n_S \end{bmatrix} = \begin{bmatrix} i\frac{n_S}{n} \\ in \end{bmatrix}$$

代入 $Y = \frac{C}{B}$

$$Y = \frac{in}{i\frac{n_S}{n}} = \frac{n^2}{n_S}$$

代入 $R = \left(\frac{\eta_0 - Y}{\eta_0 + Y} \right)^2$

$$R = r^2 = \left(\frac{n_0 - \frac{n^2}{n_S}}{n_0 + \frac{n^2}{n_S}} \right)^2 = \left(\frac{n_0 n_S - n^2}{n_0 n_S + n^2} \right)^2$$

代入數值　$R = \dfrac{(1 \times 1.52 - 1.38^2)}{(1 \times 1.52 + 1.38^2)} = 1.26\%$

相對反射率光譜圖如下所示，其中紅色標籤代表在設計波長處的反射率

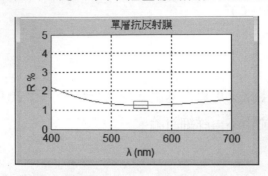

範例　2. 入射介質折射率 1，基板折射率 1.52，鍍膜折射率 n，光學厚度 $\lambda_0/4$，計算其反射率 $R = 0$ 的條件。

解　使用上述的結果

$$R = r^2 = \left(\dfrac{n_0 - \dfrac{n^2}{n_S}}{n_0 + \dfrac{n^2}{n_S}} \right) = \left(\dfrac{n_0 n_S - n^2}{n_0 n_S + n^2} \right)^2$$

可知 $R = 0$，分子部分必須等於零，即

$$n_0 n_S - n^2 = 0$$
$$n = \sqrt{n_0 n_S}$$

將數值代入

$$n = \sqrt{1 \times 1.52} \cong 1.233$$

現有存在的材料中，沒有這麼低折射率的材料，因此理論上可以達到零反射率，實際上卻是無法實現，而唯一變通的辦法，就只能靠多層膜來改善。

範例　3. 入射介質折射率 n_0，基板折射率 n_S，鍍膜折射率 n，光學厚度 $\lambda_0/2$，計算其反射率 R。

解　使用 $\delta_r = \dfrac{2\pi}{\lambda} N_r d_r \cos\theta_r$ (以垂直入射計算)

$$\delta = \frac{2\pi}{\lambda}\frac{\lambda}{2} = \pi$$

代入特徵矩陣 $\begin{bmatrix} B \\ C \end{bmatrix} = \prod_{r=1}^{q} \begin{bmatrix} \cos\delta_r & \dfrac{i}{\eta_r}\sin\delta_r \\ i\eta_r\sin\delta_r & \cos\delta_r \end{bmatrix}\begin{bmatrix} 1 \\ \eta_S \end{bmatrix}$

$$\begin{bmatrix} B \\ C \end{bmatrix} = \begin{bmatrix} \cos\pi & \dfrac{i}{n}\sin\pi \\ in\sin\pi & \cos\pi \end{bmatrix}\begin{bmatrix} 1 \\ n_S \end{bmatrix}$$

$$\begin{bmatrix} B \\ C \end{bmatrix} = \begin{bmatrix} -1 & 0 \\ 0 & -1 \end{bmatrix}\begin{bmatrix} 1 \\ n_S \end{bmatrix} = \begin{bmatrix} -1 \\ -n_S \end{bmatrix}$$

代入 $Y = \dfrac{C}{B}$

$$Y = \frac{-n_S}{-1} = n_S$$

代入 $R = \left(\dfrac{\eta_0 - Y}{\eta_0 + Y}\right)^2$

$$R = r^2 = \left(\frac{n_0 - n_S}{n_0 + n_S}\right)^2$$

在設計波長 λ_0 處，反射率 R 與鍍膜折射率無關，故稱無效層。

 範例 4. 入射介質折射率 n_0，基板折射率 n_S，鍍膜折射率 n，光學厚度 $\lambda_0/4$，計算多層膜反射率 R。

解 使用 $\delta_r = \dfrac{2\pi}{\lambda}N_r d_r\cos\theta_r$ (以垂直入射計算)

$$\delta = \frac{2\pi}{\lambda}\frac{\lambda}{2} = \frac{\pi}{2}$$

令特徵矩陣 $\begin{bmatrix} B \\ C \end{bmatrix} = \prod_{r=1}^{q} \begin{bmatrix} \cos\delta_r & \dfrac{i}{\eta_r}\sin\delta_r \\ i\eta_r\sin\delta_r & \cos\delta_r \end{bmatrix}\begin{bmatrix} 1 \\ \eta_S \end{bmatrix}$ 之中，

$$M = \prod_{r=1}^{q} \begin{bmatrix} \cos\delta_r & \dfrac{i}{\eta_r}\sin\delta_r \\ i\eta_r\sin\delta_r & \cos\delta_r \end{bmatrix}$$

若膜層數 $P = 2$ 時

$$M = \begin{bmatrix} \cos\delta_1 & \dfrac{i}{\eta_1}\sin\delta_1 \\ i\eta_1\sin\delta_1 & \cos\delta_1 \end{bmatrix}\begin{bmatrix} \cos\delta_2 & \dfrac{i}{\eta_2}\sin\delta_2 \\ i\eta_2\sin\delta_2 & \cos\delta_2 \end{bmatrix}$$

將數值代入

$$M = \begin{bmatrix} 0 & \dfrac{i}{n_1} \\ in_1 & 0 \end{bmatrix} \begin{bmatrix} 0 & \dfrac{i}{n_2} \\ in_2 & 0 \end{bmatrix} = \begin{bmatrix} -\dfrac{n_2}{n_1} & 0 \\ 0 & -\dfrac{n_1}{n_2} \end{bmatrix}$$

若膜層數 $P = 4$

$$M = \begin{bmatrix} 0 & \dfrac{i}{n_1} \\ in_1 & 0 \end{bmatrix} \begin{bmatrix} 0 & \dfrac{i}{n_2} \\ in_2 & 0 \end{bmatrix} \begin{bmatrix} 0 & \dfrac{i}{n_1} \\ in_1 & 0 \end{bmatrix} \begin{bmatrix} 0 & \dfrac{i}{n_2} \\ in_2 & 0 \end{bmatrix} = \begin{bmatrix} \left(-\dfrac{n_2}{n_1}\right)^2 & 0 \\ 0 & \left(-\dfrac{n_1}{n_2}\right)^2 \end{bmatrix}$$

同樣步驟，當 $P = P$ (偶數)時

$$M = \begin{bmatrix} \left(-\dfrac{n_2}{n_1}\right)^{\frac{P}{2}} & 0 \\ 0 & \left(-\dfrac{n_1}{n_2}\right)^{\frac{P}{2}} \end{bmatrix}$$

$$\begin{bmatrix} B \\ C \end{bmatrix} = \begin{bmatrix} \left(-\dfrac{n_2}{n_1}\right)^{\frac{P}{2}} & 0 \\ 0 & \left(-\dfrac{n_1}{n_2}\right)^{\frac{P}{2}} \end{bmatrix} \begin{bmatrix} 1 \\ n_S \end{bmatrix} = \begin{bmatrix} \left(-\dfrac{n_2}{n_1}\right)^{\frac{P}{2}} \\ n_S \left(-\dfrac{n_1}{n_2}\right)^{\frac{P}{2}} \end{bmatrix}$$

$$Y = \frac{C}{B} = \frac{n_S \left(-\dfrac{n_1}{n_2}\right)^{\frac{P}{2}}}{\left(-\dfrac{n_2}{n_1}\right)^{\frac{P}{2}}} = n_S \left(\dfrac{n_1}{n_2}\right)^P$$

代入 $R = \left(\dfrac{\eta_0 - Y}{\eta_0 + Y}\right)^2$

$$R = \left(\frac{n_0 - n_S \left(\dfrac{n_1}{n_2}\right)^P}{n_0 + n_S \left(\dfrac{n_1}{n_2}\right)^P}\right)^2$$

代入 $T = 1 - R$

$$T = 1 - R = \frac{4(n_0)\left(n_S\left(\dfrac{n_1}{n_2}\right)^P\right)}{(n_0)^2 + 2(n_0)\left(n_S\left(\dfrac{n_1}{n_2}\right)^P\right) + \left(n_S\left(\dfrac{n_1}{n_2}\right)^P\right)^2}$$

1-5 鍍膜符號

　　鍍膜的光學厚度為 1/4 波長(簡稱 QWOT)或 1/2 波長(簡稱 HWOT)的整數倍時，特徵矩陣將簡化許多，並且在實際設計上也常常應用，因此鍍膜符號通常是以 1/4 或 1/2 波長表示膜層厚度，例如簡寫 H、M、L 的鍍膜係指膜厚 1/4 波長的高、中、低折射率膜層；同理

$$HH \quad , 2H , H^2$$
$$MM , 2M , M^2$$
$$LL \quad , 2L , L^2$$

則分別代表膜厚 1/2 波長的高、中、低折射率膜層，例如光從空氣 $n_0 = 1$ 垂直入射於基板 $n_S = 1.52$ 的鍍膜系統，若膜層採用 QWOT 方式，即

$$N_r d_r \cos\theta_r = \frac{\lambda}{4}$$

$$\delta_r = \frac{2\pi}{\lambda} N_r d_r \cos\theta_r = \frac{2\pi}{\lambda} \frac{\lambda}{4} = \frac{\pi}{2}$$

此時特徵矩陣為

$$\begin{bmatrix} B \\ C \end{bmatrix} = \begin{bmatrix} \cos\dfrac{\pi}{2} & \dfrac{i}{\eta_1}\sin\dfrac{\pi}{2} \\ i\eta_1 \sin\dfrac{\pi}{2} & \cos\dfrac{\pi}{2} \end{bmatrix} \begin{bmatrix} 1 \\ \eta_S \end{bmatrix} = \begin{bmatrix} 0 & \dfrac{i}{\eta_1} \\ i\eta_1 & 0 \end{bmatrix} \begin{bmatrix} 1 \\ \eta_S \end{bmatrix}$$

$$\begin{bmatrix} B \\ C \end{bmatrix} = \begin{bmatrix} i \times \dfrac{\eta_S}{\eta_1} \\ i\eta_1 \end{bmatrix}$$

由上式計算**導納**

$$Y = \frac{C}{B} = \frac{i\eta_1}{i \times \dfrac{\eta_S}{\eta_1}} = \frac{\eta_1^2}{\eta_S}$$

狀況一：

　　鍍膜狀況：1| L |1.52，低折射率材料 $n_L = 1.38$，入射角 $\theta_0 = 0$

導納：$Y = \dfrac{\eta^2}{\eta_S} = \dfrac{n^2}{n_S} = \dfrac{1.38^2}{1.52} \cong 1.253$

反射率：$R = \left(\dfrac{\eta_0 - Y}{\eta_0 + Y}\right)^2 = \left(\dfrac{n_0 - Y}{n_0 + Y}\right)^2 = \left(\dfrac{1 - 1.253}{1 + 1.253}\right)^2 = 1.261\%$

可見**單層低折射率鍍膜**，在設計波長時具有**降低反射率**的效果，因為未鍍膜的基板反射率為

$$R = \left(\frac{\eta_0 - Y}{\eta_0 + Y}\right)^2 = \left(\frac{n_0 - n_S}{n_0 + n_S}\right)^2 = \left(\frac{1 - 1.52}{1 + 1.52}\right)^2 = 4.26\%$$

狀況二：

鍍膜狀況：1| H |1.52，高折射率材料 $n_H = 2.35$，入射角 $\theta_0 = 0$

導納：$Y = \dfrac{n_1^2}{n_S} = \dfrac{2.35^2}{1.52} \cong 3.633$

反射率：$R = \left(\dfrac{\eta_0 - Y}{\eta_0 + Y}\right)^2 = \left(\dfrac{1 - 3.633}{1 + 3.633}\right)^2 = 32.3\%$

可見**單層高折射率鍍膜**的導納值更遠離 1，致反射率不降反升。

若膜層採用 HWOT 方式，即

$$N_r d_r \cos\theta_r = \frac{\lambda}{2} \quad , \quad \delta_r = \frac{2\pi}{\lambda} N_r d_r \cos\theta_r = \frac{2\pi}{\lambda}\frac{\lambda}{2} = \pi$$

此時特徵矩陣為

$$\begin{bmatrix} B \\ C \end{bmatrix} = \begin{bmatrix} \cos(\pi) & \dfrac{i}{\eta_1}\sin(\pi) \\ i\eta_1 \sin(\pi) & \cos(\pi) \end{bmatrix} \begin{bmatrix} 1 \\ \eta_S \end{bmatrix} = \begin{bmatrix} -1 & 0 \\ 0 & -1 \end{bmatrix} \begin{bmatrix} 1 \\ \eta_S \end{bmatrix}$$

$$\begin{bmatrix} B \\ C \end{bmatrix} = \begin{bmatrix} -1 \\ -\eta_S \end{bmatrix}$$

由上式計算導納

$$Y = \frac{C}{B} = \frac{-n_S}{-1} = n_S = 1.52$$

因此，不管此單層膜是低折射率或高折射率材料，反射率均與基板反射率相同，即

$$R = \left(\frac{\eta_0 - Y}{\eta_0 + Y}\right)^2 = \left(\frac{n_0 - n_S}{n_0 + n_S}\right)^2 = \left(\frac{1 - 1.52}{1 + 1.52}\right)^2 = 4.26\%$$

顯見基板鍍上**半波長單層膜**，在設計波長時，其效果如同未鍍膜一般，故稱**無效層**。

1-6　基板的反射率 R 與透射率 T

　　若不考慮吸收，以特徵矩陣討論基板的反射率、透射率(或者稱為穿透率)，舉玻璃基板折射率 $n_S = 1.52$，$K_S = 0$ 為例，其特徵矩陣為

$$\begin{bmatrix} B \\ C \end{bmatrix} = \begin{bmatrix} 1 \\ \eta_S \end{bmatrix}$$

可知導納值為

$$Y = \frac{C}{B} = \eta_S$$

上式代回 $R = \left(\frac{\eta_0 B - C}{\eta_0 B + C}\right)^2$ ， $T = \frac{4\eta_0 R_e(\eta_S)}{(\eta_0 B + C)(\eta_0 B + C)^*}$ ， $A = \frac{4\eta_0 R_e(BC^* - \eta_S)}{(\eta_0 B + C)^2}$

$$R = \begin{cases} \left(\dfrac{N_0 \cos\theta_0 - N_S \cos\theta_S}{N_0 \cos\theta_0 + N_S \cos\theta_S}\right)^2 & S\,偏振 \\[4mm] \left(\dfrac{\dfrac{N_0}{\cos\theta_0} - \dfrac{N_S}{\cos\theta_S}}{\dfrac{N_0}{\cos\theta_0} + \dfrac{N_S}{\cos\theta_S}}\right)^2 & P\,偏振 \end{cases}$$

$$T = \begin{cases} \dfrac{4(N_0 \cos\theta_0)(N_S \cos\theta_S)}{(N_0 \cos\theta_0 + N_S \cos\theta_S)^2} & S\,偏振 \\[4mm] \dfrac{4\left(\dfrac{N_0}{\cos\theta_0}\right)\left(\dfrac{N_S}{\cos\theta_S}\right)}{\left(\dfrac{N_0}{\cos\theta_0} + \dfrac{N_S}{\cos\theta_S}\right)^2} & P\,偏振 \end{cases}$$

$$A = 0$$

狀況一：光從空氣入射到玻璃基板

　　已知入射介質折射率 $N_0 = n_0 = 1$，基板折射率 $N_S = n_S = 1.52$，欲求反射光消失的條件？

S 偏振：如欲 $R = 0$，則分子部份必須等於零，即

$$n_0 \cos\theta_0 = n_S \cos\theta_S$$

代入 Snell's law：$\sin\theta_S = \dfrac{n_0}{n_S}\sin\theta_0$，得

$$n_0^2 \cos^2\theta_0 = n_S^2 \cos^2\theta_S$$

$$n_0^2(1 - \sin^2\theta_0) = n_S^2(1 - \sin^2\theta_S)$$

$$n_0^2(1 - \sin^2\theta_0) = n_S^2(1 - \frac{n_0^2}{n_S^2}\sin^2\theta_0)$$

化簡後

$$(n_S - n_0)(n_S + n_0) = 0$$

因為 $n_S \neq n_0$，故知 **S 偏振光** 從空氣入射到玻璃基板，絕對不可能有零反射的情況發生。

P 偏振：同理，**無反射**的條件為

$$\frac{n_0}{\cos\theta_0} = \frac{n_S}{\cos\theta_S}$$

代入 Snell's law：$\sin\theta_S = \dfrac{n_0}{n_S}\sin\theta_0$，得

$$n_0 \cos\theta_S = n_S \cos\theta_0 = (\frac{n_0 \sin\theta_0}{\sin\theta_S})\cos\theta_0$$

移項後

$$n_0 \sin\theta_S \cos\theta_S = n_0 \sin\theta_0 \cos\theta_0$$

$$\sin 2\theta_S - \sin 2\theta_0 = 0$$

和差化積結果

$$2\cos(\theta_S + \theta_0)\sin(\theta_S - \theta_0) = 0$$

即

$$\theta_S + \theta_0 = \frac{\pi}{2} \quad 或 \quad \theta_S - \theta_0 = 0 \quad (不合)$$

將 $\theta_S + \theta_0 = \dfrac{\pi}{2}$ 代回

$$n_0 \cos\theta_S = n_S \cos\theta_0 = (\frac{n_0 \sin\theta_0}{\sin\theta_S})\cos\theta_0$$

$$n_0 \cos\left(\frac{\pi}{2} - \theta_0\right) = n_S \cos\theta_0 = n_0 \sin\theta_0$$

$$\tan\theta_0 = \frac{\sin\theta_0}{\cos\theta_0} = \frac{n_S}{n_0} = \tan\theta_B$$

符合上式的入射角，稱爲**布魯斯特** θ_B，其大小可寫成

$$\theta_B = \tan^{-1}\left(\frac{n_S}{n_0}\right)$$

代入各折射率值，得

$$\theta_B = \tan^{-1}\left(\frac{1.52}{1}\right) \cong 56.66°$$

表示入射角 $\theta_0 = 56.66°$ 時，**P 偏振光**完全穿透，意即 $T_P = 100\%$，$R_P = 0$。

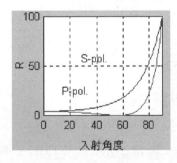

狀況二：光從玻璃基板入射到空氣

> 已知入射介質折射率 $N_0 = n_S = 1.52$，基板折射率 $N_S = n_0 = 1$，欲求反射光消失的條件？

S 偏振：按照**狀況一**的討論步驟，最後得知 **S 偏振光**不可能零反射率。

P 偏振：由**光可逆性**或按前述步驟推導得知，**P 偏振光**完全穿透的布魯斯特角爲

$$\theta_B = \tan^{-1}\left(\frac{1}{1.52}\right) \cong 33.34°$$

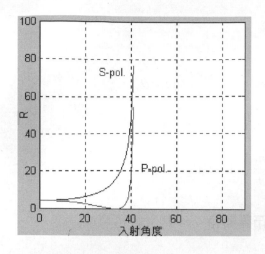

綜合以上兩項不同入射狀況的 **P 偏振光**反射情形，結論：零反射率的入射角爲

$$\theta_B = \tan^{-1}\left(\frac{\text{折射介質折射率}}{\text{入射介質折射率}}\right)$$

1-6-1　垂直入射

如果光垂直入射，入射角 $\theta_0 = 0°$，折射角 $\theta = 0°$，結果將使 S 與 P **偏振光**簡併，不論**狀況一**或**狀況二**，此時反射率 R 與穿透率 T 值爲

$$R = \left(\frac{n_0 - n_S}{n_0 + n_S}\right)^2 = \left(\frac{1 - 1.52}{1 + 1.52}\right)^2 \cong 4.26\%$$

$$T = \frac{4n_0 n_S}{(n_0 + n_S)^2} = 1 - R \cong 95.74\%$$

換言之，光垂直入射於玻璃基板，會有 4.26% 的光反射，剩餘的 95.74% 穿透。以上是光垂直入射於單一界面的情形，若是針對一個光學系統而言，少說也有數十個鏡片組合而成，其總穿透率可表示爲

$$T_t = \prod_{i=1}^{N}(1 - R_i)$$

其中 T_t：系統總穿透率，N：界面個數，R_i：第 i 界面的反射率；例如，鏡片折射率 $n = 1.52$，則 1 個鏡片(有 2 個界面)的透射率爲

$$T_t = (1 - R_1)(1 - R_2) \cong 91.67\%$$

2 個鏡片時：

$$T_t = (1-R_1)(1-R_2)(1-R_3)(1-R_4) \cong 84.03\%$$

5 個鏡片時：

$$T_t = (1-R_1)(1-R_2)\cdots(1-R_9)(1-R_{10}) \cong 64.72\%$$

10 個鏡片時：

$$T_t = (1-R_1)(1-R_2)\cdots(1-R_{19})(1-R_{20}) \cong 41.88\%$$

15 個鏡片時：

$$T_t = (1-R_1)^{30} \cong 27.11\%$$

綜上計算結果，系統總穿透率與界面數關係圖如下所示。

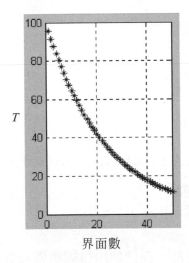

界面數

再例如，鏡片基板折射率 $n = 4$，其反射損耗將更加嚴重，其穿透率與界面數關係如下所示。

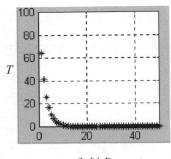

入射角

由此可見，任何光學系統若無適當**抗反射鍍膜**處理，最後將是黯淡無光，例如液晶顯示器系統在無抗反射處理的情況下，最後的發光效率只剩 5%。

 範例 5. 入射介質折射率 $n_0 = 1$，基板折射率 $n_S = 4$，求 P 偏振反射率 $R_P = 0$ 的入射角。

解 使用 $\theta_B = \tan^{-1}\left(\dfrac{\text{折射介質折射率}}{\text{入射介質折射率}}\right)$

$$\theta_B = \tan^{-1}\left(\frac{4}{1}\right) = 75.97°$$

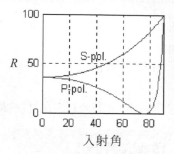

1-7　使用 MATLAB 建構光學薄膜模擬程式

光學鍍膜設計的步驟可以區分為

1. 選擇設計方法。

2. 建構撰寫程式碼。

3. 針對設計規格，改良程式碼：例如通帶波段區域的平坦化，止帶波段區域的凹陷消除。

4. 就理論模型的進階考慮：例如色散(dispersion)，非均勻(inhomogeneity)，吸收(absorption)，散射(scattering)。

5. 電腦優化(refinement)。

上述有關光學鍍膜設計步驟的精神，在於使用電腦與運算軟體做為數值計算的工具，這些工具並非是光學鍍膜設計的核心重點，反倒是設計者本身才是真正的關鍵，也唯有設計者對薄膜光學理論與程式工具有充分的瞭解與熟練，才能確保各種類型的鍍模設計安排，兼備與生具有的初始穩定性，以及大幅擴充功能乃至於修改的可能行。

暫不考慮上述第 4 項步驟，自行撰寫簡易的 **MATLAB** 光學薄膜模擬程式，分段顯示如下：

```matlab
1      clear
2  %    s or p pol.
3      ps=1;
4  %    入射角
5      qi = 0;
6      qi = qi/57.3;
7  %    空氣折射率
8      in(1)= 1;
9  %    參考波長(um)
10     wl = 0.53;
11 %    層數
12         n = 3 ;
13 %    膜層折射率 與 光學厚度
14            for ii=2:2:n+1
15              in(ii)= 1.38;
16              ot(ii)= 0.5;
17            end
18            for ii=3:2:n+1
19              in(ii)= 1.7;
20              ot(ii)= 0.5;
21            end
22            ot(4)=0.25 ;
23 for jj=2:1:n+1
24    d(jj) = wl * ot(jj) / in(jj);
25 end
26 %    基板折射率
27     in(n+2) = 1.52;
28 %    膜層設計角度
29         qd = 0;
30         qd = qd / 57.3;
31 %    起始 與 終止 波長
32         wlbegin = 0.4;
33         wlend = 1.6;
34 %  R  or   T   之最大值 與 最小值
35     ymin = 0;
36     ymax = 4;
37 %
38         cf(1) = cos(qi);
39      k = 2:1:n+2;
40      s(k) = in(1)*sin(qi)./in(k);
41      sf(k)= in(1)*sin(qd)./in(k);
42      af(k)= sqrt(1-sf(k).^2);              % angle_factor
43      cf(k) = sqrt(1-s(k).^2);
44      %
45 if ps == 1
46     ra = in(1) * cos(qi);
47     rs = in(n+2) * cf(n+2);
48     k = 2:1:n+2;
49                 inc(k) = in(k).* cf(k);
```

```
50 -    else
51 -        ra = in(1) / cos(qi);
52 -        rs = in(n+2) / cf(n+2);
53 -        k = 2:1:n+2;
54 -                inc(k) = in(k)./ cf(k);
55 -    end
56    %  基板矩陣
57 -      ys=[1;rs];
58    %    波長 : wi        點數 ; pn
59 -    b = cell(1,n+1);
60 -  pn =300;
61 -  for ii=1:1:pn
62 -      wi(ii) = wlbegin+(ii-1)*(wlend-wlbegin)/(pn-1);
63    %wi=wlbegin:(wlend-wlbegin)/2:wlend;
64 -      for  k = 2:1:n+1
65 -        ph(k) = (pi*2.*ot(k).*cf(k).*wl)./af(k)*wi(ii).^-1;
66 -        b{k} = [cos(ph(k)) i.*sin(ph(k))./inc(k); i.*sin(ph(k)).*inc(k) cos(p|
67 -      end
68 -      if n == 0
69 -      m = [1 0; 0 1] ;
70 -       end
71 -      if n == 1
72 -          m = b{2};
73 -      else
74 -          for kk = 2:1:n+1
75 -              if kk == 2
76 -                 m = b{kk};
77 -              else
78 -                  m = m*b{kk};
79 -              end
80 -          end
81 -      end
82 -      y = m*ys;
83 -        Y = y(2)/y(1);
84 -              r = (ra-Y)/(ra+Y);
85 -          R(ii) = abs(r^2)*100;
86 -          T(ii) = 4*ra*real(rs)/((ra*y(1)+y(2))*conj(ra*y(1)+y(2)))*100;
87 -  end
88 -          plot(wi, R,'m-');
89 -        grid on;
90 -        axis([wlbegin wlend ymin ymax]);
91 -      xlabel('波 長 (um)');
92 -      ylabel('R');
```

行號 57~87：不同入射波長，特徵矩陣計算。

行號 83：不同入射波長，計算導納值。

行號 84：不同入射波長，計算反射係數 r。

行號 85：不同入射波長，計算反射率 R。

行號 86：不同入射波長，計算透射率 T。

　　以此核心程式為基礎，改寫為**自定函式**型態，以備後用；例如，單層抗反射膜的函式程式設計：假設空氣折射率 $n_0 = 1$，基板折射率 $n_S = 1.52$，行號 95 呼叫自定函式 admittance1()，其中傳入兩個參數，依序代表光學厚度與折射率。

```
81      % 反射率與波長關係圖
82 -    figure(1);
83 -        plot(wi, R,'-');
84 -        grid on;
85 -        if(i_in <= 1.52)
86 -            axis([wlbegin wlend ymin ymax]);
87 -        else
88 -            axis([wlbegin wlend 0 40]);
89 -        end
90 -        xlabel('λ (nm)');
91 -        ylabel('R %');
92 -        title('單層抗反射膜');
93      % 導納軌跡圖
94 -    figure(2);
95 -        admittance1(i_ot, i_in);        % 呼叫導納軌跡圖函式admittance1()
96
```

另外計算反射率 R 與波長 λ 關係圖的自定函式 arc1()，同樣傳入兩個參數，第一個參數代表光學厚度，第二個參數鍍膜折射率，函式型式如下：

```
1      ⊞ function arc1(i_ot, i_in)...
96
```

例如於 Command Window 中，輸入 arc1(0.25,1.38)

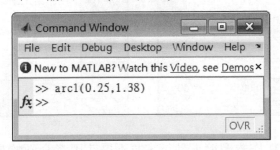

輸出圖表有反射率 R-波長 λ 關係圖，以及導納軌跡圖[1][2]，依序如下所示。

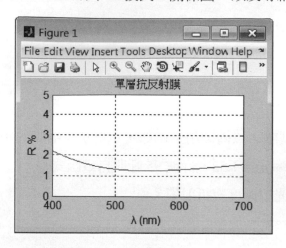
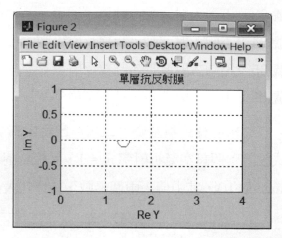

同樣處理步驟，撰寫雙層抗反射膜的計算函式，例如，於 Command Window 中，輸入 arc2(0.25,1.38,0.25,1.7)，第一、三個參數代表光學厚度，第二、四個參數鍍膜折射率，而所謂第一層鍍膜是指靠近空氣入射端的膜層。

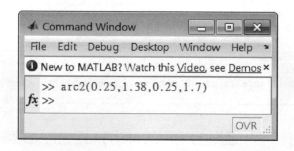

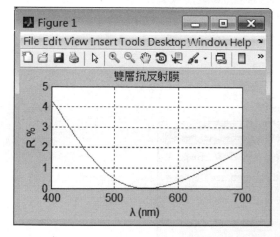
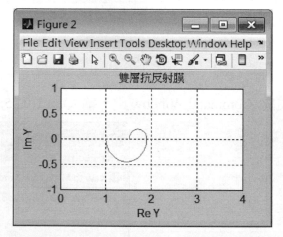

以上程式必須在 MATLAB 作業環境下執行，並不是使用者介面的型態，希望未來能將它整合並改成類似 FilmStar、ThinFilmView 等商用軟體的型態。FilmStar 與 ThinFilmView 的主控制畫面，依序如下圖所示。

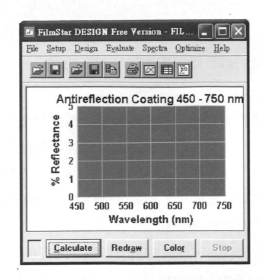

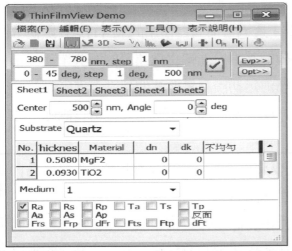

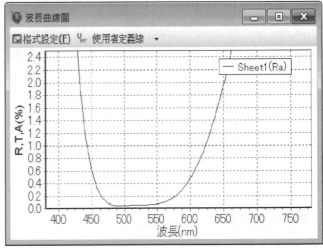

　　一般來說，類似的市售商用光學薄膜模擬軟體均有提供試用版，其中 ThinFilmViewDemo 還是中文繁體介面，使用上更加方便；試用版雖然功能有諸多限制，但不妨礙學習，鼓勵下載使用。未來若有考慮執行實務專題計畫，期望自行開發撰寫薄膜模擬軟體，可以參考這些套裝軟體為學習範本，再者選用程式語言部分，建議以 MATLAB 為優先考慮，其次為 VB、C++或 Java。

1-7-1　圖形使用者介面 GUI

　　著眼於實務專題計畫，可以考慮使用 MATLAB 自製研發的光學薄膜模擬設計自由軟體，其主要項目包括有計算、模擬分析、優化及合成設計，將商用套裝軟體程式碼不公開的方式予以改良為開放方式，初步以光學薄膜特徵矩陣的計算核心為公用函式，透過呼叫或建構函式的步驟逐漸充實完成整套模擬系統的使用者介面功能；換言之，本實務專題計畫的核心主題便是將以往昂貴並且只能單一使用用途的光學薄膜模擬軟體，透過自由開放與有志發展自需功能的合作整合，達成未來研發資源共享的服務與應用，進而奠定深厚的專業知能、強化團隊合作能力以及落實多元化學習技能等三項的科專院校專題製作訓練與要求目標。

由於程式語言技術的進步與教學學習上的需要，電腦模擬便成為很重要的課程。對光電工程相關科系而言，光學模擬軟體實習就是對應這種目的所設定的課程，但是在實際實施教學時發現諸多不便利的問題。因為這些市售商用套裝的光學模擬軟體，售價都非常昂貴，教育單位根本無法負擔電腦教室一人一機一套的配置，變通的做法通常是只購買一套，充當教學示範或研究使用，實習的練習都是下載試用版來替代使用。試用版有若干功能被限制，但無礙於實習的實施，勉強可以達成教學與學習的目標。

此外，市售商用的模擬軟體，皆著眼於分析與設計的應用端，對於基本原理與延伸應用的學習，無法提供積極性的輔助學習效果。因此，透過目前廣為使用的 MATLAB 數值分析軟體，配合使用者介面的安排，嘗試將光學薄膜的基本原理轉化為運算的函式單元，初步可以達成奠定深厚的專業知能的教育目標。接續前述初階運算函式的建立，進階尋找、結合相關的研究、應用主題，比照處理成使用者介面的函式功能，使能強化落實團隊合作能力與多元化學習技能的跨領域訓練與要求目標。

更重要的，此套使用 MATLAB 自製研發的光學薄膜模擬分析與設計軟體，將設定為自由開放軟體，意即公開所有函式程式碼，並且計畫邀請有志一同的教學、研究團隊加入共同開發的行列，以跨校團隊合作的方式，期使改善市售商用套裝軟體缺乏彈性與適性發展的缺點，讓自製研發的光學薄膜模擬軟體，不僅在教學學習的教育端，或研究發展的應用端，乃至於可能成為更適用於教育與研究的商用端，皆有實質的貢獻。

採用 MATLAB R2010a 版的使用者介面 GUI 為開發光學薄膜模擬設計與分析系統軟體，其主要畫面如下所示。

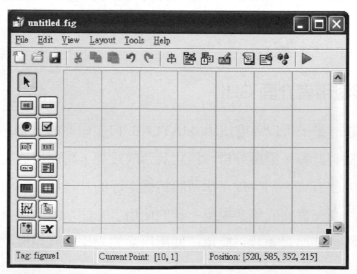

　　透過使用者介面 GUI 所發展的光學薄膜模擬設計與分析系統，其設計安排畫面如下所示。

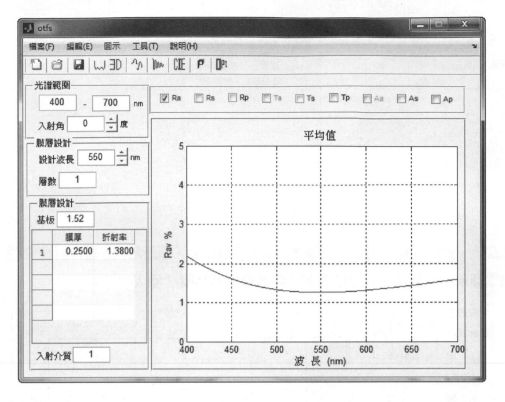

　　主要設計安排項目如下：

1.　功能表：使用 Menu 製作功能設計。

2.　工具列：使用 Toolbar 製作功能設計。

3.　光譜範圍與膜層設計：使用 Edit 與 Slider 功能設計。

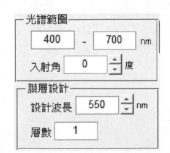

4. 表格式膜層設計：使用 Edit 與 Table 功能設計；目前只有膜厚與折射率兩欄位輸入，未來將新增複數折射率項目。

理論上，表格式輸入可以不限層數。輸入多層數時，預設為高、低折射率交替層安排，如下圖所示；對於此項目的改善，將新增週期性膜層輸入的功能。

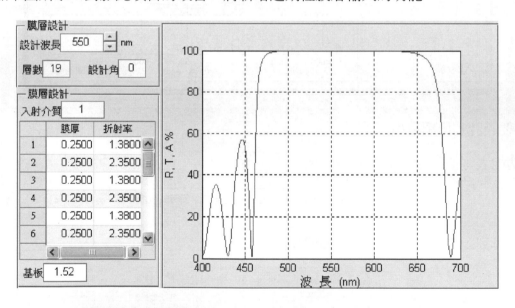

5. 反射率 R、穿透率 T、吸收 A 多選設計：使用 CheckBox 功能設計。

6.　圖形顯示區：使用 Axes 功能設計。

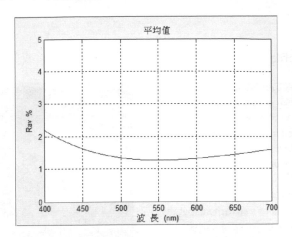

　　除了上述設計安排外，每一相關項目將分別對應製作點按滑鼠右鍵的即顯式功能表，提供極盡方便使用的設計。然而，考量模擬系統會逐漸龐大複雜，所有功能的運算均將採取函式處理，以便利重複呼叫使用。

　　因此，本課程的最終目的，擬以實務專題計畫實作方式，透過 MATLAB 數值分析軟體，配合圖形使用者介面 GUI 的安排，嘗試將光學薄膜的基本原理轉化為運算的函式單元，進階尋找、結合相關的研究及應用主題，比照處理成使用者介面的函式功能，使能奠定深厚的專業知能，強化落實團隊合作能力與多元化學習技能的跨領域教育訓練與要求目標。更重要的是，此套自製研發的光學薄膜模擬分析與設計軟體，將設定為自由開放軟體，並且邀請有志一同的教學、研究團隊加入共同開發的行列，以跨校團隊合作的方式，改善市售商用套裝軟體缺乏彈性與適性發展的缺點，讓自製研發的光學薄膜模擬軟體，不僅在教學、學習的教育端，或研究發展的應用端，甚至於可能成為更適用於教育與研究的商用端，皆會有實質的貢獻。

　　有關 MATLAB 圖形使用者介面 GUI，基本語法，以及函式等內容的研習，請自行參閱參考資料。

網路資源

1. 肥皂泡沫(soap bubble)：瀏覽著重在整篇文章的展示圖形或動畫(以下同此要求)。

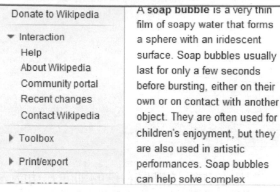

http://en.wikipedia.org/wiki/Soap_bubble

2. 干涉(interference)

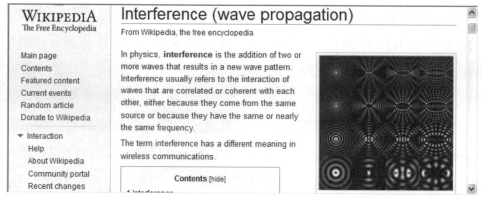

http://en.wikipedia.org/wiki/Interference_(wave_propagation)

若是使用中文版維基百科查詢 http://wikipedia.tw/。

物理學中，干涉是兩列或兩列以上的波在空間中重疊時發生疊
加從而形成新波形的現象。例如採用光學分束器將一束來自單
色點光源的光分成兩束後，再讓它們在空間中的某個區域內重
疊，將會發現在重疊區域內的光強並不是均勻分布的：其明暗
程度隨其在空間中位置的不同而變化，最亮的地方超過了原先
兩束光的光強之和，而最暗的地方光強有可能為零，這種光強
的重新分布被稱作「干涉條紋」。在歷史上，干涉現象及其相
關實驗是證明光的波動性的重要依據[1]，但光的這種干涉性質直
到十九世紀初才逐漸被人們發現，主要原因是相干光源的不易

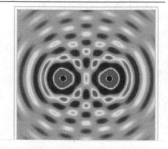

3. 透射(transmission)

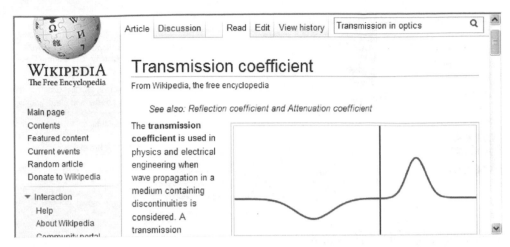

4. 反射(reflection)

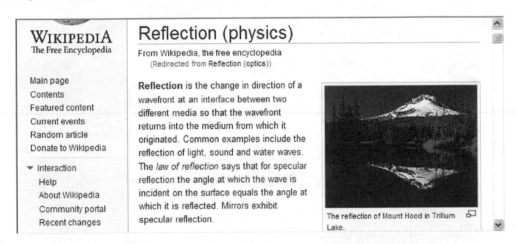

5. 偏振(polarization)：搜尋欄位中輸入 Polarization，選項有(waves)項目。

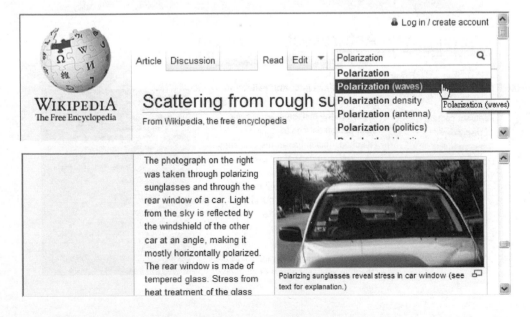

6. 鍍上抗反射膜的透鏡基板：使用 Google 圖書館，查詢圖書 Coating on glass。

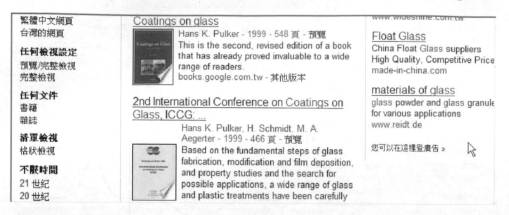

以捲動軸直接將頁面拉到第 358 頁。

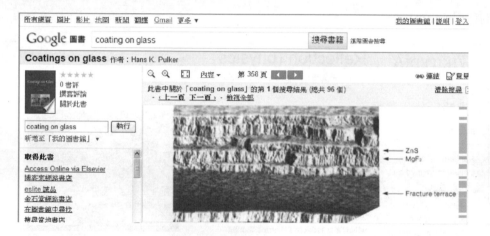

7. 抗反射膜(anti- reflection coating)

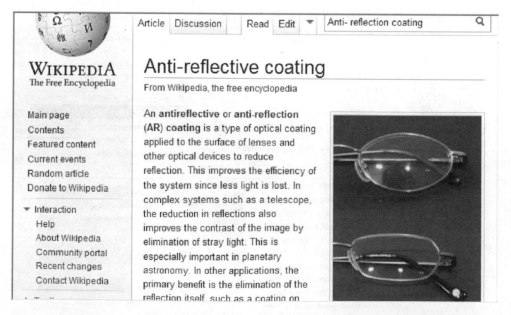

8. LED 模擬自然日光光源

通的二極體一樣，發光二極體由半導體晶片組成，這些半導體材料會預先透過注入或摻雜等工藝以產生p、n架構。與其它二極體一樣，發光二極體中電流可以輕易地從p極（陽極）流向n極（負極），而相反方向則不能。兩種不同的載流子：空穴和電子在不同的電極電壓作用下從電極流向p、n架構。當空穴和電子相遇而產生複合，電子會跌落到較低的能階，同時以光子的模式釋放出能量。

它所發出的光的波長（決定顏色），是由組成p、n架構的半導體物料的禁帶能量決定，由於矽和鍺屬間接帶隙材料，

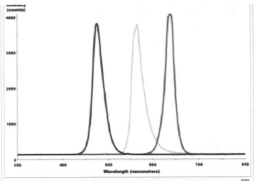

結合藍色、黃綠〔草綠〕色，以及高亮度的紅色LED等三者的頻譜特性曲線，三原色在FWHM頻譜中的頻寬約24奈米—27奈米。

習題

1. 列舉所知道的光學薄膜。

2. 何謂(1)optical thin film；(2)optical coatings；(3)optical layers？

3. 薄膜光學的物理根據為何？

4. 何謂(1)反射率；(2)穿透率；(3)吸收；(4)散射？

5. 何謂抗反射膜(Anti-Reflection Coating，簡稱 ARC)？

6. 何謂高反射膜(High Reflection Coating，簡稱 HRC)？

7. 何謂中性分光鏡(Neutral Beam Splitter，簡稱 NBS)？

8. 何謂短波通濾光片(Short Pass Edge Filter，簡稱 SPEF 或 SPF)？

9. 何謂長波通濾光片(Long Pass Edge Filter，簡稱 LPEF 或 LPF)？

10. 何謂寬帶通濾光片(Wide Bandpass Filter，簡稱 WBF)？

11. 何謂窄帶通濾光片(Narrow Bandpass Filter，簡稱 NBF)？

12. 何謂特徵矩陣(Characteristic Matrix)？

13. 何謂相厚度(Phase Thickness)？

14. 何謂 Snell's law？

15. 入射介質折射率 $n_0 = 1$，基板折射率 $n_S = 1.46$，光垂直入射，計算反射率 R。

16. 續上一題，單層鍍膜折射率 $n = 1.38$，光學厚度 $\lambda_0/4$，計算在中心波長 λ_0 處的反射率 R。

17. 續上一題，若光學厚度 $\lambda_0/2$，計算在中心波長 λ_0 處的反射率 R。

18. 光學厚度 $\lambda_0/4$ 的高、中、低折射率材料鍍膜符號為何？

19. 光學厚度 $\lambda_0/2$ 的高、中、低折射率材料鍍膜符號為何？

20. 何謂無效層？

21. 何謂(1)S 偏振光；(2)P 偏振光？

22. 何謂布魯斯特角？

23. 說明為何任何光學系統皆需要抗反射鍍膜處理。

Chapter 2

抗反射膜

2-1　簡介

　　未經鍍膜處理的光學系統，因界面反射的緣故，導致最後的穿透光所剩不多，為了克服這種可謂黯淡無光的問題，於是需要**抗反射膜**(簡稱 ARC)。如下圖所示皆為鍍上抗反射膜的光學元件。

(http://www.ocj.co.jp/)

　　經過抗反射膜 ARC 處理的光學系統，不但可以提高穿透率，降低眩光，同時也大大減少光在元件間連續反射的量，使影像明晰度增加。這些抗反射膜 ARC 可以是針對單一波長零反射率的單層或雙層設計，亦可以是針對雙波長或波段零反射的多層設計，端視特殊應用所需而定。

　　抗反射膜 ARC 以基板作分類標準，計有兩類，列舉如下：

1. **低折射率基板**：可見光區適用，例如皇冠玻璃折射率 $n_S = 1.52$。
2. **高折射率基板**：紅外光區適用。

　　例如矽(Si)折射率 $n_S = 3.4$，鍺(Ge)折射率 $n_S = 4$，InAs 折射率 $n_S = 3.4$，InSb 折射率 $n_S = 4$，GaAs 折射率 $n_S = 3.58$。

2-1-1　抗反射膜應用

1. **手機/筆記型電腦**：抗反射膜處理可以增加透射率與減少眩光的產生(參考下圖)。

(http://mypaper.pchome.com.tw/kenabcabc/post/1320659065)

2. **照相機鏡片**：相機光學鏡頭通常由數片透鏡所構成，每一透鏡界面都需要抗反射鍍膜處理。

(http://www.zeiss.com)

　　德國 Carl Zeiss 蔡司 Vario-Sonnar T*鍍膜可旋轉式變焦鏡頭：德國蔡司 Vario-Sonnar T*鍍膜變焦鏡頭為當今最先進的多層鍍膜光學鏡頭，是專為降低由鏡頭表面不必要的反射所造成的「鬼影」與「眩光」現象所設計，可提供超高品質、銳利與自然的影像，其焦距相當於 35mm 相機的 28mm~200mm 焦距。由 7 片光圈葉片所組成的光圈，於廣角端的最大光圈可達 F2.0，望遠端的最大光圈則為 F2.8－為數位相機市場所見光圈值最大的數位相機。

　　如下圖所示的數位相機內部構造簡圖，包括由一組 4 片透鏡所組成的光學鏡頭，紅外截止濾光器(IR-cut filter)，低通濾光器(Low-pass filter)，電荷耦合元件(CCD，Charge-coupled Device，是一種積體電路，上面有許多排列整齊的電容，能感應光線)，其中 4 片透鏡就會有 8 個鏡片界面，每一透鏡界面都需要抗反射鍍膜處理。

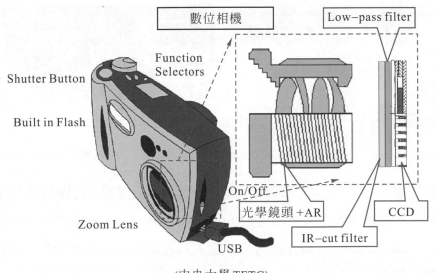

(中央大學 TFTC)

3. **攝影機**：如同相機的光學鏡頭，其內部每一透鏡界面都需要抗反射鍍膜處理。

(http://www.sony.com/)

4. **紅外線攝影機**：如下圖所示為專為警察設計的攝影機，它能偵測到生物的體熱，或用來尋找走失的登山客，同上述理由，其內部每一透鏡界面都需要抗反射鍍膜處理。

(http://sa.ylib.com/circus/circusshow.asp?FDocNo=676&CL=20)

5. **眼鏡**：這是最常見也最簡單的抗反射膜應用，因為眼鏡只有兩個鏡片界面。例如下圖所示的抗反射效果比較，圖中右邊的鏡片皆有抗反射膜的處理，其效果顯示能夠更清晰明視，並且減少眩光的影響。

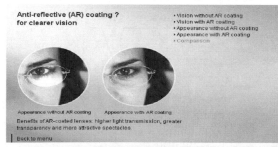

(http://www.zeiss.com/41256820002524A3/Contents-Frame/AC94E29BA0C4621985256E600070BDA5)

6. **液晶顯示器應用**：如下圖所示的液晶顯示器內部構造簡圖，由圖可知背光源從背光模組發射光，光透射 60%進入下偏光板(Lower polarizer)，接續光透射 50%進入主動矩陣層(Active matrix layer)，接續光透射 70%進入彩色濾光片(Color filter)，接續光透射 30%進入上偏光板(Upper polarizer)，最後光透射 90%進入空氣介質，換言之，發光效率為 0.6×0.5×0.7×0.3×0.9 = 0.05，顯見每一元件介面都需要抗反射鍍膜處理。

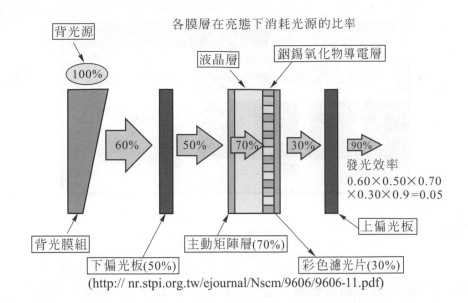

各膜層在亮態下消耗光源的比率

發光效率
$0.60 \times 0.50 \times 0.70$
$\times 0.30 \times 0.9 = 0.05$

(http:// nr.stpi.org.tw/ejournal/Nscm/9606/9606-11.pdf)

7. **軍事用途：**由於雙筒鏡可以有多達 16 個空氣與玻璃交界的表面，而每個表面都會造成光線的損失，因此鍍膜的品質對影像的質感影響極大。傳統的透鏡鍍膜材料是鎂氟化物，可以使反射率由 5% 降低至 1%。現代的透鏡鍍膜，包含複雜的多層鍍膜，不僅可以使反射率降低至 0.25%，還能讓影像有最大的亮度和原本的自然顏色。

美國海軍的雙筒鏡

(http://zh.wikipedia.org/zh-tw/%E5%8F%8C%E7%AD%92%E6%9C%9B%E8%BF%9C%E9%95%9C)

8. **綠色節能減碳用途：**例如太陽能電池(Solar cell)，照明發光二極體(LED)。

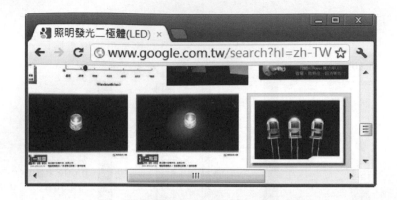

2-2　單層抗反射膜

　　首先說明，一般所謂的**抗反射膜**，通常是針對**設計波長** λ_0，意即只要在設計波長 λ_0 處有最低的反射率，便可達到抗反射膜設計的目的；但是，有些應用的要求，不僅是單一波長有最低的反射率而已，而是某波長範圍都要有抗反射效果，例如眼鏡的抗反射膜設計，就是希望可見光區內全區域的抗反射效果。

　　可見光區的波長範圍定義，如下表格所示：

光色	波長 λ (nm)	代表波長
紅(Red)	780~630	710
橙(Orange)	630~590	615
黃(Yellow)	590~560	585
綠(Green)	560~490	545
藍(Blue)	490~470	490
靛(Indigo)	470~420	435
紫(Violet)	420~380	405

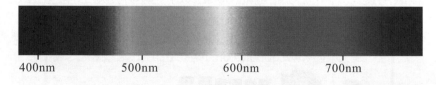

400nm　　　　　500nm　　　　　600nm　　　　　700nm

　　以下所討論的單層抗反射膜，乃至於**多層抗反射膜設計**，均是針對可見光區。假設單層抗反射膜的光入射角 $\theta_0 = 0°$ (incident angle，或者代號為 θ_i)，則 S 與 P 偏振光簡併，針對設計波長 λ，以膜厚為變數，模擬不同折射率膜層對反射率 R 的影響，結果如下圖所示。

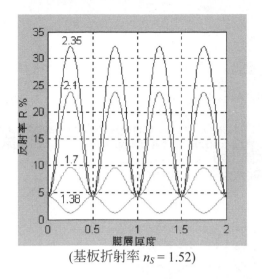

(基板折射率 $n_S = 1.52$)

由此可知

1. 鍍膜折射率 n 比基板折射率 $n_S = 1.52$ 小，才有抗反射效果。

2. 不論是增反射或抗反射，極值均在 $\lambda/4$ 的整數倍。

3. 不論是增反射或抗反射，可以清楚看到無效層均在 $\lambda/2$ 的整數倍。

4. 對增反射而言，前半週期，反射率遞增，後半週期，反射率遞減；對抗反射而言，前半週期，反射率遞減，後半週期，反射率遞增。

結論：鍍膜欲有抗反射效果，其鍍膜折射率必須比基板小。

State：由前一章節可知，單層 $1/4\ \lambda_0$ 膜厚鍍膜的導納值與反射率為

$$Y = \frac{n^2}{n_S}$$

$$R = r^2 = \left(\frac{n_0 - \dfrac{n^2}{n_S}}{n_0 + \dfrac{n^2}{n_S}} \right)^2 = \left(\frac{n_0 n_S - n^2}{n_0 n_S + n^2} \right)^2$$

可見欲達到最佳抗反射效果，則必須滿足

$$n_0 n_S - n^2 = 0 \quad , \quad n = \sqrt{n_0 n_S}$$

若以空氣折射率 $n_0 = 1$，基板折射率 $n_S = 1.52$ 為例，鍍膜折射率為

$$n = \sqrt{1 \times 1.52} \cong 1.233$$

⊙ 2-2-1　實際狀況

折射率 $n = 1.233$，這麼低的折射率材料，自然界中尚未找到；目前存在最低折射率的材料有 MgF_2：$n = 1.38$，Na_3AlF_6：$n = 1.35$，以前者為例，其**色散**分佈圖如下所示。

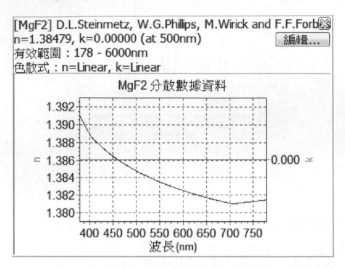

由上圖可知，MgF_2 在波長 500nm 時，折射率 $n = 1.38479$，其餘折射率的性質是隨波長增加而有遞減趨勢；一般而言，在理想的狀態下，通常是省略材料的色散效應，換言之，就是將折射率視為固定值。

同樣舉 MgF_2 為例，不考慮色散效應(除非特別聲明，需要考慮色散因素，不然一律將折射率視為固定值)，以及**吸收**問題，$\lambda_0 = 0.55\mu m = 550nm$，其反射率光譜圖與導納軌跡圖依序如下所示。

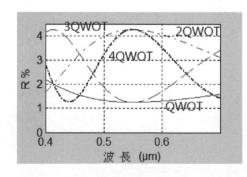
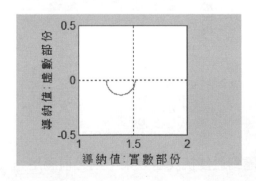

QWOT 抗反射鍍膜的反射率為

$$R = \left(\frac{1\times1.52 - 1.38^2}{1\times1.52 + 1.38^2}\right)^2 \cong 1.26\%$$

比較檢驗改鍍 QWOT 高折射率膜層的變化情形，假設 $n = 2.35$，QWOT 抗反射鍍膜的反射率為

$$R = \left(\frac{1 \times 1.52 - 2.35^2}{1 \times 1.52 + 2.35^2} \right)^2 \cong 32.3\%$$

其反射率光譜圖與導納軌跡圖依序如下所示。

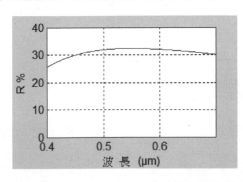
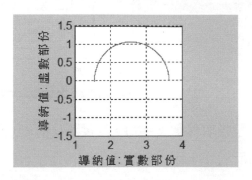

顯然鍍上高折射率膜層的結果是**增反射**而非抗反射。

2-2-2　吸收

以實際的狀況說明上述單層抗反射層若考慮**吸收**問題，分別就抗反射膜與增反射膜討論如下：

1.　**抗反射膜**：以 MgF_2 為例，不考慮吸收，基板為 Quartz。

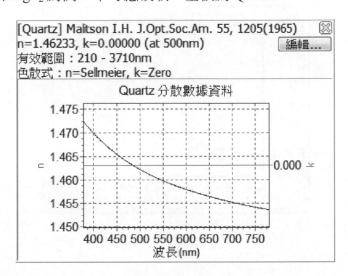

下圖中的曲線分別依序代表膜厚 $0\lambda_0$、$0.25\lambda_0$、$0.5\lambda_0$、$0.75\lambda_0$、$1.0\lambda_0$，其中所有曲線的反射率值全部在未鍍膜的反射率值下方。

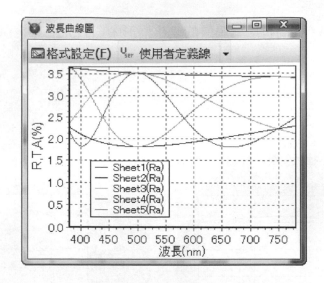

假設吸收係數 $k = 0.1$，其實際反射率光譜圖如下所示。由圖可知，Sheet2：$0.25\lambda_0$ 膜厚的反射率，因吸收因素而變得比沒有吸收情況下還大，意即最低的反射率極值變大；Sheet3：$0.5\lambda_0$ 膜厚的反射率，因吸收因素而變得比沒有吸收情況下還小，意即最高的反射率極值變小；以此類推瞭解，Sheet4：$0.75\lambda_0$ 膜厚的情況類似 Sheet2：$0.25\lambda_0$，Sheet5：$1.0\lambda_0$ 膜厚的情況類似 Sheet3：$0.5\lambda_0$。

綜上討論，簡言之，反射率與膜厚的關係不再是週期性質，而是隨著膜厚的增加呈現衰減振盪的分佈關係。

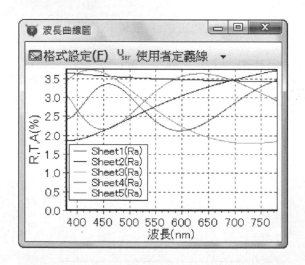

2. **增反射膜**：以 TiO_2 為例，其色散關係圖如下所示

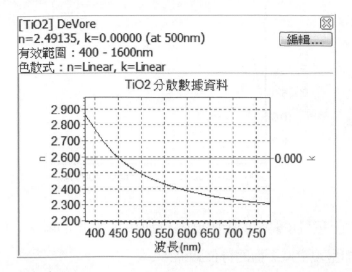

不考慮吸收，基板同樣是 Quartz，其實際反射率光譜圖如下所示，其中所有曲線的反射率值全部在未鍍膜的反射率值上方。

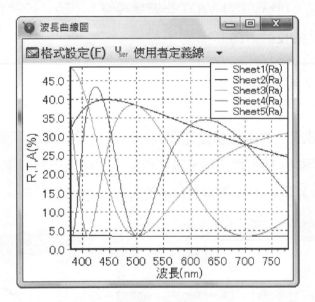

假設吸收係數 $k = 0.15$，其實際反射率光譜圖如下所示。由圖可知，Sheet2：$0.25\lambda_0$ 膜厚的反射率，因吸收因素而變得比沒有吸收情況下還小，意即最高的反射率極值變小；Sheet3：$0.5\lambda_0$ 膜厚的反射率，因吸收因素而變得比沒有吸收情況下還大，意即最低的反射率極值變大；以此類推瞭解，Sheet4：$0.75\lambda_0$ 膜厚的情況類似 Sheet2：$0.25\lambda_0$，Sheet5：$1.0\lambda_0$ 膜厚的情況類似 Sheet3：$0.5\lambda_0$。

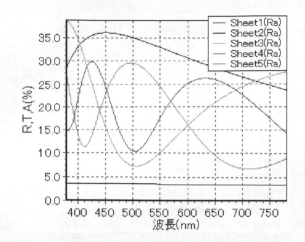

綜上討論，類似上述抗反射膜的吸收現象，反射率與膜厚的關係同樣不再是週期性質，而是隨著膜厚的增加呈現衰減振盪的分佈關係。

2-2-3　無效層

綜合以上討論結果，可驗證鍍 **HWOT 半波長**膜層，不論其折射率高低，對設計波長處的反射率並無影響，此時反射率為

$$R = \left(\frac{1-1.52}{1+1.52}\right)^2 \cong 4.26\%$$

這就是所謂的**無效層，此層鍍膜雖然在對設計波長處的反射率沒有影響，但是在擴寬反射率光譜範圍的應用中，卻有其不可或缺的作用。**同樣以低折射率 $n = 1.38$，以及高折射率 $n = 2.35$ 材料為例，其反射率光譜圖與導納軌跡圖依序如下所示。

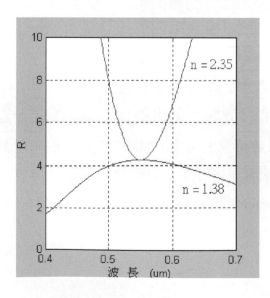

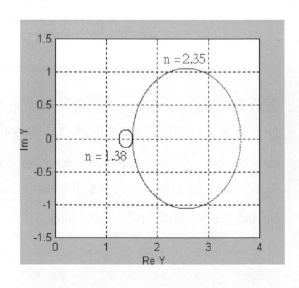

2-2-4 斜向入射

入射角 $\theta_0 \neq 0$，此時抗反射的特性與垂直入射類似，唯 S 與 P 偏振效應更加明顯。由相厚度 $\delta_r = \dfrac{2\pi}{\lambda} N_r d_r \cos\theta_r$ 可知當光斜向入射時，其反射率曲線的極值將移向**短波長區**，而且 $R_S > R_P$，空氣折射率 $n_0 = 1$，第一層鍍膜折射率 $n_1 = 1.38$，基板折射率 $n_S = 1.52$，中心波長 $\lambda_0 = 0.55\mu m = 550nm$，結果如下圖所示。

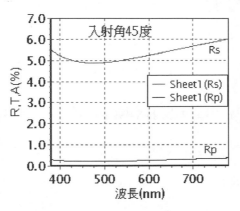

2-2-5 平均反射率

光斜向入射會有 S 與 P 兩種不同的偏振效應，因此以**平均反射率**的概念計算反射率，即

$$\bar{R} = \frac{R_S + R_P}{2}$$

其中 $\bar{R}$：**平均反射率**，R_S：S 偏振光反射率，R_P：P 偏振光反射率；例如空氣折射率 $n_0 = 1$，第一層鍍膜折射率 $n_1 = 1.35$，基板折射率 $n_S = 1.82$，中心波長 $\lambda_0 = 0.55\mu m = 550nm$，結果如下所示：

1. $\lambda = \lambda_0$ 處：垂直入射，滿足 $n = \sqrt{n_0 n_S}$ 零反射的條件，因此反射率 $R = 0$。

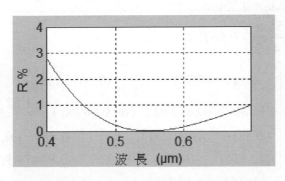

2. 斜向入射：入射角 $\theta_0 = 45°$，$R_S \cong 1.319\%$，$R_P \cong 0.416\%$

$$\overline{R} = \frac{R_S + R_P}{2} = 0.877\%$$

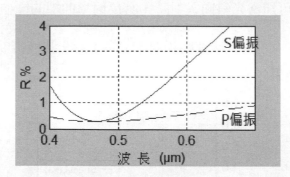

斜射極小值：入射角 $\theta_0 = 45°$，反射率極小值發生在 $\lambda = 470$nm，如上圖所示，因此

$$R_S \cong 0.297\% \quad , \quad R_P \cong 0.282\%$$

$$\overline{R} = \frac{R_S + R_P}{2} = 0.2895\%$$

 1. 基板($n_S = 1.52$)鍍上單層氟化鎂($n_1 = 1.38$)抗反射膜，使其在中心波長 $\lambda_0 = 0.55\mu m = 550$nm 有最低反射率，試求垂直入射時，(1)波長 $\lambda = 0.4\mu m$，(2)波長 $\lambda = 0.7\mu m$ 的反射率。

解 $\lambda = \lambda_0$ 的導納值很容易計算，但是，$\lambda \neq \lambda_0$ 的導納值計算就複雜許多，尤其是非垂直入射的狀況，因此，最好以 MATLAB 軟體輔助求解

$$\delta = \frac{2\pi}{\lambda} \frac{\lambda_0}{4} = \frac{\lambda_0}{\lambda} \frac{\pi}{2}$$

$$\begin{bmatrix} B \\ C \end{bmatrix} = \prod_{r=1}^{q} \begin{bmatrix} \cos\delta_r & \dfrac{i}{\eta_r}\sin\delta_r \\ i\eta_r\sin\delta_r & \cos\delta_r \end{bmatrix} \begin{bmatrix} 1 \\ \eta_S \end{bmatrix}$$

(1) $\lambda = 0.4\mu m$，$\lambda_0 = 0.55\mu m$

$$\delta = \frac{0.55}{0.4} \frac{\pi}{2} = 0.6875\pi$$

$$\begin{bmatrix} B \\ C \end{bmatrix} = \begin{bmatrix} \cos(0.6875\pi) & \dfrac{i}{1.38}(0.6875\pi) \\ i(1.38)\sin(0.6875\pi) & \cos(0.6875\pi) \end{bmatrix} \begin{bmatrix} 1 \\ 1.52 \end{bmatrix}$$

$$\begin{bmatrix} B \\ C \end{bmatrix} = \begin{bmatrix} -0.5556 & i(0.6025) \\ i(1.1474) & -0.5556 \end{bmatrix} \begin{bmatrix} 1 \\ 1.52 \end{bmatrix} = \begin{bmatrix} -0.5556 + 0.9158i \\ -0.8445 + 1.1474i \end{bmatrix}$$

$$Y = \frac{C}{B} = \frac{-0.8445 + 1.1474i}{-0.5556 + 0.9158i} = 1.3247 + 0.1184i$$

$$r = \frac{1-Y}{1+Y} = -0.1419 - 0.0437i$$

$$R = rr^* = 2.21\%$$

(2)　$\lambda = 0.7\mu m$，$\lambda_0 = 0.55\mu m$

$$\delta = \frac{0.55}{0.7}\frac{\pi}{2} = 0.3929\pi$$

$$\begin{bmatrix} B \\ C \end{bmatrix} = \begin{bmatrix} \cos(0.3929\pi) & \dfrac{i}{1.38}(0.3929\pi) \\ i(1.38)\sin(0.3929\pi) & \cos(0.3929\pi) \end{bmatrix}\begin{bmatrix} 1 \\ 1.52 \end{bmatrix}$$

$$\begin{bmatrix} B \\ C \end{bmatrix} = \begin{bmatrix} 0.3303 & i(0.684) \\ i(1.3026) & 0.3303 \end{bmatrix}\begin{bmatrix} 1 \\ 1.52 \end{bmatrix} = \begin{bmatrix} 0.3303 + 1.0396i \\ 0.5020 + 1.3026i \end{bmatrix}$$

$$Y = \frac{C}{B} = \frac{0.5020 + 1.3026i}{0.3303 + 1.0396i} = 1.2774 - 0.0771i$$

$$r = \frac{1-Y}{1+Y} = -0.1228 + 0.0297i$$

$$R = rr^* = 1.6\%$$

綜上計算結果圖示如下：

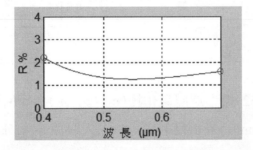

使用 ThinFilmViewDemo 模擬：

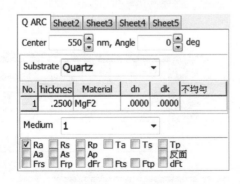

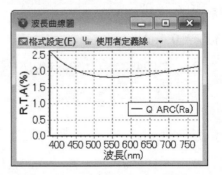

顏色計算：滑鼠點按工具列之

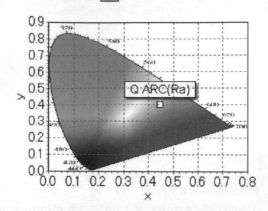

膜層具有吸收特性對反射率光譜的影響：

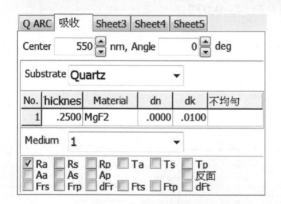

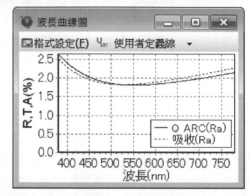

範例 2. 基板(n_S = 1.52)鍍上單層氟化鎂(n_1 = 1.38)抗反射膜，使其在中心波長 λ_0 = 0.55μm = 550nm 有最低反射率，試求入射角 = 45°時，(1)波長 λ = 0.4μm，(2)波長 λ = 0.7μm 的反射率。

解 設計角 $\theta_d = 0°$，

(1) $\lambda = 0.4$μm

$R_S = 4.194\%$ ， $R_P = 0.161\%$

$\overline{R} = \dfrac{R_S + R_P}{2} = 2.178\%$

(2) $\lambda = 0.7$μm

$R_S = 5.196\%$ ， $R_P = 0.297\%$

$\overline{R} = \dfrac{R_S + R_P}{2} = 2.747\%$

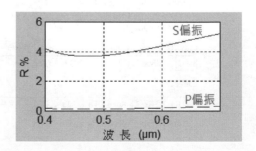

設計角 $\theta_d = 45°$，

(1)　$\lambda = 0.4\mu m$

$R_S = 5.624\%$　，　$R_P = 0.356\%$

$\overline{R} = \dfrac{R_S + R_P}{2} = 2.99\%$

(2)　$\lambda = 0.7\mu m$

$R_S = 4.387\%$　，　$R_P = 0.187\%$

$\overline{R} = \dfrac{R_S + R_P}{2} = 2.287\%$

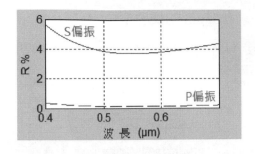

使用 ThinFilmViewDemo 模擬：

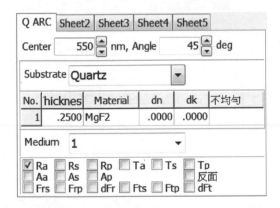
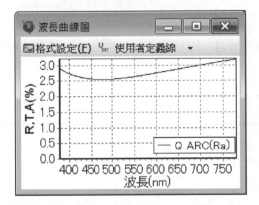

顏色計算：滑鼠點按工具列之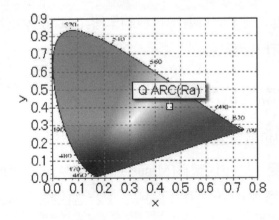

練習 續範例 2，計算基板($n_S = 1.46$)鍍上單層 $1/2\lambda_0$ 膜厚抗反射膜，使用材料氟化鎂($n_1 = 1.384$)，或 TiO_2($n_1 = 2.428$)，中心波長 $\lambda_0 = 550nm$，試求入射角$= 0°$時，波長 $\lambda = 0.55\mu m$ 的反射率？

解 (1) $1|L^2|Quartz$，波長 $\lambda = 0.55\mu m$ 鍍膜等效為 $1|Quartz$，反射率 $R = 3.496\%$

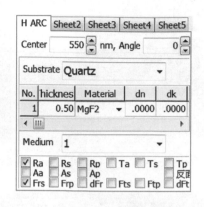
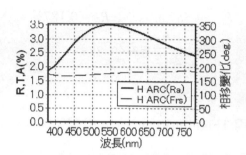

(2) $1|H^2|Quartz$，波長 $\lambda = 0.55\mu m$ 鍍膜等效為 $1|Quartz$，反射率 $R = 3.496\%$

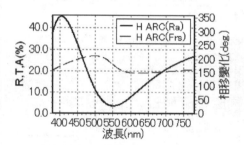

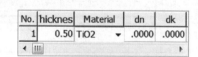

練習 續上一練習，鍍上高、低折射率材料的單層 $1/2\lambda_0$ 膜厚抗反射膜，對整個可見光區的反射率光譜有何影響？

2-2-6 低折射率漸變抗反射膜

單層抗反射膜材料的折射率漸變處理，可以區分為兩種：

1. **折射率由高而低漸變**：例如代號為[Minus-1]單層 1/4 波長膜厚的不均勻分布情形，每隔 100 埃，折射率遞減 0.005，如下圖所示；若是代號為[Minus-2]，則每隔 100 埃，折射率遞減 0.01。

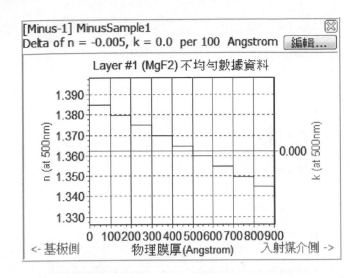

2. **折射率由低而高漸變**：例如代號為[Plus-1]單層 1/4 波長膜厚的不均勻分布情形，每隔 100 埃，折射率遞增 0.005，如下圖所示；若是代號為[Plus -2]，則每隔 100 埃，折射率遞增 0.01。

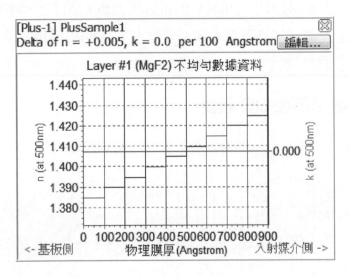

由以上 4 種折射率漸變的分佈情況，可知只有折射率由高而低的漸變方式才會有抗反射效果，如下圖所示；圖中有 5 條反射率光譜曲線，以折射率未漸變者為中間，以此為基準，在上方者為折射率遞增漸變，在下方者為折射率遞減漸變，其漸變的幅度與反射率的變化呈現正相關。

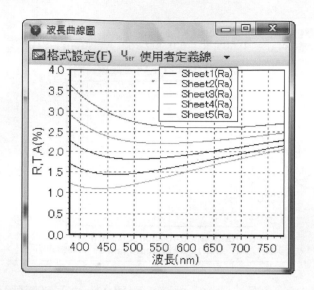

2-3　雙層抗反射膜

　　單層抗反射效果不佳，起因於可用材料的折射率太高，換言之，就是基板折射率太低，改善之道可在基板上先鍍一層高折射率膜層，拉高基板的導納值以便滿足最佳抗反射條件；或者是需要較寬廣低反射率波段時，**雙層抗反射膜**的引用確實有其必要。

🔘 2-3-1　低折射率基板 QQ 膜層

　　垂直入射：已知 $\delta_1 = \delta_2 = \dfrac{\pi}{2}$，雙層鍍膜系統的**特徵矩陣**為

$$\begin{bmatrix} B \\ C \end{bmatrix} = \begin{bmatrix} 0 & \dfrac{i}{\eta_1} \\ i\eta_1 & 0 \end{bmatrix} \begin{bmatrix} 0 & \dfrac{i}{\eta_2} \\ i\eta_2 & 0 \end{bmatrix} \begin{bmatrix} 1 \\ \eta_S \end{bmatrix}$$

$$\begin{bmatrix} B \\ C \end{bmatrix} = \begin{bmatrix} -\dfrac{\eta_2}{\eta_1} & 0 \\ 0 & -\dfrac{\eta_2}{\eta_1} \end{bmatrix} \begin{bmatrix} 1 \\ \eta_S \end{bmatrix} = \begin{bmatrix} -\dfrac{\eta_2}{\eta_1} \\ -\dfrac{\eta_1(\eta_S)}{\eta_2} \end{bmatrix}$$

因此，**導納值**為

$$Y = \frac{C}{B} = \frac{\eta_1^2 \eta_S}{\eta_2^2}$$

反射率為

$$R = \left(\frac{\eta_0 - Y}{\eta_0 + Y}\right)^2 = \left(\frac{\eta_0 - \dfrac{\eta_1^2 \eta_S}{\eta_2^2}}{\eta_0 + \dfrac{\eta_1^2 \eta_S}{\eta_2^2}}\right)^2$$

如欲 $R = 0$，則須滿足

$$\eta_0 = Y = \frac{\eta_1^2 \eta_S}{\eta_2^2} = \frac{n_1^2 n_S}{n_2^2} = n_0$$

$$\frac{n_2}{n_1} = \sqrt{\frac{n_S}{n_0}}$$

例如選用玻璃基板折射率 $n_S = 1.52$，空氣折射率 $n_0 = 1$，若鍍膜材料折射率選用 $n_1 = 1.38$

$$n_2 = n_1 \sqrt{\frac{n_S}{n_0}} = 1.38 \sqrt{\frac{1.52}{1}} = 1.7$$

若鍍膜材料折射率 $n_1 = 1.65$

$$n_2 = n_1 \sqrt{\frac{n_S}{n_0}} = 1.65 \sqrt{\frac{1.52}{1}} \cong 2.034$$

顯然 $n_2 > n_1$ 才能符合**抗反射**要求，若是選擇 $n_1 > n_2$ 的材料則是**增反射**的狀況。通常，較常見的**高折射率材料**有

ZrO_2 ($n = 2.1$)
TiO_2 ($n = 2.2 \sim 2.7$)
ZnS ($n = 2.35$)

低折射率材料有

MgF_2 ($n = 1.38$)
CeF_2 ($n = 1.63$)

🔘 2-3-2　雙層 ARC

以上述兩組設計為例：$1|LH|1.52$，中心波長 $\lambda_0 = 0.55\mu m$，入射角等於設計角 $\theta_0 = \theta_d = 0°$

1. 低折射率材料之折射率 $n_L = 1.38$，高折射率材料之折射率 $n_H = 1.7$。

2. 低折射率材料之折射率 $n_L = 1.65$，高折射率材料之折射率 $n_H = 2.03$。

結果顯示，兩者均符合在設計波長零反射的要求，但是第二組折射率較高的設計，在 λ_0 兩旁的反射率上升快速，因此，考慮要有較佳的抗反射效果，仍以第 1 組較低折射率的設計爲宜。

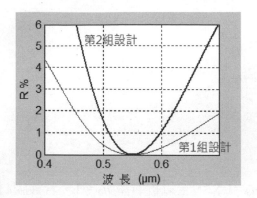

⚙ 2-3-3 導納軌跡圖

第一組設計的**導納軌跡圖**：1|LH|1.52，中心波長 $\lambda_0 = 0.55\mu m$ ，入射角等於設計角 $\theta_0 = \theta_d = 0°$ ，低折射率材料之折射率 $n_L = 1.38$ ，高折射率材料之折射率 $n_H = 1.7$ 。

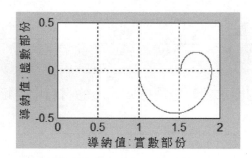

單層膜設計：1|L|1.52，低折射率材料之折射率 $n_L = 1.38$ ，中心波長 $\lambda_0 = 0.55\mu m$ ，入射角等於設計角 $\theta_0 = \theta_d = 0°$ ，雙層膜設計：1|LH|1.52，$n_L = 1.38$ ，高折射率材料之折射率 $n_H = 1.7$ ，輸出結果，如下圖所示。

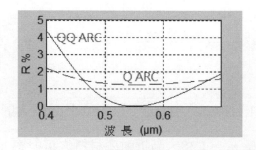

綜上討論總結：**雙層 QQ 抗反射膜**設計的效果，就好像是**單層抗反射膜**設計在中心波長 λ_0 處往下拉至零的結果，所以，**除了設計波長附近外，其餘波段的反射率都是雙層設計劣於單層設計**。

2-3-4　QH 膜層

使用高、低折射率材料，以及 QH 兩種不同膜厚安排，雙層鍍膜的排列組合，將會有 4 種可能的設計型態，分別討論如下：

Case1：$\delta_1 = \dfrac{\pi}{2}$，$\delta_2 = \pi$，1|L 2H|1.52

此時**特徵矩陣**為

$$\begin{bmatrix} B \\ C \end{bmatrix} = \begin{bmatrix} 0 & \dfrac{i}{\eta_1} \\ i\eta_1 & 0 \end{bmatrix} \begin{bmatrix} -1 & 0 \\ 0 & -1 \end{bmatrix} \begin{bmatrix} 1 \\ \eta_S \end{bmatrix} = \begin{bmatrix} -i\dfrac{\eta_S}{\eta_1} \\ -i\eta_1 \end{bmatrix}$$

導納值為

$$Y = \frac{C}{B} = \frac{\eta_1^2}{\eta_S}$$

同樣以雙層膜設計：1|L 2H|1.52，低折射率材料之折射率 $n_L = 1.38$，高折射率材料之折射率 $n_H = 1.7$ 為例，其反射率光譜特性如下圖所示。

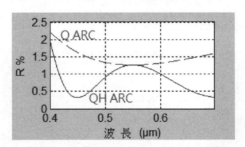

由輸出結果得知

1. 在設計波長 λ_0 處，反射率與單層鍍膜 1|L|1.52 相同，故稱 $\lambda_0/2$ 膜層為**無效層**。

2. **無效層**具有**拓寬低反射率波段**的效果，使整個可見光區的反射率比單層鍍膜還低。

3. 前述 **QQ 抗反射膜**為單一零值的 **V 型鍍膜**，改成 QH 設計將有可能成為雙零值的 **W 型鍍膜**。

4. 因為原設計中的 n_2 值太低，所以，只有極小值而非零值；若想達到零值，可以增加 n_2 值至 1.9，其效果比較如下圖所示。

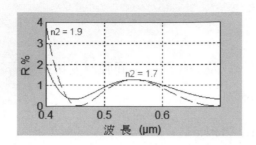

Case2：$\delta_1 = \pi$，$\delta_2 = \dfrac{\pi}{2}$，1|2L H|1.52

此時**特徵矩陣**爲

$$\begin{bmatrix} B \\ C \end{bmatrix} = \begin{bmatrix} -1 & 0 \\ 0 & -1 \end{bmatrix} \begin{bmatrix} 0 & \dfrac{i}{\eta_2} \\ i\eta_2 & 0 \end{bmatrix} \begin{bmatrix} 1 \\ \eta_S \end{bmatrix} = \begin{bmatrix} -i\dfrac{\eta_S}{\eta_2} \\ -i\eta_2 \end{bmatrix}$$

導納值爲

$$Y = \frac{C}{B} = \frac{\eta_2^2}{\eta_S}$$

同樣以**雙層膜設計**：1|2H L|1.52，低折射率材料之折射率 $n_L = 1.38$，高折射率材料之折射率 $n_H = 1.7$ 爲例，其反射率光譜特性如下圖所示。

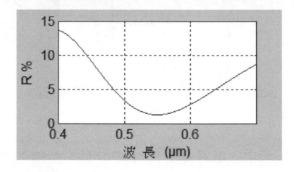

比較其他不同膜厚安排的效果：

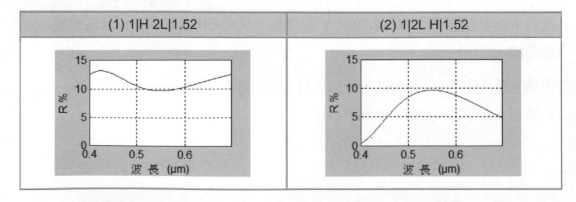

以上三種是**雙層增反射**的光譜輸出，其中請特別注意**半波長**的效應。

2-3-5　斜向入射

以**雙層膜設計**：1|L 2H|1.52，低折射率材料之折射率 $n_L = 1.38$，高折射率材料之折射率 $n_H = 1.7$ 為例，其不同偏振極性的反射率光譜特性如下圖所示。由圖可知，隨入射角遞增，設計波長處的反射率也遞增，並且往短波長區移動。

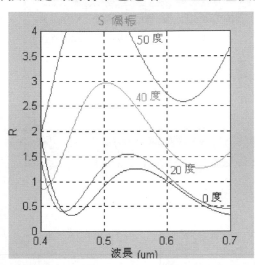
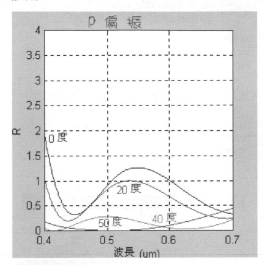

由上圖可知，**P 偏振**與 **S 偏振**的反射率特性呈現相反的動作，隨入射角遞增，設計波長處的反射率也遞減，並且往短波長區移動。

結束本節討論之前，提醒注意：在實際的鍍膜操作上，不論雙層鍍膜的 QH 膜厚如何安排，第 1 層鍍上的膜層是臨近基板的膜層，而後才能鍍上臨近空氣介質的第 2 層膜層。

範例　3. Quartz 基板($n_S = 1.46$)鍍上雙層 QQ 抗反射膜，使用材料 TiO_2($n = 2.428$)與 MgF_2 ($n = 1.384$)，中心波長 $\lambda_0 = 550nm$，試求入射角= 0°時，波長 $\lambda = 550nm$ 的反射率。

解　已知鍍膜安排 1|MgF_2|TiO_2|Quartz，當基板鍍上 $\lambda_0/4$ 膜厚 TiO_2 時，導納值為

$$Y_2 = \frac{n_2^2}{n_S} = \frac{2.428^2}{1.46} = 4.038$$

再鍍上 $\lambda_0/4$ 膜厚 MgF_2，導納值為

$$Y = \frac{n_1^2}{\dfrac{n_2^2}{n_S}} = \frac{n_S n_1^2}{n_2^2} = \frac{1.384^2}{4.038} = 0.4744$$

計算反射率係數與反射率

$$r = \frac{1-Y}{1+Y} = \frac{1-0.4744}{1+0.4744} = 0.3565$$

$$R = rr^* = 12.71\%$$

使用 ThinFilmViewDemo 模擬：反射率數據有些許的誤差，主因是來自有效數字的取捨。

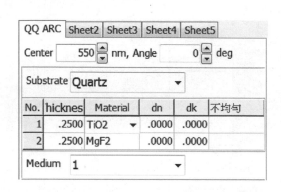
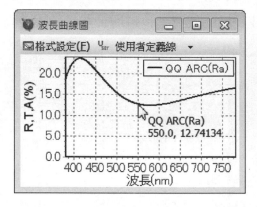

顏色計算：滑鼠點按工具列之

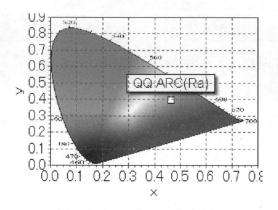

膜層具有吸收特行對反射率光譜的影響：

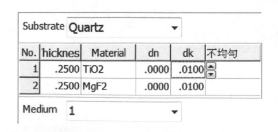
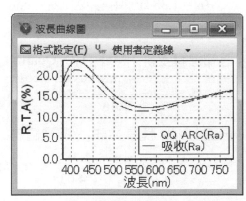

練習 Quartz 基板($n_S = 1.46$)鍍上雙層 HQ 抗反射膜，使用材料 TiO$_2$($n = 2.428$)與 MgF$_2$ ($n = 1.384$)，試求入射角 $\theta_0 = 0°$時，波長 $\lambda = 550$nm 的反射率。

解 導納值 $Y = 1.312$，反射率 $R = 1.8207\%$

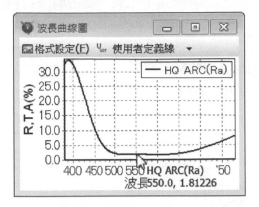

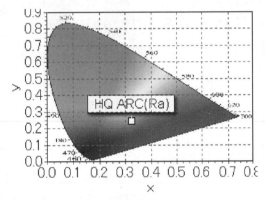

練習 續上一練習，比較 QQ 與 HQ 雙層鍍膜安排，反射率光譜圖有何不同？

2-4　三層抗反射膜

抗反射膜可以分成兩類：

1. 全 $\lambda/4$ 簡單設計。

2. 非 $\lambda/4$ 複雜設計。

其中所謂簡單與複雜，係指監控難易度而言；通常，第 1 類設計可視為起始設計，而第 2 類則為進一步的修正設計，當這 2 類都無法符合光譜要求時，更多層的設計是免不了的，因此，以**雙層抗反射膜**設計為基礎，可以衍生**三層抗反射膜**的設計。

🎯 2-4-1　QHQ 鍍膜

雙層抗反射膜 1|L H|1.52，中心波長 $\lambda_0 = 0.55\mu m$，入射角等於設計角 $\theta_0 = \theta_d = 0°$，低折射率材料之折射率 $n_L = 1.38$，高折射率材料之折射率 $n_H = 1.7$，加鍍一層高折射率無效層 $n_H = 2.15$

　　　　　1|L 2H M|1.52

或　　　　1|L H^2 M|1.5

其**導納軌跡圖**與光譜特性，如下圖所示

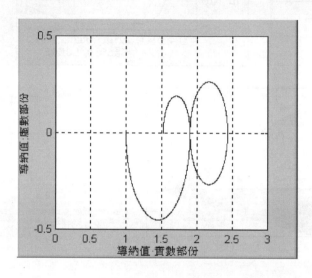 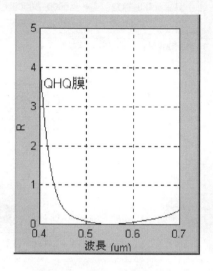

與其他三種相關抗反射膜比較

1. **單層 ARC**：1|L|1.52。
2. **雙層 QQ ARC**：1|L H|1.52。
3. **雙層 QH ARC**：1|L 2M|1.52 (光譜效果比第 1、2 種設計好)。

綜合以上結果如下圖所示。

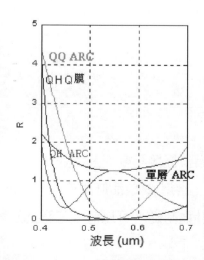

與其他抗反射膜比較，發現**三層 QHQ 抗反射膜**在設計波長附近的反射率 *R* 改善很多，但是，在可見光區的兩端，尤其是短波長區的反射率反而被拉高。

　　爲了平衡可見光區兩端的反射率，中心波長移往 520nm 後，結果就比雙層 QH 抗反射膜效果好，如下圖所示。

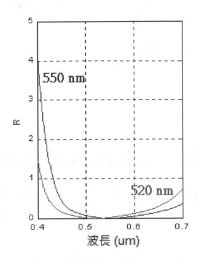

2-4-2　斜向入射

　　QHQ 的設計中有**無效層**，因此，在設計波長處的反射率和雙層 QQ 抗反射膜相同，不論**無效層**的折射率爲何。除此之外，其餘光譜特性受**無效層**影響甚巨，如圖所示。

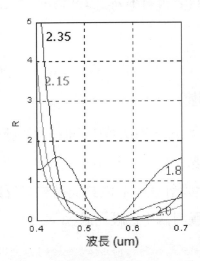

　　取第二層鍍膜折射率 $n_2 = 2.15$ 爲例，說明**三層 QHQ 抗反射膜**的斜向入射效果：

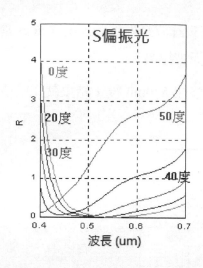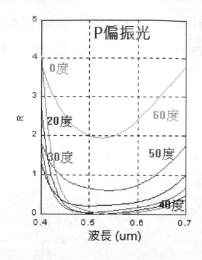

由上圖可知，兩者在入射角小於 20°的範圍內，光譜效果良好，超過 20°以後效果逐漸變差。

🔘 2-4-2　QQQ 鍍膜

由**雙層 QH 抗反射膜**設計出發，將半波長膜層拆成 1/4 波長膜層，再分別改變此 2 層 1/4 波長膜層的折射率，以方便尋找出最佳抗反射效果的設計。

舉雙層 QH 鍍膜設計的抗反射膜 1|L 2H|1.52，中心波長 $\lambda_0 = 0.52\mu m$，低折射率材料之折射率 $n_L = 1.38$，高折射率材料之折射率 $n_H = 1.9$ 為例，依上述概念所衍生的**三層 QQQ 抗反射膜**有下列兩種可能：

1.　1|L n_2 H|1.52

2.　1|L H n_3|1.52 (n_2，n_3 可調變)

對第 1 種設計而言，若 $n_2 > n_H$，有改善中心波長附近反射率的效果，但也帶來可見光區兩極端抗反射效果變差的缺點；反之，若 $n_2 < n_H$，則情形恰好相反。以上改變 n_2 折射率所造成的結果，就好像是原始設計在中心波長處將整條反射率光譜曲線下壓或上拉的效果，這種現象在前述的抗反射膜討論中已經見過。

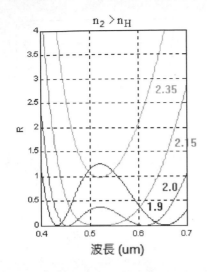
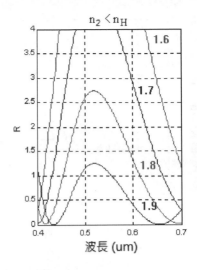

第 2 種設計對不同折射率 n_3 所呈現的反應，恰與第 1 種設計相反：即 $n_3 > n_H$ 時是**增反射**效果，反之，$n_3 < n_H$ 時則為**抗反射**效果。

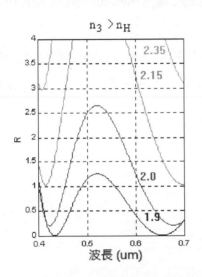
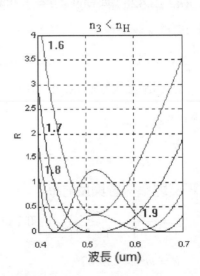

綜合上述討論，重新設計具備抗反射效果的膜層，使其擁有更佳的光譜特性，設計有 2：

1. 1|1.38|2.1|1.9|1.52

2. 1|1.38|1.9|1.76|1.52

中心波長 $\lambda_0 = 0.52\mu m$，其**導納軌跡圖**與光譜特性，如下圖所示。

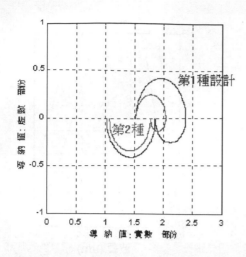

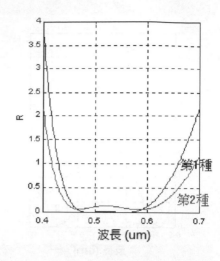

 範例

4. Quartz 基板($n_S = 1.46$)鍍上三層全 Q 或全 H 組合的抗反射膜,使用材料 TiO_2 ($n = 2.428$)與 MgF_2($n = 1.384$),中心波長 $\lambda_0 = 550$nm,試求入射角 $\theta_0 = 0°$時,波長 $\lambda = 550$nm 的反射率。

解 因為需要抗反射效果,因此使用低折射率材料 MgF_2,QQQ 鍍膜型態才能夠達到要求,即鍍膜安排為 1|MgF_2|MgF_2|MgF_2|Quartz,或等效為 1|MgF_2|Quartz,故可得導納值為

$$Y = \frac{n^2}{n_S} = \frac{1.384^2}{1.46} = 1.312$$

計算反射率係數與反射率

$$r = \frac{1-Y}{1+Y} = \frac{1-1.312}{1+1.312} = -0.1349$$

$$R = rr^* = 1.8207\%$$

使用 ThinFilmViewDemo 模擬:反射率數據有些許誤差,主因是來自有效數字的取捨。

No.	hicknes	Material	dn	dk	不均勻
	Substrate **Quartz** ▼				
1	.2500	MgF2	.0000	.0000	
2	0.25	MgF2	.0000	.0000	
3	0.25	MgF2 ▼	.0000	.0000	
	Medium **1** ▼				

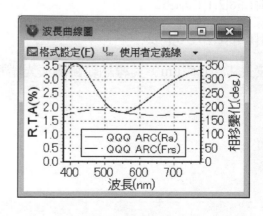

顏色計算：滑鼠點按工具列之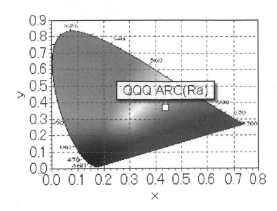

其他型態的鍍膜安排：

(1)　QQQ 型態：$1|TiO_2|TiO_2|TiO_2|Quartz$，$\lambda_0 = 550nm$，導納值為

$$Y = \frac{n^2}{n_S} = \frac{2.428^2}{1.46} = 4.0378$$

計算反射率係數與反射率

$$r = \frac{1-Y}{1+Y} = \frac{1-4.0378}{1+4.0378} = -0.603$$

$$R = rr^* = 36.361\%$$

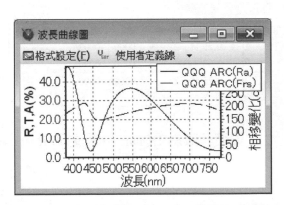

(2)　HHH 型態：$1|MgF_2|MgF_2|MgF_2|Quartz$，反射率 $R = 3.496\%$

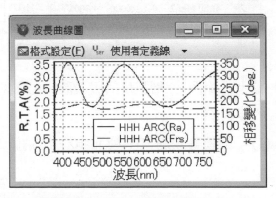

(3) HHH 型態：1|TiO₂|TiO₂|TiO₂|Quartz，反射率 $R = 3.496\%$

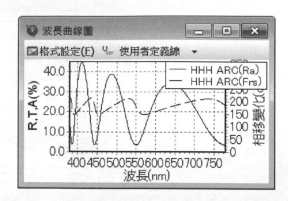

基本上，以上的鍍膜安排並無全波段抗反射的效果，因為鍍膜材料固定的前提下，必須調整改變各鍍膜層的膜厚，始能達到抗反射的目的。

練習 續上一範例，三層抗反射膜設計：QHQ 型態，試求入射角 $\theta_0 = 0°$ 時，波長 $\lambda = 550nm$ 的反射率。

解 (1)鍍膜等效為 1|Quartz，反射率 $R = 3.496\%$

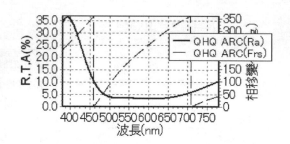

(2) 鍍膜等效為 1|Quartz，反射率 $R = 3.496\%$

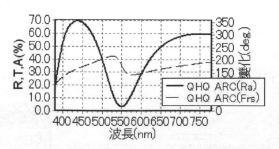

練習 續上一範例，三層抗反射膜設計：HQH 型態，試求入射角 $\theta_0 = 0°$ 時，波長 $\lambda = 550nm$ 的反射率。

解 (1) 鍍膜等效為 1|TiO₂|Quartz，導納值 $Y = 4.0378$，反射率 $R = 36.361$

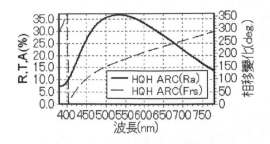

No.	hicknes	Material	dn	dk
1	0.50	MgF2	.0000	.0000
2	0.25	TiO2	.0000	.0000
3	0.50	MgF2 ▼	.0000	.0000

(2)　鍍膜等效為 $1|\text{MgF}_2|\text{Quartz}$，導納值 $Y = 1.312$，反射率 $R = 1.8207\%$

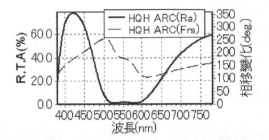

No.	hicknes	Material	dn	dk
1	0.50	TiO2	.0000	.0000
2	0.25	MgF2	.0000	.0000
3	0.50	TiO2	.0000	.0000

2-5　四層抗反射膜

四層 ARC 的設計，可以源自雙層或三層 ARC，例如，以**雙層 ARC** 設計：中心波長 $\lambda_0 = 0.52\mu m$

$$1\left|\begin{array}{c} 1.38 \\ 0.3208\lambda_0 \end{array}\right|\begin{array}{c} 2.2 \\ 0.0588\lambda_0 \end{array}\Bigg|1.52$$

為藍本，再配合使用具有拓寬光譜效果的**無效層**，即可構成抗反射效果不錯的四層鍍膜；請注意此種鍍膜的特點在**無效層**的安排，為了方便起見，仍然選用折射率 $n = 2.2$ 作為**無效層**的材料，設計如下：

$$1\left|\begin{array}{c} 1.38 \\ 0.25\lambda_0 \end{array}\right|\begin{array}{c} 2.2 \\ 0.5\lambda_0 \end{array}\Bigg|\begin{array}{c} 1.38 \\ 0.0708\lambda_0 \end{array}\Bigg|\begin{array}{c} 2.2 \\ 0.0588\lambda_0 \end{array}\Bigg|1.52$$

其光譜效果與原始雙層設計做比較，如下圖所示，其中導納軌跡圖中，$0.25\lambda_0$ 膜層膜厚對應半圓圈，$0.5\lambda_0$ 膜層膜厚對應一完整圓圈；由圖可明顯看出，因為有**無效層**的拓寬作用，使抗反射效果改善不少。

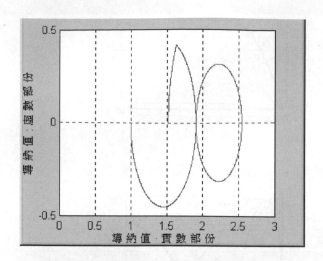
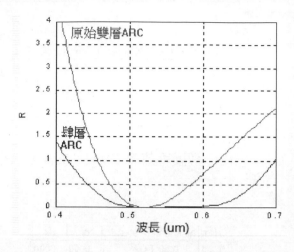

2-5-1 低折射率無效層設計

以上所討論的例子，是**雙層抗反射膜加鍍高折射率無效層**後成為四層抗反射膜的情形。現在，考慮另一種型式的鍍膜：**三層抗反射膜+低折射率無效層**，示意步驟如下：

1. 將雙層 QH 抗反射膜：中心波長 $\lambda_0 = 0.52\mu m$

$$1\left|\begin{array}{c}1.38\\0.25\lambda_0\end{array}\right|\begin{array}{c}1.9\\0.5\lambda_0\end{array}\Bigg|1.52$$

拆成

$$1\left|\begin{array}{c}1.38\\0.25\lambda_0\end{array}\right|\begin{array}{c}1.9\\0.25\lambda_0\end{array}\Bigg|\begin{array}{c}n_3\\0.25\lambda_0\end{array}\Bigg|1.52$$

其中 n_3 值可變，以及

$$1\left|\begin{array}{c}1.38\\0.25\lambda_0\end{array}\right|\begin{array}{c}n_2\\0.25\lambda_0\end{array}\Bigg|\begin{array}{c}1.9\\0.25\lambda_0\end{array}\Bigg|1.52$$

n_2 值可變

2. 在基板上加鍍低折射率 $n = 1.38$ 的**無效層**，於是產生最初的四層抗反射膜

$$1\left|\begin{array}{c}1.38\\0.25\lambda_0\end{array}\right|\begin{array}{c}1.9\\0.25\lambda_0\end{array}\Bigg|\begin{array}{c}n_3\\0.25\lambda_0\end{array}\Bigg|\begin{array}{c}1.38\\0.5\lambda_0\end{array}\Bigg|1.52$$

及

$$1\begin{vmatrix} 1.38 \\ 0.25\lambda_0 \end{vmatrix}\begin{matrix} n_2 \\ 0.25\lambda_0 \end{matrix}\begin{vmatrix} 1.9 \\ 0.25\lambda_0 \end{vmatrix}\begin{vmatrix} 1.38 \\ 0.5\lambda_0 \end{vmatrix}1.52$$

3. 改變 n_2 和 n_3，檢視不同折射率對光譜的影響，以 $n_2\uparrow$ 和 $n_3\downarrow$ 的方式各選定三個數值，結果如下圖所示。

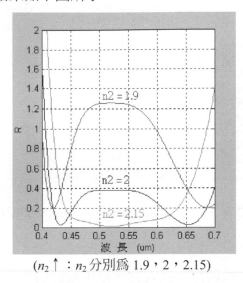

（$n_2\uparrow$：n_2 分別為 1.9，2，2.15）　　　　（$n_3\downarrow$：n_3 分別為 1.9，1.8，1.7）

4. 從第 2 層與第 3 層鍍膜的折射率變化中，找出具有最佳光譜特性的匹配層，例如，以下 2 種設計：

$$1\begin{vmatrix} 1.38 \\ 0.25\lambda_0 \end{vmatrix}\begin{vmatrix} 2.1 \\ 0.25\lambda_0 \end{vmatrix}\begin{vmatrix} 1.9 \\ 0.25\lambda_0 \end{vmatrix}\begin{vmatrix} 1.38 \\ 0.5\lambda_0 \end{vmatrix}1.52$$

$$1\begin{vmatrix} 1.38 \\ 0.25\lambda_0 \end{vmatrix}\begin{vmatrix} 1.9 \\ 0.25\lambda_0 \end{vmatrix}\begin{vmatrix} 1.76 \\ 0.25\lambda_0 \end{vmatrix}\begin{vmatrix} 1.38 \\ 0.5\lambda_0 \end{vmatrix}1.52$$

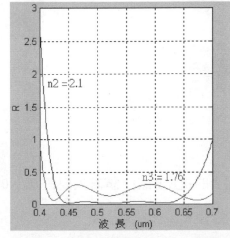
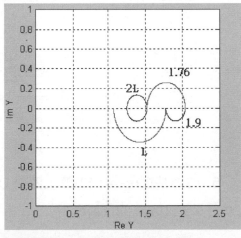

其中有以第 2 種設計效果最好，在整個可見光區反射率幾乎小於 0.3%。

2-5-2 高折射率無效層設計

相對於**低折射率無效層**的設計，安排鍍膜爲

$$1\left|\begin{array}{c}1.38\\0.25\lambda_0\end{array}\right|\begin{array}{c}2.15\\0.5\lambda_0\end{array}\left|\begin{array}{c}1.6\\0.25\lambda_0\end{array}\right|\begin{array}{c}1.45\\0.25\lambda_0\end{array}\right|1.52 \text{，中心波長 } \lambda_0 = 0.51\mu m$$

此鍍膜抗反射效果，如下圖所示。

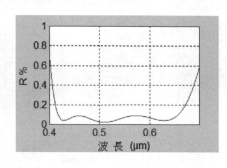
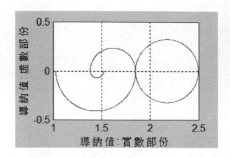

由圖可知，可見光區的反射率小於 0.6%，尤其是在 0.43~0.65μm 的波長範圍內，反射率更低。

若認爲此鍍膜，在可見光區的兩極端效果未臻理想，換言之，欲求較好的平均效果，則可將原鍍膜稍作修正

$$1\left|\begin{array}{c}1.38\\0.25\lambda_0\end{array}\right|\begin{array}{c}2.1\\0.5\lambda_0\end{array}\left|\begin{array}{c}1.65\\0.25\lambda_0\end{array}\right|\begin{array}{c}1.45\\0.25\lambda_0\end{array}\right|1.52 \text{，中心波長 } \lambda_0 = 0.51\mu m$$

即可求得反射率 $R \leq 0.4\%$ 的輸出光譜效果

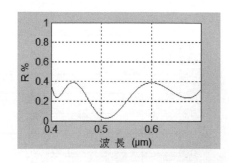
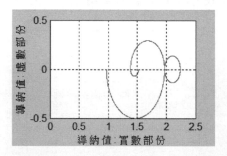

 範例 5. 玻璃基板($n_S = 1.52$)鍍上四層 QH 組合的抗反射膜，試求入射角 $\theta_0 = 0°$時，波長 $\lambda = 510$nm 的反射率。

$$1\left|\begin{array}{c}1.38\\0.25\lambda_0\end{array}\right|\begin{array}{c}2.1\\0.5\lambda_0\end{array}\left|\begin{array}{c}1.65\\0.25\lambda_0\end{array}\right|\begin{array}{c}1.45\\0.25\lambda_0\end{array}\right|1.52$$

解　玻璃鍍上第 1 層膜層，導納值為

$$Y_1 = \frac{n_{1.45}^2}{n_S} = \frac{1.45^2}{1.52} = 1.3832$$

鍍上第 2 層膜層，導納值為

$$Y_2 = \frac{n_{1.65}^2}{Y_1} = \frac{1.65^2}{1.3832} = 1.9683$$

第 3 層為無效層，導納值不變；最後鍍上第 4 層膜層，導納值為

$$Y = \frac{n_{1.38}^2}{Y_2} = \frac{1.38^2}{1.9683} = 0.9675$$

計算反射率係數與反射率

$$r = \frac{1-Y}{1+Y} = \frac{1-0.9675}{1+0.9675} = 0.0165$$

$$R = rr^* = 0.0272\%$$

2-6　　紅外光區單層抗反射膜

比較高、低折射率基板 n_S 的不同：

1. **可見光區**：$1.4 \leq n_S \leq 1.8$。

2. **紅外光區**：$3 \leq n_S \leq 4$。

顯見高折射率基板更需要抗反射鍍膜，不然根本無法作任何有關高穿透的應用。對**單層抗反射膜**而言，可見光區要求將反射率降到~1%左右，而紅外光區則只要有明顯改善穿透率效果就可以了，不必像可見光區 ARC 的要求標準。

現在列舉 3 個例子，如下討論：

Case1：　1|L|4，材料 SiO 的折射率 $n_L = 1.9$，中心波長 $\lambda_0 = 3\mu m$，入射角 $\theta_0 = 0°$：使用

$$Y = \frac{C}{B} = \frac{i\eta_1}{i\dfrac{\eta_s}{\eta_1}} = \frac{\eta_1^2}{\eta_s}$$

$$R = \left(\frac{1-Y}{1+Y}\right)^2 = \left(\frac{1-0.9025}{1+0.9025}\right)^2 \cong 0.263\%$$

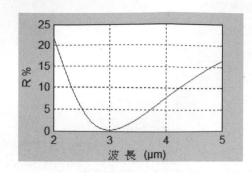 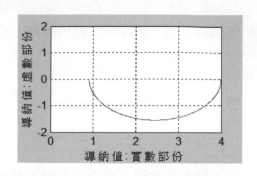

Case2 : 1|L|4，材料 ZnS 的折射率 $n_L = 2.2$，中心波長 $\lambda_0 = 3\mu m$，入射角 $\theta_0 = 0°$：$n_L = 2.2$ 離標準值 $\sqrt{n_0 n_S} = 2$ 更多，所以在設計波長處的反射率比 Case1 高。

$$Y = \frac{\eta_2^2}{\eta_S} = \frac{n_L^2}{n_S} = \frac{2.2^2}{4} = 1.205$$

$$E = \left(\frac{1-Y}{1+Y}\right) = \left(\frac{1-1.205}{1+1.205}\right)^2 \cong 0.903\%$$

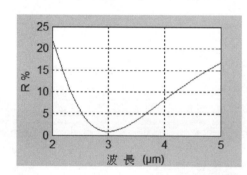 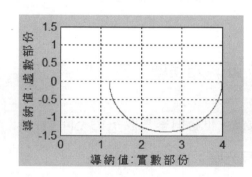

Case3 : 1|L|2.45，低折射率材料之折射率 $n_L = 1.55$，中心波長 $\lambda_0 = 3\mu m$，入射角 $\theta_0 = 0$：這是符合設計波長零反射的膜層設計，輸出結果如下所示。

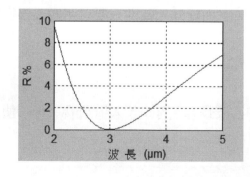 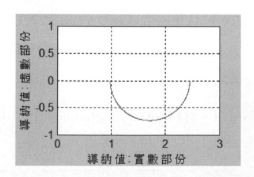

　　高折射率基板的斜向入射特性和低折射率基板類似，其中最主要的差異就是彼此極值移向短波長的程度不同

範例 6. 基板折射率 $n_S = 3.5$，設計單層 1/4 波長膜厚的抗反射膜，使其在中心波長 $\lambda_0 = 3\mu m$ 有最低反射率。

解 在設計波長零反射的條件為 $n_1 = \sqrt{n_0 n_S}$，即

$$n_1 = \sqrt{1 \times 3.5} = 1.87$$

因此，設計為

$$1\,|\,1.87\,|\,3.5$$

其中數字代表折射率數值，對應的反射率光譜特性與導納軌跡圖如下所示。

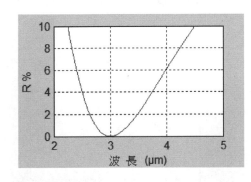 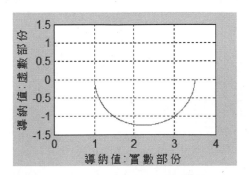

2-7　紅外光區雙層抗反射膜

前述低折射率基板的雙層抗反射膜設計方法，仍然適用於高折射率基板，但可惜的是，抗反射的波段太窄，致無法符合實際應用的需要，因此改採**向量法**來決定適當的鍍膜折射率，以達到期望的光譜效能。

2-7-1　向量法

設折射率條件 $n_S > n_2 > n_1 > n_0$，當鍍膜設計有 2 個零反射率時，各界面反射係數相等，即(垂直入射)

$$r_1 = r_2 = r_3$$

$$\frac{n_0 - n_1}{n_0 + n_1} = \frac{n_1 - n_2}{n_1 + n_2} = \frac{n_2 - n_S}{n_2 + n_S} \quad , \quad \frac{1 - \dfrac{n_1}{n_0}}{1 + \dfrac{n_1}{n_0}} = \frac{1 - \dfrac{n_2}{n_1}}{1 + \dfrac{n_2}{n_1}} = \frac{1 - \dfrac{n_S}{n_2}}{1 + \dfrac{n_S}{n_2}}$$

$$\Rightarrow \frac{n_1}{n_0} = \frac{n_2}{n_1} = \frac{n_S}{n_2}$$

化簡上式得

$$n_1 n_2 = n_0 n_S$$

$$n_1^3 = n_0^2 n_S \quad , \quad n_2^3 = n_0 n_S^2$$

例如，空氣折射率 $n_0 = 1$，基板折射率 $n_S = 4$，則

$$n_1 = \sqrt[3]{n_0^2 n_S} = \sqrt[3]{1^2 \times 4} \cong 1.59$$

$$n_2 = \sqrt[3]{n_0 n_S^2} = \sqrt[3]{1 \times 4^2} \cong 2.52$$

假設中心波長 $\lambda_0 = 3.5\mu m$，符合上述條件的**雙層 QQ 抗反射膜**，在波長等於下列各值時，反射率 $R = 0$

1.　$\delta_1 = \delta_2 = \dfrac{\pi}{3}$ ，$g = \dfrac{\lambda_0}{\lambda} = \dfrac{2}{3}$

$$\lambda = \frac{3}{2}\lambda_0 = 5.25\mu m$$

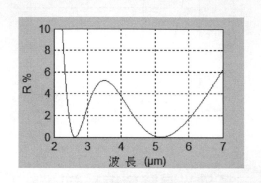

2.　$\delta_1 = \delta_2 = \dfrac{2\pi}{3}$ ，$g = \dfrac{\lambda_0}{\lambda} = \dfrac{4}{3}$

$$\lambda = \frac{3}{4}\lambda_0 = 2.625\mu m$$

　　對**單層抗反射膜**而言，只是針對在中心波長的反射率是否有明顯改善，**雙層以上的抗反射膜**則著重於中心波長兩旁波段上的抗反射。現在列舉鍺基板 $n = 4$，鍍雙層抗反射膜為例，如下討論：

🔘 2-7-2　QQ 膜層設計

　　鍍膜條件：1|L|M|4，低折射率材料之折射率 $n_L = 1.7$，中折射率材料之折射率 $n_M = 3$，中心波長 $\lambda_0 = 3\mu m$，入射角 $\theta_0 = 0°$；由前述雙層抗反射膜得知，導納值為

$$Y = \frac{C}{B} = \frac{\eta_1^2 \eta_S}{\eta_2^2}$$

如欲反射率 $R = 0$，則須滿足

$$\eta_0 = Y = \frac{\eta_1^2 \eta_S}{\eta_2^2} = \frac{n_1^2 n_S}{n_2^2} = n_0$$

即

$$\frac{n_2}{n_1} = \sqrt{\frac{n_S}{n_0}}$$

若低折射率膜層選用折射率 $n_L = 1.7$，代回上式

$$n_2 = n_1 \sqrt{\frac{n_S}{n_0}} = 1.7\sqrt{\frac{4}{1}} = 3.4$$

可見選用 $n_M = 3$ 無法使在中心波長的反射率為零；使用 $R = \left(\dfrac{\eta_0 - Y}{\eta_0 + Y}\right)^2$，計算反射率為

$$Y = \frac{\eta_1^2 \eta_S}{\eta_2^2} = \left(\frac{1.7}{3}\right)^2 (4) = 1.284$$

$$R = \left(\frac{1-Y}{1+Y}\right)^2 = \left(\frac{1-1.284}{1+1.284}\right)^2 = 1.55\%$$

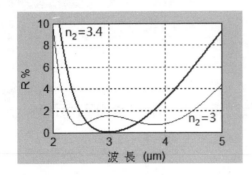
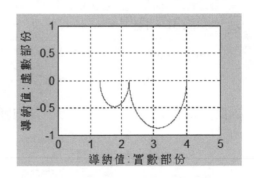

2-7-3　QH 鍍膜設計

鍍膜條件：1|L| 2H|4，低折射率材料之折射率 $n_L = 1.7$，PbTe 的高折射率材料之折射率 $n_H = 5.35$，中心波長 $\lambda_0 = 3\mu m$，入射角 $\theta_0 = 0°$。由前述 QH 雙層抗反射膜得知，無效層作用可拓寬低反射率區，但是，要選用比鍺基板折射率 $n = 4$ 還要大的材料，已經不多了，而且光學成效不一定比較好，這些問題的改善，都有賴於進階的優化設計。

高折射率基板的斜向入射特性和低折射率基板類似，其中最主要的差異就是彼此極值移向短波長的程度不同。

範例　7. 基板折射率 $n_S = 3.5$，設計雙層 1/4 波長膜厚的抗反射膜，使其在中心波長 $\lambda_0 = 3\mu m$ 有最低反射率。

解　在設計波長零反射的條件為 $\dfrac{n_2}{n_1} = \sqrt{\dfrac{n_S}{n_0}}$，令 $n_1 = 1.35$，再求 n_2

$$n_2 = n_1 \sqrt{\frac{n_S}{n_0}} = 1.35\sqrt{\frac{3.5}{1}} \cong 2.523$$

因此，設計為

    1|1.35|2.523|3.5

其中數字代表折射率數值，對應的反射率光譜特性與導納軌跡圖如下所示。

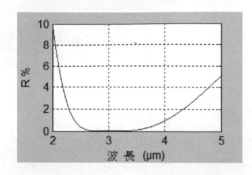 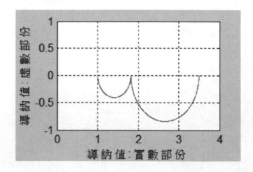

另一種設計：使用 $n_1^3 = n_0^2 n_S$ ， $n_2^3 = n_0 n_S^2$

$$n_1 = \sqrt[3]{n_0^2 n_S} = \sqrt[3]{1^2 \times 3.5} \cong 1.52$$

$$n_2 = \sqrt[3]{n_0 n_S^2} = \sqrt[3]{1 \times 3.5^2} \cong 2.31$$

因此，設計為 1|1.52|2.31|3.5，其對應的反射率光譜特性圖如下所示。

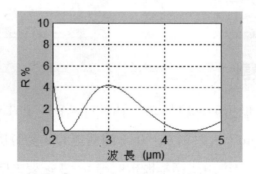

2-8　紅外光區三層抗反射膜

　　類似雙層抗反射膜的**向量法**，假設折射率條件 $n_S > n_3 > n_2 > n_1 > n_0$，光垂直入射，當鍍膜設計有 3 個零反射率時，各界面反射係數相等，即

$$r_1 = r_2 = r_3 = r_4$$

$$\Rightarrow \frac{n_0 - n_1}{n_0 + n_1} = \frac{n_1 - n_2}{n_1 + n_2} = \frac{n_2 - n_3}{n_2 + n_3} = \frac{n_3 - n_S}{n_3 + n_S}$$

$$\Rightarrow \frac{1-\dfrac{n_1}{n_0}}{1+\dfrac{n_1}{n_0}} = \frac{1-\dfrac{n_2}{n_1}}{1+\dfrac{n_2}{n_1}} = \frac{1-\dfrac{n_3}{n_2}}{1+\dfrac{n_3}{n_2}} = \frac{1-\dfrac{n_S}{n_3}}{1+\dfrac{n_S}{n_3}}$$

$$\Rightarrow \frac{n_1}{n_0} = \frac{n_2}{n_1} = \frac{n_3}{n_2} = \frac{n_S}{n_3}$$

化簡上式得

$$n_1^4 = n_0^3 n_S \quad , \quad n_2^4 = n_0^2 n_S^2 \quad , \quad n_3^4 = n_0 n_S^3$$

例如空氣折射率 $n_0 = 1$，基板折射 $n_S = 4$，則

$$n_1 = \sqrt[4]{n_0^3 n_S} = \sqrt[4]{1^3 \times 4} \cong 1.414$$
$$n_2 = \sqrt[4]{n_0^2 n_S^2} = \sqrt[4]{1^2 \times 4^2} \cong 2$$
$$n_3 = \sqrt[4]{n_0 n_s^3} = \sqrt[4]{1 \times 4^3} \cong 2.828$$

假設中心波長 $\lambda_0 = 3.5\ \mu m$，符合上述條件的**三層 QQQ 抗反射膜**，在波長等於下列各值時，反射率 $R = 0$

1.　$\delta_1 = \delta_2 = \delta_3 = \dfrac{\pi}{4}$, $g = 0.5$

　　$\lambda = \dfrac{2}{3}\lambda_0 \cong 2.33 \mu m$

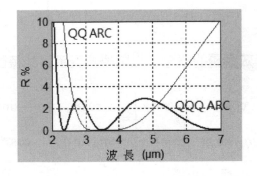

2.　$\delta_1 = \delta_2 = \delta_3 = \dfrac{\pi}{2}$, $g = 1$

　　$\lambda = \lambda_0 \cong 3.5 \mu m$

3.　$\delta_1 = \delta_2 = \delta_3 = \dfrac{3\pi}{4}$, $g = 1.5$

　　$\lambda = 2\lambda_0 \cong 7 \mu m$

 範例 8. 基板折射率 $n_S = 3.5$，設計三層 1/4 波長抗反射膜，使其在中心波長 $\lambda_0 = 3.5\ \mu m$ 有最低反射率。

解　使用 $n_1^4 = n_0^3 n_S$, $n_2^4 = n_0^2 n_S^2$, $n_3^4 = n_0 n_S^3$，即

$$n_1 = \sqrt[4]{1^3 \times 3.5} \cong 1.37 \quad , \quad n_2 = \sqrt[4]{1^2 \times 3.5^2} \cong 1.87$$
$$n_3 = \sqrt[4]{1 \times 3.5^3} \cong 2.56$$

因此,設計為

1|1.37|1.87|2.56|3.5

其對應的反射率光譜特性圖如下所示。

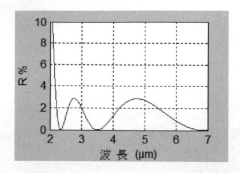

2-9 等效膜層

對稱 ABA 型等效膜層的示意圖,如下所示,其中 γ、δ 為相厚度,η 為折射率

一層膜   三層膜

η_E		η_A	η_B	η_A
	$\equiv$			
γ		δ_A	δ_B	δ_A

此**等效膜層**的概念,以數學式表示,其**特徵矩陣**為

$$\begin{bmatrix} \cos\gamma & \dfrac{i}{\eta_E}\sin\gamma \\ i\eta_E\sin\gamma & \cos\gamma \end{bmatrix} = \begin{bmatrix} \cos\delta_A & \dfrac{i}{\eta_A}\sin\delta_A \\ i\eta_A\sin\delta_A & \cos\delta_A \end{bmatrix} \begin{bmatrix} \cos\delta_B & \dfrac{i}{\eta_B}\sin\delta_B \\ i\eta_B\sin\delta_B & \cos\delta_B \end{bmatrix} \begin{bmatrix} \cos\delta_A & \dfrac{i}{\eta_A}\sin\delta_A \\ i\eta_A\sin\delta_A & \cos\delta_A \end{bmatrix}$$

化簡上式,結果

$$\eta_E = \eta_A \left(\frac{\sin(2\delta_A)\cos(\delta_B) + \dfrac{1}{2}\left(\dfrac{\eta_B}{\eta_A}+\dfrac{\eta_A}{\eta_B}\right)\cos(2\delta_A)\sin(\delta_B) + \dfrac{1}{2}\left(\dfrac{\eta_B}{\eta_A}-\dfrac{\eta_A}{\eta_B}\right)\sin(\delta_B)}{\sin(2\delta_A)\cos(\delta_B) + \dfrac{1}{2}\left(\dfrac{\eta_B}{\eta_A}+\dfrac{\eta_A}{\eta_B}\right)\cos(2\delta_A)\sin(\delta_B) - \dfrac{1}{2}\left(\dfrac{\eta_B}{\eta_A}-\dfrac{\eta_A}{\eta_B}\right)\sin(\delta_B)} \right)^{0.5} \text{.. (1)}$$

$$\cos(\gamma) = \cos(2\delta_A)\cos(\delta_B) - \dfrac{1}{2}\left(\dfrac{\eta_B}{\eta_A}+\dfrac{\eta_A}{\eta_B}\right)\sin(2\delta_A)\sin(\delta_B) \text{................................. (2)}$$

狀況一：$\gamma = \pi/2$，即為 $\lambda_0/4$ 膜層，由上(2)式

$$\cos\left(\frac{\pi}{2}\right) = 0 = \cos(2\delta_A)\cos(\delta_B) - \frac{1}{2}\left(\frac{\eta_B}{\eta_A} + \frac{\eta_A}{\eta_B}\right)\sin(2\delta_A)\sin(\delta_B)$$

可得

$$\tan 2\delta_A \tan 2\delta_B = \frac{2\eta_A\eta_B}{\eta_A^2 + \eta_B^2} \quad\dots\dots\dots\dots\dots\dots\dots\dots\dots\dots\dots (3)$$

將上式代入(1)式中的 $\sin\delta_B$，化簡後

$$\eta_E = \eta_A \left[\frac{1 + \left(\dfrac{\eta_B^2 - \eta_A^2}{\eta_B^2 + \eta_A^2}\right)\cos(2\delta_A)}{1 - \left(\dfrac{\eta_B^2 - \eta_A^2}{\eta_B^2 + \eta_A^2}\right)\cos(2\delta_A)} \right]^{0.5}$$

解出 δ_A

$$\cos(2\delta_A) = \frac{(\eta_B^2 + \eta_A^2)(\eta_E^2 - \eta_A^2)}{(\eta_B^2 - \eta_A^2)(\eta_E^2 + \eta_A^2)} \quad\dots\dots\dots\dots\dots\dots\dots\dots\dots (4)$$

由求出 δ_A 值，反求 δ_B：代入(3)式

$$\tan 2\delta_B = \frac{2\eta_A\eta_B}{\eta_A^2 + \eta_B^2} \frac{1}{\tan 2\delta_A} \quad\dots\dots\dots\dots\dots\dots\dots\dots\dots (5)$$

因此可知光學厚度分別為

$$n_A d_A = \frac{\delta_A}{2\pi}\lambda_0 \quad , \quad n_B d_B = \frac{\delta_B}{2\pi}\lambda_0$$

狀況二：$\gamma = \pi$，即為 $\lambda_0/2$ 膜層，以串聯方式處理 2 個 $\lambda_0/4$ 膜層即可。

舉 4 層抗反射膜為例，初始設計為

$$1 \left|\begin{matrix} 1.38 \\ 0.25\lambda_0 \end{matrix}\right| \begin{matrix} 2.13 \\ 0.25\lambda_0 \end{matrix} \left|\begin{matrix} 1.9 \\ 0.25\lambda_0 \end{matrix}\right| \begin{matrix} 1.38 \\ 0.5\lambda_0 \end{matrix} \right| 1.52$$

其中中心波長 $\lambda_0 = 0.51\mu m$，折射率 2.13 與 1.9 的膜層可以使用 ABA 型的等效膜層代替，若 n_A、n_B 可能是 1.38 和 2.3，則等效膜層為

$$\begin{matrix} 2.13 \\ 0.25\lambda_0 \end{matrix} \equiv \begin{cases} \begin{matrix}1.38 \\ 0.04128\lambda_0\end{matrix} & \begin{matrix}2.3 \\ 0.15861\lambda_0\end{matrix} & \begin{matrix}1.38 \\ 0.04128\lambda_0\end{matrix} & \text{(LHL型)} \\[1em] \begin{matrix}2.3 \\ 0.11198\lambda_0\end{matrix} & \begin{matrix}1.38 \\ 0.02302\lambda_0\end{matrix} & \begin{matrix}2.3 \\ 0.11198\lambda_0\end{matrix} & \text{(HLH型)} \end{cases}$$

$$\frac{1.9}{0.25\lambda_0} \equiv \begin{cases} \left|\begin{matrix}1.38\\0.06793\lambda_0\end{matrix}\right. \left|\begin{matrix}2.3\\0.10438\lambda_0\end{matrix}\right. \left|\begin{matrix}1.38\\0.06793\lambda_0\end{matrix}\right. & \text{(LHL型)}\\[2ex] \left|\begin{matrix}2.3\\0.09216\lambda_0\end{matrix}\right. \left|\begin{matrix}1.38\\0.05868\lambda_0\end{matrix}\right. \left|\begin{matrix}2.3\\0.09216\lambda_0\end{matrix}\right. & \text{(HLH型)}\end{cases}$$

將上列各等效層代回原初始設計而有比較好的光譜特性者，是同屬於 LHL 或 HLH 型的組合，其餘方式的組合所顯現的光譜效果不佳，如下圖所示。

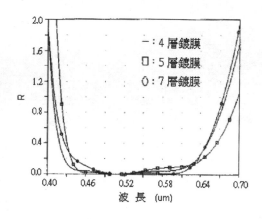 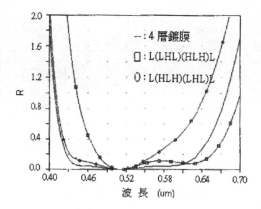

由上圖可知，不論是何種組合，只有在設計中心波長 λ_0 處的反射率才相等，可見等效膜層是針對單一波長作等效，對多層抗反射膜的設計助益不大。

　　儘管所有等效膜層設計的光譜特性都比原先的初始設計差，但並不代示等效膜層毫無用處，至少可以將這些設計做為優化模擬的起始設計，因為以等效膜層代替的鍍膜，其層數比較多，所以，必定存在比較好的光譜特性。以 5 層鍍膜為例，以電腦嘗試錯誤做優化，優化範圍 $0.44\mu m \leq \lambda \leq 0.61\mu m$，結果為

$$1\left|\begin{matrix}1.38\\0.2973\lambda_0\end{matrix}\right.\left|\begin{matrix}2.3\\0.1252\lambda_0\end{matrix}\right.\left|\begin{matrix}1.38\\0.1244\lambda_0\end{matrix}\right.\left|\begin{matrix}2.3\\0.0874\lambda_0\end{matrix}\right.\left|\begin{matrix}1.38\\0.5597\lambda_0\end{matrix}\right|1.52$$

與原先 4 層鍍膜設計做比較，顯示如下圖所示。

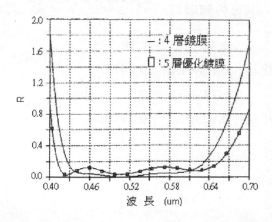

範例 9. 4 層抗反射膜設計

$$1\begin{vmatrix}1.38\\0.25\lambda_0\end{vmatrix}\begin{vmatrix}1.9\\0.25\lambda_0\end{vmatrix}\begin{vmatrix}1.76\\0.25\lambda_0\end{vmatrix}\begin{vmatrix}1.38\\0.5\lambda_0\end{vmatrix}1.52$$

中心波長 $\lambda_0 = 0.51\mu m$，試以等效膜層觀念等效 $n = 1.76$ 的膜層。

解 為了方便計算，將上述公式(4)、(5)寫成程式如下：

```
'
'     等 效 層 的 計 算
'
CLS : CLEAR
INPUT "欲 等 效 的 折 射 率   n E =";NE
INPUT "代 替 層 的 折 射 率   n A =";NA
INPUT "代 替 層 的 折 射 率   n B =";NB
X = (NB^2 + NA^2) * (NE^2 - NA^2)
Y = (NB^2 - NA^2) * (NE^2 + NA^2)
 Z = X / Y
PTA = .5 * ATN(SQR(1 - Z^2) / Z)
W = 2 * NA * NB / (NA^2 + NB^2)
PTB = ATN(W / TAN(2 * PTA))
NDA = PTA / (2 * 3.14159265#)
NDB = PTB / (2 * 3.14159265#)
PRINT : PRINT
PRINT "NDA =";NDA;" λ 0"
PRINT "NDB =";NDB;" λ 0"
```

等效膜層的折射率假設為 1.38 與 1.9，則可能的設計有 2

(1) 矩形標誌

$$1\begin{vmatrix}1.38\\0.25\lambda_0\end{vmatrix}\begin{vmatrix}1.9\\0.25\lambda_0\end{vmatrix}\begin{vmatrix}1.38\\0.05491\lambda_0\end{vmatrix}\begin{vmatrix}1.9\\0.13624\lambda_0\end{vmatrix}\begin{vmatrix}1.38\\0.55491\lambda_0\end{vmatrix}1.52$$

(2) 圓形標誌

$$1\begin{vmatrix}1.38\\0.25\lambda_0\end{vmatrix}\begin{vmatrix}1.9\\0.35514\lambda_0\end{vmatrix}\begin{vmatrix}1.38\\0.03785\lambda_0\end{vmatrix}\begin{vmatrix}1.9\\0.10514\lambda_0\end{vmatrix}\begin{vmatrix}1.38\\0.5\lambda_0\end{vmatrix}1.52$$

模擬的光譜效果如下圖所示；同前所述，在設計波長 λ_0 處，三者的反射率相同。

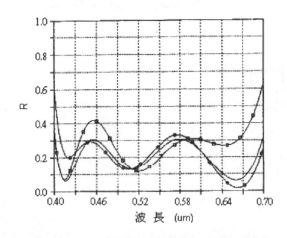

2-10 雙帶抗反射膜

所謂 **"雙帶抗反射膜"** 係指在光譜上有兩個區域同時具備抗反射效果的鍍膜,典型的應用,例如手術與測量用的儀器設備,其種類主要有

1. 雙波長抗反射膜

2. 可見光區 + 紅外光單波長抗反射膜

以上屬第 2 類鍍膜比較難設計,往往需要借重電腦的強大計算能力,才能達到所要求的光譜效果,相比較之下,第 1 類的設計就簡單許多,只要以**向量法**進行分析即可。

2-10-1 雙波長抗反射膜

在前述章節中,已經討論過**向量法**表現雙波長抗反射的情形,現在改用特徵矩陣法來探討這個問題,按照鍍膜層數多寡分述如下

1. 單層膜

符合零反射率的條件為

$$\cos(\delta_1)(\eta_S - \eta_0) = 0 \qquad (實部)$$
$$\sin(\delta_1)(\eta_1 - \eta_0\eta_S/\eta_1) = 0 \qquad (虛部)$$

其中 $\delta_1 = \dfrac{2\pi}{\lambda}n_1 d_1 = N\left(\dfrac{\pi}{2}\right)g = N\left(\dfrac{\pi}{2}\right)\left(\dfrac{\lambda_0}{\lambda}\right)$,$N:\lambda_0/4$ 整數倍,由上式可知

$$\cos(\delta_1) = 0 \qquad (\because \eta_S \neq \eta_0)$$
$$\eta_1 - \frac{\eta_0\eta_S}{\eta_1} = 0 \qquad (\because \sin(\delta_1) \neq 0)$$

即

$$\delta_1 = m\left(\frac{\pi}{2}\right) = N\left(\frac{\pi}{2}\right)g \quad (m:奇數)$$
$$= N\left(\frac{\pi}{2}\right)\frac{\lambda_0}{\lambda}$$

由此解出零反射的位置

$$g = \frac{m}{N} \qquad 或 \qquad \lambda = \frac{N}{m}\lambda_0$$

例如:鍍上 $\lambda_0/4(N=1)$ 時,零反射率的位置有

$$g = 1 \cdot 3 \cdot 5 \cdots \qquad 或 \qquad \lambda = \lambda_0 \cdot \lambda_0/3 \cdot \lambda_0/5 \cdots$$

例如：鍍上 $3\lambda_0/4 \ (N = 3)$時，零反射率的位置有

$$g = 1/3 \cdot 1 \cdot 5/3 \cdots \qquad 或 \qquad \lambda = 3\lambda_0 \cdot \lambda_0 \cdot 3\lambda_0/5 \cdots$$

舉實例說明，如下表記載數種常用雷射及其使用的波長，從中選擇波長比例接近 3 倍的氬離子雷射($\lambda = 0.351\mu m$)與釔鋁石榴石雷射($\lambda = 1.064\mu m$)，使能設計出 3：1 雙波長抗反射膜。

波長(μm)	雷射種類
0.351	氬離子
0.364	氬離子
0.442	氦鎘(HeCd)
0.458	氬離子
0.466	氬離子
0.473	氬離子
0.476	氬離子
0.488	氬離子
0.496	氬離子
0.502	氬離子
0.514	氬離子
0.532	釔鋁石榴石第 2 共振
0.543	氦氖(HeNe)
0.633	氦氖
0.694	紅寶石
0.780	砷化鋁鎵(GaAlAs)
0.830	砷化鋁鎵
0.850	砷化鋁鎵
0.904	砷化鎵(GaAs)
1.064	釔鋁石榴石
1.300	磷砷化銦鎵(InGaAsP)
1.523	氦氖
1.550	磷砷化銦鎵

上述 3：1 雙波長抗反射膜計設爲

$$1\begin{vmatrix} 1.38 \\ 0.25\lambda_0 \end{vmatrix} 1.52 \quad (\lambda_0 = 1.064\mu m)$$

或者是 1：3 的雙波長抗反射膜計設

$$1\begin{vmatrix} 1.38 \\ 0.75\lambda_0 \end{vmatrix} 1.52 \quad (\lambda_0 = 0.355\mu m)$$

以上兩種設計的光譜效果，如下圖所示，其最低反射率 $R = 1.26\%$。

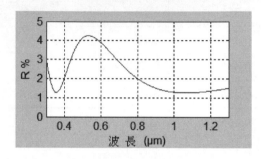

2. 雙層膜

符合零反射率的條件爲

$$\cos(\delta_1)\cos(\delta_2)(\eta_S - \eta_0) + \sin(\delta_1)\sin(\delta_2)\left(\frac{\eta_0\eta_2}{\eta_1} - \frac{\eta_1\eta_S}{\eta_2}\right) = 0$$

$$\cos(\delta_1)\sin(\delta_2)(\eta_2 - \frac{\eta_0\eta_S}{\eta_2}) + \sin(\delta_1)\cos(\delta_2)\left(\eta_1 - \frac{\eta_0\eta_S}{\eta_1}\right) = 0$$

若零反射率的雙波長爲 $\lambda = 3\lambda_0/4$、$3\lambda_0/2$，也就是說 $g = 4/3$、$2/3$，則最簡單的設計是

$$\eta_0\begin{vmatrix} \eta_1 \\ 0.25\lambda_0 \end{vmatrix}\begin{vmatrix} \eta_2 \\ 0.25\lambda_0 \end{vmatrix}\eta_S$$

讓 $\eta_S = 2.25$，上述公式化簡成

$$\eta_2 / \eta_1 \fallingdotseq 1.306 \quad , \quad \eta_1\eta_2 = 2.25$$

求解得

$$\eta_1 \fallingdotseq 1.31 \quad , \quad \eta_2 \fallingdotseq 1.71$$

因為第 1 層的折射率不合理,改用 $\eta_1 = 1.38$,而 η_2 假設為 1.72,在此設計條件下,零反射率的位置移至

$$g \fallingdotseq 0.625 \quad , \quad g \fallingdotseq 1.375$$

綜合以上討論得知,選用 $\eta_1 = 1.38$ 與 $\eta_2 = 1.72$,不僅破壞零反射率的狀態,而且還會產生移位現象。為了避免產生移位現象,第 2 層鍍膜的折射率必須等於

$$\eta_2 \fallingdotseq 1.306\eta_1 \fallingdotseq 1.8$$

若同時也希望零反射率,則基板折射率必須改為

$$\eta_S = \eta_1\eta_2 = 1.38 \times 1.8 = 2.484$$

仍以 $\eta_S = 2.25$ 為例,上述兩種雙層 QQ 膜層設計,雙波長 $g = 2/3$ 與 $g = 4/3$,中心波長 $\lambda_0 = 0.707\mu m$,抗反射效果如下所示。

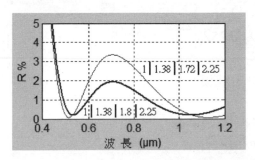

3.　三層膜

符合零反射率的條件為

$$C_1C_2C_3A + C_1S_2S_3B + S_1C_2S_3C + S_1S_2C_3D = 0$$
$$C_1C_2S_3E + C_1S_2C_3F + S_1C_2C_3G + S_1S_2S_3H = 0$$

其中 1、2、3:層數,C:餘弦函數,S:正弦函數

$$A = \eta_S - \eta_0$$
$$B = \frac{\eta_0\eta_3}{\eta_2} - \frac{\eta_2\eta_S}{\eta_3}$$
$$C = \frac{\eta_0\eta_3}{\eta_1} - \frac{\eta_1\eta_S}{\eta_3}$$
$$D = \frac{\eta_0\eta_2}{\eta_1} - \frac{\eta_1\eta_S}{\eta_2}$$

垂直入射時：$\eta_0 = n_0$，$\eta_1 = n_1$，$\eta_2 = n_2$，$\eta_3 = n_3$，$\eta_S = n_S$

$$E = \eta_3 - \frac{\eta_0 \eta_S}{\eta_3}$$

$$F = \eta_2 - \frac{\eta_0 \eta_S}{\eta_2}$$

$$G = \eta_1 - \frac{\eta_0 \eta_S}{\eta_1}$$

$$H = \frac{\eta_0 \eta_2 \eta_S}{\eta_1 \eta_3} - \frac{\eta_1 \eta_3}{\eta_2}$$

由上式可見變數繁多，使得最簡單的 $\lambda_0/4$ 鍍膜設計，在最簡化的雙波長零反射率的條件下，例如，對稱的 $g = 2/3$ 和 $4/3$，仍然很難找到滿足零反射要求的折射率，因此有需要修改前述程式或重新設計程式。此程式中，n_1 與 n_S 已知，n_2 與 n_3 待求。現在令 $n_1 = 1.38$，$n_S = 2.25$，測示 QQQ 型鍍膜設計，結果：

$$1 \left| \begin{matrix} 1.38 \\ 0.25\lambda_0 \end{matrix} \right| \left| \begin{matrix} 1.8 \\ 0.25\lambda_0 \end{matrix} \right| \left| \begin{matrix} 2.36 \\ 0.25\lambda_0 \end{matrix} \right| 2.25$$

若是 HQQ 型鍍膜設計，結果：

$$1 \left| \begin{matrix} 1.38 \\ 0.5\lambda_0 \end{matrix} \right| \left| \begin{matrix} 1.8 \\ 0.25\lambda_0 \end{matrix} \right| \left| \begin{matrix} 1.71 \\ 0.25\lambda_0 \end{matrix} \right| 2.25$$

上述兩種鍍膜設計的光譜效果，如下所示，其中雙波長 $g = 2/3$ 與 $g = 4/3$，中心波長 $\lambda_0 = 0.707\mu m$

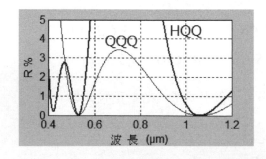

檢視上圖，發現在中心波長 $\lambda = 0.53\mu m$ 與 $\lambda = 1.06\mu m$ 處反射率 $R = 0$，確實滿足要求，但是，請特別注意電腦模擬找到的 n_2 與 n_3 不一定存在，所以進一步的做法是挑選存在並且最接近的折射率來使用，以避免誤差太大。

範例 10. 設計雙波長(1)1：3 (2)1：5 的雙層抗反射膜層，假設基板折射率 $n_S = 1.52$。

解 (1) 要求中心波長 λ_0 與 $3\lambda_0$ 波長，即 $g = 1$ 與 1/3，$R = 0$

由前述雙層雙波長抗反射膜的設計可知，最簡單的設計是鍍上膜厚 $3\lambda_0/4$ 的膜層，而彼此折射率滿足 $n_0 n_2^2 = n_1^2 n_S$，令 $n_1 = 1.38$，代入 $n_S = 1.52$，可得 $n_2 = 1.7$，因此膜層設計為

$$1 \begin{vmatrix} 1.38 \\ 0.75\lambda_0 \end{vmatrix} \begin{vmatrix} 1.7 \\ 0.75\lambda_0 \end{vmatrix} 1.52 \text{，} \lambda_0 = 0.517\mu m$$

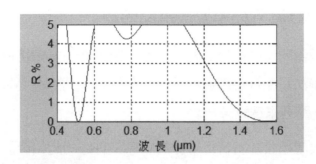

(2) 要求中心波長 λ_0 與 $5\lambda_0$ 波長，即 $g = 1$ 與 1/5，反射率 $R = 0$

當 $\delta_1 = \delta_2 = N(\pi/2)g$ 時，唯一能夠同時使前述雙層雙波長抗反射膜公式的實部與虛部為零，只有 $N = 5$，$n_0 n_2^2 = n_1^2 n_S$，仍令 $n_1 = 1.38$，最後膜層設計為

$$1 \begin{vmatrix} 1.38 \\ 0.25\lambda_0 \end{vmatrix} \begin{vmatrix} 1.7 \\ 0.25\lambda_0 \end{vmatrix} 1.52 \text{，} \lambda_0 = 0.633\mu m$$

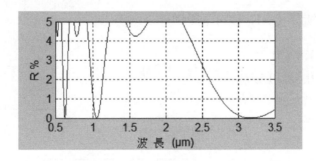

範例 11. 設計雙波長 1：2 的三層抗反射膜層，假設基板折射率 $n_S = 1.52$。

解 令 $n_1 = 1.38$，考慮 QQQ 型鍍膜，以電腦程式模擬，結果為

$$1 \begin{vmatrix} 1.38 \\ 0.25\lambda_0 \end{vmatrix} \begin{vmatrix} 1.58 \\ 0.25\lambda_0 \end{vmatrix} \begin{vmatrix} 1.82 \\ 0.25\lambda_0 \end{vmatrix} 1.52 \text{，} \lambda_0 = 0.707\mu m$$

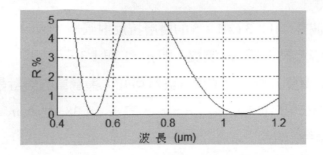

另外還有 HQQ 型鍍膜，同樣以電腦程式模擬，結果：無解！

⚫ 2-10-2 可見光區+紅外光單波長抗反射膜

由於這種鍍膜所涵蓋的波段過於寬廣，以致一般正常的**寬帶抗反射膜**無法派上用場，面對此難題，解決的辦法是配合電腦進行輔助模擬設計，其過程必須要有起始設計，然後再優化設計直到符合光譜要求為止。

通常，優化品質與起始設計有密不可分的關係，有好的起始設計才會有更快、更好的優化結果，而要有**好的起始設計則需具備正確的光學薄膜的基本觀念**；為了能夠充分瞭解這兩者的差別，特舉 2 個例子說明。假設紅外光區反射率 $R = 0$ 的波長 $\lambda = 1.06\mu m$，空氣折射率 $n_0 = 1$，基板折射率 $n_S = 1.52$，設計步驟如下：

1. 由最初的雙波長 1：3 單層抗反射膜得知，可見光區的抗反射效果不佳，針對這個缺陷著手改進，可將 $3\lambda_0/4$ 的膜層分成 $\lambda_0/4$ 膜層與 $\lambda_0/2$ 膜層，中間再加鍍折射率 $n = 1.8$ 的無效層，形成所謂 QHH 形的三層鍍膜：

$$1\begin{vmatrix}1.38\\0.25\lambda_0\end{vmatrix}\begin{vmatrix}1.8\\0.5\lambda_0\end{vmatrix}\begin{vmatrix}1.38\\0.5\lambda_0\end{vmatrix}1.52 \quad (\lambda_0 = 0.51\mu m)$$

光譜效果如下所示：

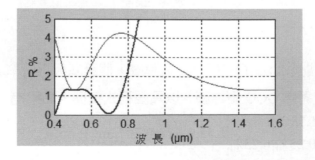

2. 雖然上述的改良設計，拓寬了可見光區的抗反射範圍，卻也破壞紅外光區的抗反射效果。為此再加鍍同樣的無效層，例如多了一層的設計：

$$1|L(4H)(2L)|1.52$$

或者多了二層的設計：

$$1|L(6H)(2L)|1.52$$

均可達到幾乎不明顯改變可見光區的抗反射效果，而能改善紅外光區的抗反射效果的目的，其光譜效果依序如下所示：

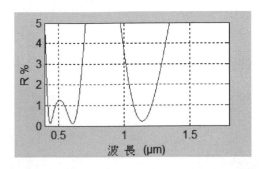 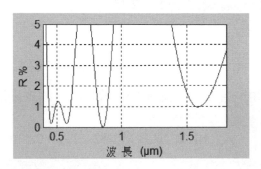

3. 因為紅外光區要求抗反射的波長效果 $\lambda = 1.06\mu m$，因此，以上的設計都不符合規格要求。但是，若能改變監控波長為 $\lambda_0 = 0.48\mu m$，至少還有差強人意的輸出結果，如下所示：

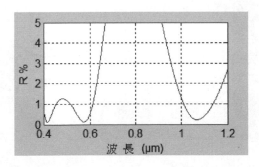

上述這些設計可歸納為一般傳統的設計，以此角度來衡量上圖所示的光譜效果，勉強可以接受。反之，如果是以高品質為訴求來要求，則需要繼續尋找新的設計或透過電腦模擬做優化動作。

現在考慮另一種傳統設計

$$1\left|\begin{matrix}1.38\\0.25\lambda_0\end{matrix}\right|\begin{matrix}2.15\\0.5\lambda_0\end{matrix}\left|\begin{matrix}1.7\\0.25\lambda_0\end{matrix}\right|1.52 \quad (\lambda_0 = 0.53\mu m)$$

由於此設計的抗反射效果只侷限於可見光區，在紅外光區 $\lambda = 1.06\mu m$ 處的反射率仍然很高，為了符合雙區抗反射要求，優化動作勢必難免，其可能的步驟條列如下：

1. 安插所謂的**緩衝層**：

直接計算可知，導納軌跡與實軸相交於

$$Y_1 = \frac{\eta_M^2}{\eta_S} = \frac{1.7^2}{1.52} \cong 1.9$$

或

$$Y_2 = \frac{\eta_H^2}{Y_1} = \frac{2.15^2}{1.9} \cong 2.43$$

因此，可用適當安排上述兩種折射率材料做為**緩衝層**，例如在臨界高折射率膜層之間，各安排一層折射率等於 1.9 的緩衝層，設計為

$$1|\text{L B 2H B M}|1.52 \quad (\lambda_0 = 0.53\mu\text{m})$$

其中代號 B 代表緩衝層，對應的光譜效果如下所示。由輸出圖中可以清楚看到緩衝層的作用非常類似無效層，即在參考波長 λ_0 處的反射率不受影響，其餘波長則否。

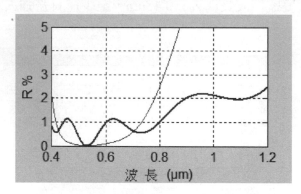

2. 改變**緩衝層**的膜厚，進行初步優化：

應用緩衝層的主要目的在於預定起始設計，使其更加具有優化的潛力，因此，以電腦數值分析嘗試錯誤的方式，改變緩衝層的膜厚就可以找出符合要求的優化設計，例如：

$$1\left|\begin{matrix}1.38\\0.25\lambda_0\end{matrix}\right|\begin{matrix}1.9\\0.342\lambda_0\end{matrix}\left|\begin{matrix}2.15\\0.5\lambda_0\end{matrix}\right|\begin{matrix}1.9\\0.084\lambda_0\end{matrix}\left|\begin{matrix}1.7\\0.25\lambda_0\end{matrix}\right|1.52 \quad (\lambda_0 = 0.51\mu\text{m})$$

3. 繼續改變其他膜層的膜厚，進行進階優化：

上述步驟 2 的初階設計，在可見光區的光譜效果並不是很好，因此，針對這項缺點尋求改善，優化設計安排與光譜效果如下所示：

$$1 \begin{vmatrix} 1.38 \\ 0.2667\lambda_0 \end{vmatrix} \begin{vmatrix} 1.9 \\ 0.3085\lambda_0 \end{vmatrix} \begin{vmatrix} 2.15 \\ 0.5395\lambda_0 \end{vmatrix} \begin{vmatrix} 1.9 \\ 0.1316\lambda_0 \end{vmatrix} \begin{vmatrix} 1.7 \\ 0.1796\lambda_0 \end{vmatrix} 1.52$$

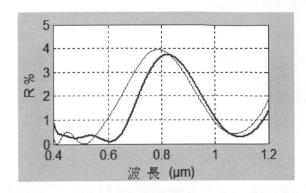

綜合上述的討論得知，**傳統 1/4 波長膜厚的解析合成法**是光學薄膜設計首先會採用的方法，根據這種設計方法，只要系統光譜品質的要求不是太高，通常都可以很快地找到符合要求的鍍膜安排。然而，在某些情況下，一個有需要特殊光譜行為的光學系統，例如，在可見光區**寬帶抗反射膜**或**雙區抗反射膜**，使得傳統的解析合成法不但會過於複雜，並且甚至可能無解，因此，才會有電腦自動薄膜設計程式的研究發展與建立。

換言之，應用電腦進行薄膜優化設計主要是導因於傳統設計方法的有限性。為了說明如何克服這種有限性，在上例中，以傳統三層抗反射膜做為起始設計，示範如何安插緩衝層，以及電腦嘗試錯誤求解的過程，在在顯示兩種不同形式的設計方法有相輔相成，密不可分的關係，所以，實在沒有必要強調兩者之間有何差異性。

最後提醒注意，優化程式並非僅是簡單的嘗試錯誤而已，其中通常包含一個**優化函數**，由此優化函數的定義將直接影響最終優化程度的效率與鍍膜系統品質，故不可疏忽輕視。

2-11　抗反射膜的優化設計

抗反射膜的目的在降低反射率，但是傳統的分析方法只能求得局部極值，對實際的應用幫助不大，為了彌補這種缺點，建立光學薄膜系統自動設計模擬程式是必要的。

問題是如何建立？既然抗反射膜在乎某一光譜範圍內有低反射率，因此，可以簡單定義**優化函數**為

$$F(\theta_i, n, d, \lambda) = \sum_\lambda R$$

只要**優化函數**數值最小，即可得最佳的抗反射膜設計；根據這樣的概念，修改現有建立的程式，就不難改良為薄膜自動模擬設計程式。

在以自動模擬設計程式分別測試單層及多層抗反射膜之前，假設所有抗反射膜滿足下列各種狀況

1.　入射角 $\theta_0 = 0$。

2.　光譜範圍 $0.4\mu m \sim 0.7\mu m$，並區分成 50 個搜尋累計波段。

3.　各膜層折射率固定，意即不考慮色散因素，其中空氣折射率 $n_0 = 1$，基板折射率 $n_S = 1.52$。

4.　設計參考波長 $\lambda_0 = 0.55\mu m$。

5.　光學厚度 nd 為唯一的設計參數，其搜尋範圍從 $0.001\lambda_0 \sim 0.55\lambda_0$。

2-11-1 單層抗反射膜

以 $n_1 = 1.38$ 為例，優化設計與光譜效果如下：

$$1 \begin{vmatrix} 1.38 \\ 0.237\lambda_0 \end{vmatrix} 1.52$$

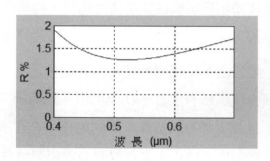

使用 ThinFilmViewDemo 模擬：考慮色散因素

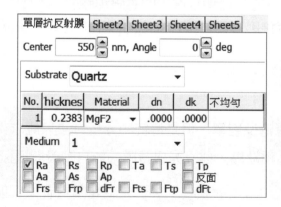

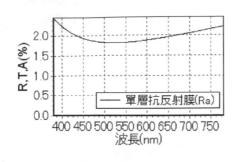
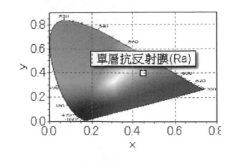

入射角等於 0 度時，顏色計算結果呈現淡紫色；改變入射角，顏色呈現仍然屬於淡紫色範圍。

2-11-2 雙層抗反射膜

以 $n_1 = 1.38$，$n_2 = 2.15$ 為例，要求全區域最大反射率不大於 2%，優化設計與光譜效果如下：

$$1 \begin{vmatrix} 1.38 \\ 0.29\lambda_0 \end{vmatrix} \begin{vmatrix} 2.15 \\ 0.035\lambda_0 \end{vmatrix} 1.52$$

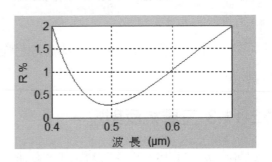

使用 ThinFilmViewDemo 模擬：考慮色散因素

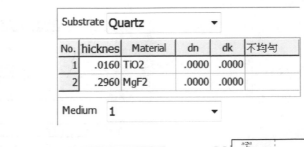

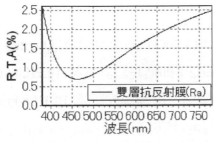
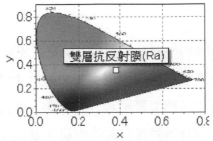

入射角等於 0 度時，顏色計算結果呈現淡紫色。另外一種鍍膜安排為 1|HL|Quartz，根據薄膜光學的理論可知，此種鍍膜安排將不會比前一種鍍膜安排有更佳的抗反射效果；如果使

用設計最佳化處理，結果竟然轉變爲前述單層最佳化的鍍膜設計，其相關輸出特性如下所示：

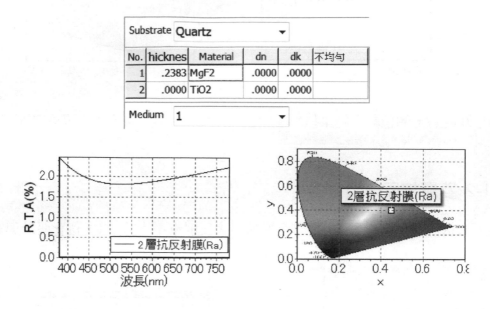

由此可見，即便現階段的電腦運算能力超強，瞭解與安排符合薄膜光學理論的初始設計仍然有其必要性。

⚙ 2-11-3 三層抗反射膜

以 $n_1 = n_3 = 1.38$，$n_2 = 2.0$ 爲例，要求全區域最大反射率不大於 1.5%，優化設計與光譜效果如下：

$$1 \begin{vmatrix} 1.38 \\ 0.232\lambda_0 \end{vmatrix} \begin{vmatrix} 2.0 \\ 0.467\lambda_0 \end{vmatrix} \begin{vmatrix} 1.38 \\ 0.005\lambda_0 \end{vmatrix} 1.52$$

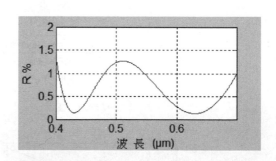

使用 ThinFilmViewDemo 模擬：不論鍍膜安排爲 1|LHL|Quartz 或 1|HLH|Quartz，當嘗試最適化處理，最終還是傾向簡併至雙層設計 1|LH|Quartz；即便是設計安排 1|LHL|Quartz，其最佳化設計仍然是類似雙層設計的效果。換言之，需要三層鍍膜安排爲 1|LHL|Quartz，基本上必須變通從四層鍍膜做爲起始安排，藉由最適化動作簡併至三層設計，例如三層鍍膜安排與相關特性如下所示：

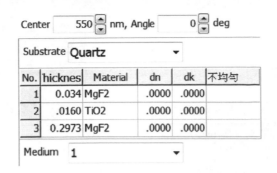

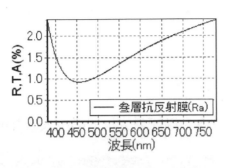 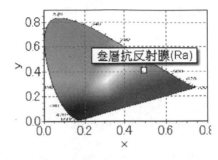

2-11-4 四層抗反射膜

以 $n_1 = n_3 = 1.38$，$n_2 = n_4 = 2.0$ 為例，要求全區域最大反射率不大於 0.6%，優化設計與光譜效果如下：

$$1\begin{vmatrix}1.38\\0.233\lambda_0\end{vmatrix}\begin{vmatrix}2.0\\0.49\lambda_0\end{vmatrix}\begin{vmatrix}1.38\\0.075\lambda_0\end{vmatrix}\begin{vmatrix}2.0\\0.053\lambda_0\end{vmatrix}1.52$$

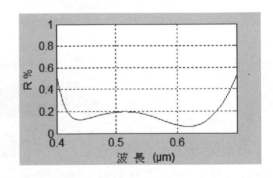

使用 ThinFilmViewDemo 模擬：鍍膜安排為 1|LHLH|Quartz，$\lambda_0 = 550\text{nm}$

No.	Thicknes	Material	dn	dk	不均勻
1	0.0297	TiO2	.0000	.0000	
2	0.1489	MgF2	.0000	.0000	
3	0.0418	TiO2	.0000	.0000	
4	0.3089	MgF2	.0000	.0000	

Substrate Quartz　Medium 1

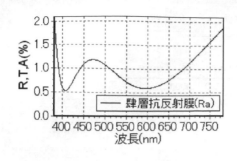 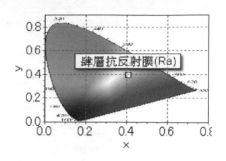

比較上述理想與最適化處理的鍍膜安排，發現考慮色散因素的設計光譜效果：全波段反射率 $R \leqq 2\%$，遠劣於理想的設計安排全波段反射率 $R \leqq 0.5\%$。

🔘 2-11-5 五層抗反射膜

以 $n_1 = n_3 = n_5 = 1.38$，$n_2 = n_4 = 2.0$ 為例，要求全區域最大反射率不大於 0.6%，優化設計與光譜效果如下：

$$1 \left| \begin{array}{c} 1.38 \\ 0.239\lambda_0 \end{array} \right| \left| \begin{array}{c} 2.0 \\ 0.514\lambda_0 \end{array} \right| \left| \begin{array}{c} 1.38 \\ 0.101\lambda_0 \end{array} \right| \left| \begin{array}{c} 2.0 \\ 0.075\lambda_0 \end{array} \right| \left| \begin{array}{c} 1.38 \\ 0.092\lambda_0 \end{array} \right| 1.52$$

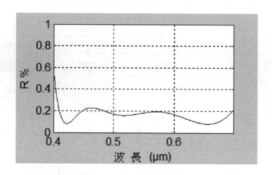

由上圖可知，反射率在短波長區稍微偏高，若能適當調整監控波長 λ_0，比如說 $\lambda_0 = 0.54\mu m$，即可改善光譜效果，如下圖所示：

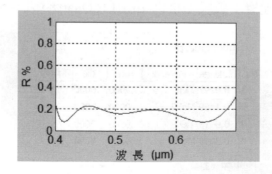

至此，示範了電腦優化設計的五層抗反射膜，對一般的應用而言，其光譜效果已經非常良好。至於六層以上的抗反射膜，請自行練習模擬。

使用 ThinFilmViewDemo 模擬：鍍膜安排爲 1|LHLHL|Quartz，$\lambda_0 = 550nm$

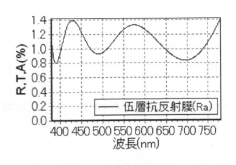

No.	hicknes	Material	dn	dk	不均勻
1	.5256	MgF2	.0000	.0000	
2	.0228	TiO2	.0000	.0000	
3	.1717	MgF2	.0000	.0000	
4	.0320	TiO2	.0000	.0000	
5	.3179	MgF2	.0000	.0000	

Substrate **Quartz**

Medium **1**

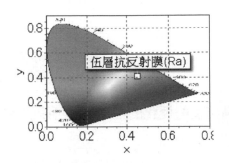

比較上述理想與最適化處理的鍍膜安排，發現考慮色散因素的設計光譜效果：全波段反射率 $R \leq 1.4\%$，遠劣於理想的設計安排全波段反射率 $R \leq 0.3\%$。

　　另外還有雙區抗反射膜的設計，只要將優化函數中加入 $\lambda = 1.06\mu m$ 的條件，同樣可以比照辦理。以 5 層鍍膜爲例，$\lambda_0 = 0.53\mu m$，最後優化設計的鍍膜安排與輸出光譜效果如下：

$$1 \left| \begin{matrix} 1.38 \\ 0.3139\lambda_0 \end{matrix} \right| \begin{matrix} 2.0 \\ 0.1385\lambda_0 \end{matrix} \left| \begin{matrix} 1.38 \\ 0.0716\lambda_0 \end{matrix} \right| \begin{matrix} 2.0 \\ 0.5846\lambda_0 \end{matrix} \left| \begin{matrix} 1.62 \\ 0.2194\lambda_0 \end{matrix} \right| 1.52$$

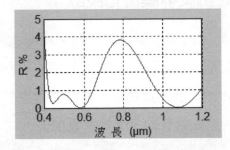

這種模擬設計是輸入各膜層折射率後，找出符合要求的膜厚，過程中不管**優化函數**如何定義，或者由無起始設計，所輸出的解答可能不止一種，而且折射率與膜層厚度誤差對不同設計系統所造成的光學特性也不盡相同，其間如何取捨全視系統需求而定。

　　設計程式中，不需要起始設計的優化法與具有起始設計的合成法相比較，前者恐怕要花費更多時間才能得到相同的設計品質。例如，以前述最佳 5 層雙區抗反射膜做爲優化設計的起始設計，可以再應用 3 層等效膜的技巧，繼續優化，達到進一步改善光譜效果的目的。現在，假設低折射率材料 $n_L = 1.38$，高折射率材料 $n_H = 2.25$，$\lambda_0 = 0.51\mu m$，模擬結果與光譜輸出如下所示。

$$1\begin{vmatrix}1.38\\0.3003\lambda_0\end{vmatrix}\begin{vmatrix}2.25\\0.1281\lambda_0\end{vmatrix}\begin{vmatrix}1.38\\0.0657\lambda_0\end{vmatrix}\begin{vmatrix}2.25\\0.6785\lambda_0\end{vmatrix}\begin{vmatrix}1.38\\0.0718\lambda_0\end{vmatrix}\begin{vmatrix}2.25\\0.0840\lambda_0\end{vmatrix}1.52$$

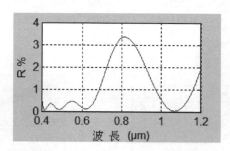

請注意雙區抗反射優化的程度及其可能的容限範圍，因為程式所模擬的理論膜厚，監控能否得宜仍舊是一大問題。

　　基本上，前述所討論有關電腦輔助設計的技巧，沒有理由不能應用到其他更複雜或者是不同型式的鍍膜設計上，並且不論電腦自動設計程式是採用何種優化技巧，似乎都指向一個共同的焦點，就是找出最終設計的安排有多快、多好，換言之，面對高度非線性的光學薄膜問題，以電腦模擬方法找到又快、又好的鍍膜設計是每一位光學薄膜設計者所追求的目標，為了達到這樣的目標，實有賴於今後對**優化函數**與薄膜光學基本觀念更進一步的研究與發展。

2-11-6 太陽能電池之抗反射膜優化設計

　　本節內容以自行研發的光學薄膜模擬自由軟體來模擬太陽能電池的抗反射膜優化設計。太陽能電池元件表面的反射率大小是決定轉換效率的重要關鍵，因此，必須利用抗反射膜來增加入射光在太陽能電池表面的穿透率，進而使轉換效率提升。如果沒有安排抗反射膜設計，以矽基板為例，入射光會有約 30%的反射損失。

　　在國外的研究方面，例如使用 ZnS/MgF$_2$，模擬單層、雙層、三層抗反射膜與角移效應，針對掃描 300nm~1500nm 波長範圍，模擬結果顯示單層抗反射膜設計效果最差，雙層抗反射膜在 450nm~1500nm 波段範圍反射率 10%以下，角移效應則不論雙層或三層抗反射膜設計，在入射角 65 度以下仍有不錯的抗反射效果。

針對抗反射膜在某一光譜範圍內要求低反射率，可以將優化函數簡單定義為

$$F(\theta_i \text{，} n \text{，} d \text{，} \lambda) = \Sigma R$$

上式中 θ_i 為入射角，n 為折射率，d 為幾何膜厚，λ 為波長，R 為反射率，只要優化函數在波段範圍內的平均反射率最小，即得最佳的抗反射膜設計，根據這樣的概念，修改光學薄膜特徵矩陣程式就不難建立薄膜自動設計程式。以自動設計程式分別測試單層及多層抗反射膜之前，假設所有抗反射膜滿足下列各狀況：

1.　入射角 $\theta_0 = 0$。

2.　光譜範圍 $0.38\mu m \sim 1.2\mu m$，並區分成 100 個搜尋累計波段。

3.　各膜層不考慮色散與吸收，折射率固定，其中空氣 $n_0 = 1$，矽基板 $n_S = 3.4$，低折射率材料 SiO，高折射率材料 TiO_2。

4.　設計參考波長 $\lambda_0 = 0.6\mu m$。

5.　光學厚度 nd 為唯一的設計變數，其搜尋範圍從 $0\lambda_0$ 到 $0.5\lambda_0$。

太陽光譜中涵蓋範圍很廣，輻射能量主要集中在可見光區，其次是近紅外光區與 $10\mu m$ 附近的遠紅外光區，以及最少部分的紫外光區。雖然現在只針對可見光波段與近紅外光區 380nm ～ 1200nm 波段做設計，但日後模擬會延伸至紫外光，甚至包含 $10\mu m$ 附近遠紅外光區的所謂雙波段區域抗反射膜設計，因此，選用材料以能涵蓋太陽光譜者為優先考慮。

模擬單層抗反射膜優化設計，以 SiO 當作材料，其折射率是 1.8，矽 Si 基板折射率為 3.4；由模擬結果可知，最佳的光學薄膜厚度為 0.2828，其反射率光譜圖與角移效應分別如下圖所示，其中角移效應圖所顯示的角度有 0 度、30 度、60 度，對應的平均反射率依序為 8%、9.742%、21.442%。

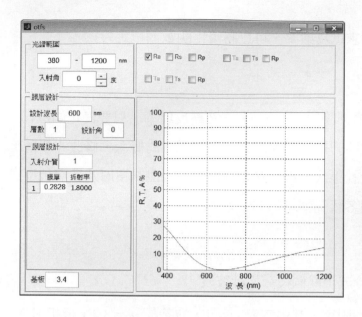
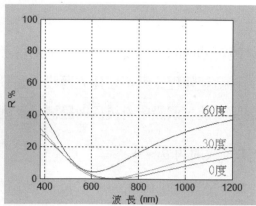

雙層抗反射膜優化設計，以 SiO/TiO₂ 為材料，折射率分別為 1.8 與 2.35，同樣矽 Si 為基板；由模擬結果可知，最佳的光學薄膜厚度為 0.2475 / 0.2273，其反射率光譜圖與角移效應分別如下圖示，其中角移效應圖所顯示的角度與上述單層抗反射膜優化設計相同，對應的平均反射率依序為 4.595%、6.438%、19.142%。

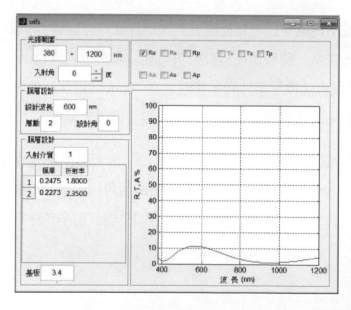
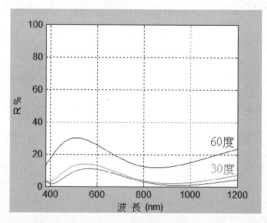

綜上討論總結，本節使用 SiO 和 TiO₂ 兩種低、高折射率材料，波長範圍 0.38μm 到 1.2μm，以傳統尋找全區域平均反射率值最低的方式，將膜厚從 0 到 0.5 設計波長均分為 100 等份，模擬結果顯示，一層的抗反射膜設計為 Air|0.2828L|矽基板，全區域平均反射率值 8.01%，二層的抗反射膜設計為 Air|0.2475L 0.2273H|矽基板，全區域平均反射率值 4.595%，三層抗反射膜設計，則有簡併為雙層抗反射膜設計的現象。

2-12　使用模擬軟體的優化設計

使用薄膜光學模擬軟體 ThinFilmViewDemo 版本，示範上一節所討論的**優化**動作，並且比較自行撰寫優化模擬程式與市售商用模擬軟體的差異。

滑鼠雙按桌面的圖示 ThinFilmView Demo，或者按[開始/ ThinFilmView Demo]，結果初始畫面如下所示：

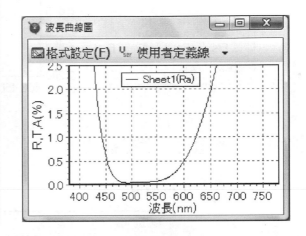

這是系統預設的 7 層抗反射膜設計以及對應的反射率光譜圖，其中 Thickness 為針對設計波長 500nm 的膜厚，*dn* 為折射率微調整，*dk* 為吸收係數微調整。此試用版只提供兩種材料，分別為低折射率的 MgF_2 與高折射率的 TiO_2，其折射率資料依序如下所示：

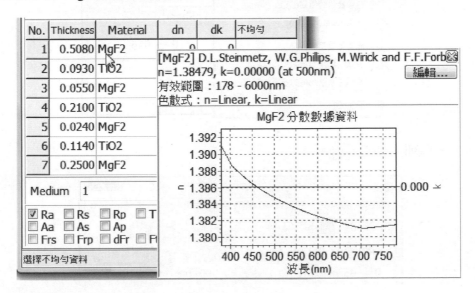

高折射率的 TiO_2：

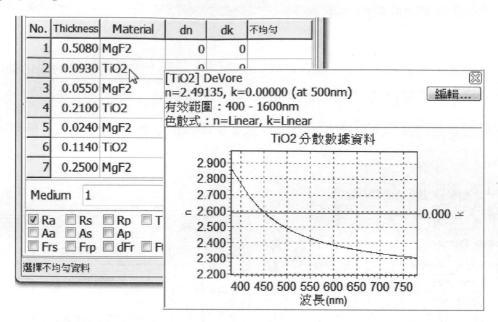

2-12-1 最適化：手動模式

滑鼠按[工具/設計最適化]

或者滑鼠點按工具列小圖示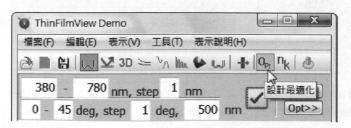

選擇**手動模式**：使用滑鼠左鍵拖曳方式進行變形調整

選擇欲進行最適化的項目

選定項目之後，滑鼠只要進入波長曲線圖中的圖形曲域就會變成手的形狀

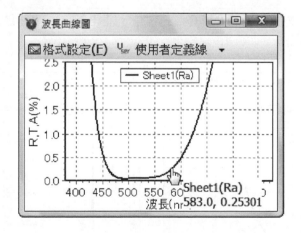

因為抗反射膜需要反射率愈低愈好，因此以滑鼠拖曳的方式，將高反射率區域的曲線往下拉

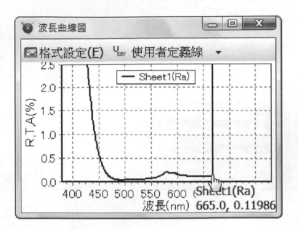

初步微調的結果如下所示

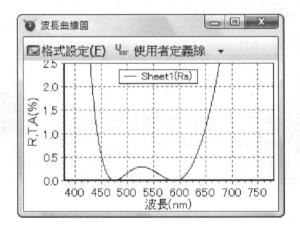

重複上述的步驟，將高反射率區域的曲線往兩邊、往下拉，直到抗反射率效果可以接受為止。

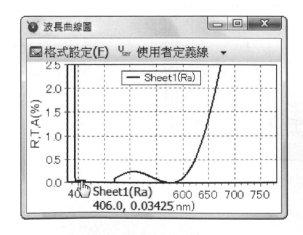
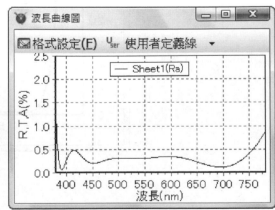

微調的過程，可以改變波長曲線圖的刻度比例，以便更清楚看到微調的結果；滑鼠點按
□格式設定(E)

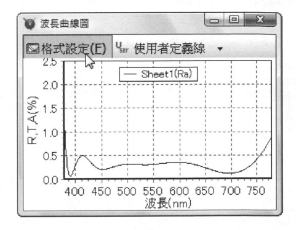

直接調整 Y 軸最大值為 0.5

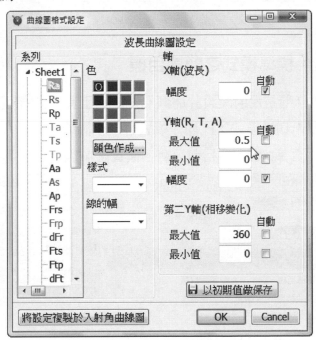

設定後，Y 軸顯示效果如下所示

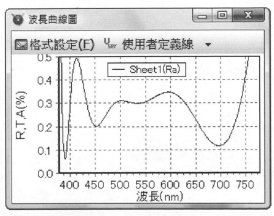

繼續重複上述的步驟，同樣將高反射率區域的曲線往兩邊、往下拉，擴大整個波段的低反射率範圍，直到抗反射率效果可以接受為止，例如下圖所示的光譜效果與對應的膜層設計結果。

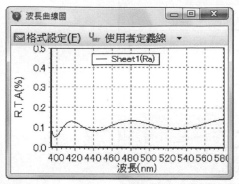

No.	Thickness	Material	dn	dk	不均勻
1	.5351	MgF2	0	0	
2	.0550	TiO2	0	0	
3	.1228	MgF2	0	0	
4	.1419	TiO2	0	0	
5	.0874	MgF2	0	0	
6	.1096	TiO2	0	0	
7	.2790	MgF2	0	0	

其餘不同層數的抗反射優化處理，請自行練習，並且與前述所討論的理想抗反射膜做比較分析。

2-12-2 最適化：標準模式之簡單目標

同樣以系統預設的 7 層抗反射膜設計為例，滑鼠按[工具/設計最適化]，設計最適化的預設為標準模式，不需要再切換模式；此操作模式可以依設定號碼依序選擇設定，例如，初期設計下拉選擇 Sheet1 頁籤的設計 (目前只有一個頁籤，因此別無選擇)

第 2 項目標設定：首先選用簡單目標-波長曲線圖即可

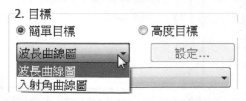

選定波長曲線圖項目後，需要進一步指定屬於那一頁籤的設計

描準目標值：因為針對抗反射膜，設定選項為 目標值以下

第 3 項顯示結果欄位：系統提供 5 個頁籤，第一個頁籤是初期設計，所以可以使用第 2~5 個頁籤

第 4 項最適化：系統提供 3 個方法，分別為**區域搜尋**(Local Search)，**全區域搜尋**(Global Search)，**針狀搜尋**(Needle Search)，首先選定執行**區域搜尋**方法後，按 ▶開始 。

執行結果顯示，並無大幅改善的效果，如下所示

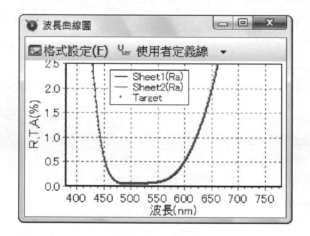

接著改用**全區域搜尋**方法

按 ⊙開始 執行，結果顯示類似**區域搜尋**方法，同樣無大幅度改善的效果，如下所示

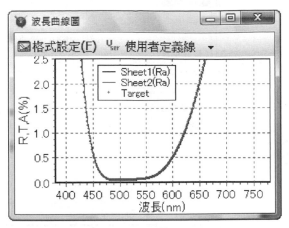

最後改用**針狀搜尋**方法

按 ⊙開始 設定參數，最大層數設定為 9，結果顯示類似**區域搜尋**方法，同樣無大幅度改善的效果

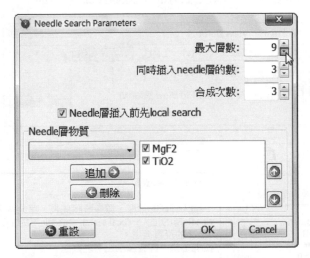

按 繼續 搜尋最適化

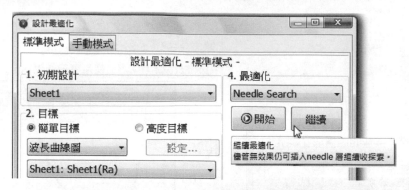

結果顯示有改善，效果前後比較如下所示

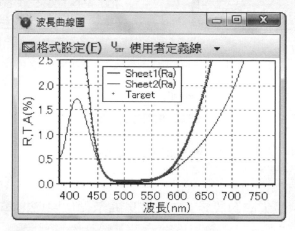

對於**針狀搜尋**方法的相關說明，可以按[**表示說明/表示說明**]查詢

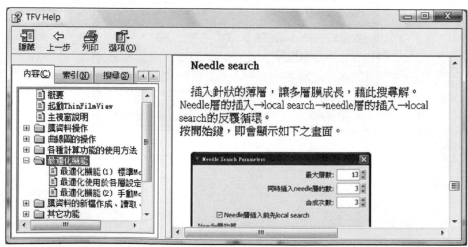

🔘 2-12-3 最適化：標準模式之高度目標

延續上述 7 層抗反射膜設計的最適化動作，現在更改第 2 項目標設定為 ◉ 高度目標後，按 設定...

針對可見光區設定：波長 400nm，入射角 0 度，目標值 0.5 (上方瞄準目標值可以設定為以下)

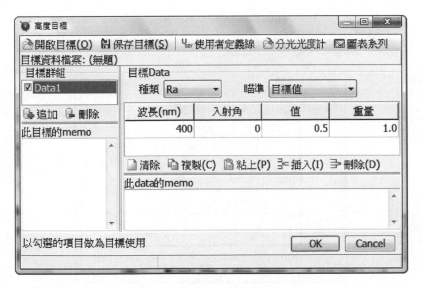

連續按 追加 6 次，每 50nm 為間隔，比照上述步驟設定

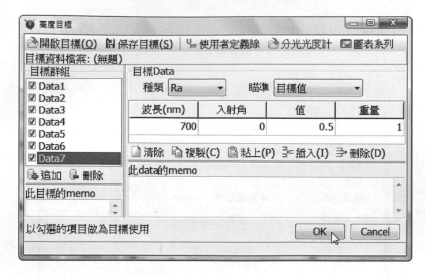

首先使用**區域搜尋**方法：

按 ⊙開始 執行，結果顯示有大幅度的改善效果，如下所示，其中只有 550nm 的反射率未小於 0.5%，其餘波長的設定要求皆符合

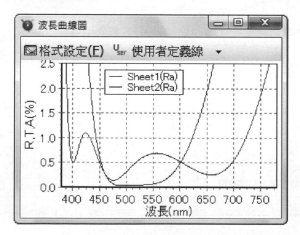

接著使用**全區域搜尋**方法：

按 ◎開始 執行,結果顯示波長在 450nm~700nm 波段之間,反射率被固定在 0.5%,如下
所示

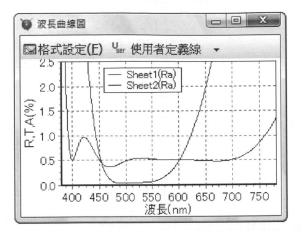

最後改用**針狀搜尋**方法:反射率目標值改為 0.3%

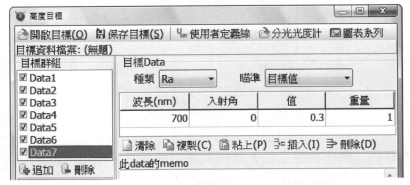

按 ◎開始 ,所有條件不變,按 OK ,結果如下所示

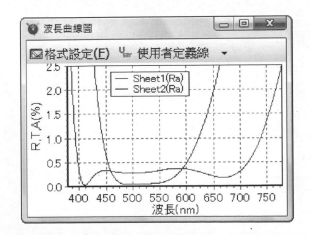

若反射率目標值改爲 0.2%，結果爲

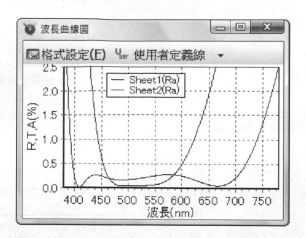

若反射率目標值改爲 0.1%，結果爲

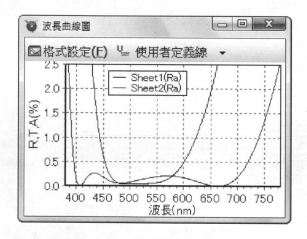

練習 針對本章高反射率鍍膜主題，查詢廠商型錄產品，使用 ThinFilmViewDemo 進行模擬設計，並且比較優劣。

網路資源

使用 google 查詢，關鍵字為本章內容主題，例如抗反射膜(antireflection coating)，查詢項目包括圖片。

網路資源非常豐富，無法逐一列舉，請自行練習搜尋所需要的參考論文或文章

1.　http://en.wikipedia.org/wiki/Anti-reflective_coating

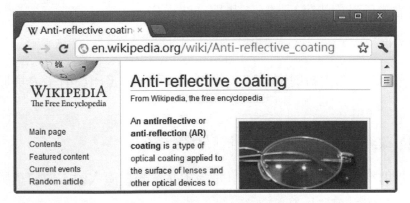

2.　http://hyperphysics.phy-astr.gsu.edu/hbase/phyopt/soap.html

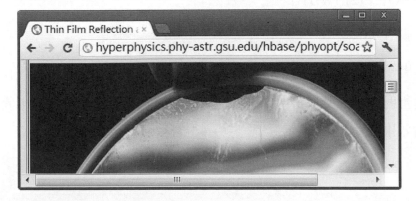

3. http://www.essilor.com.au/materials_and_treatments/general_information/nikon_seecoat/

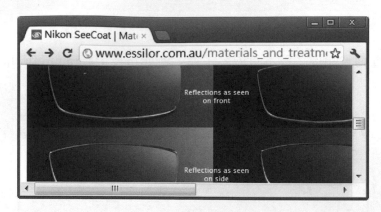

習題

1. 列舉抗反射膜 ARC 的應用。

2. 何謂設計波長 λ_0？

3. 所謂綠色光，係針對光譜範圍，還是單一波長？

4. 解釋可見光區。

5. 基板折射率 1.52，鍍上折射率 1.35 的單層抗反射膜，畫出反射率 R 與膜層光學厚度的關係圖。

6. 續上一題，改鍍折射率 2.35 的單層抗反射膜。

7. 入射介質折射率 $n_0 = 1$，基板折射率 $n_S = 1.46$，光垂直入射，單層鍍膜的折射率為何始有最佳抗反射效果條件？

8. 何謂(1)QWOT；(2)HWOT？

9. 何謂 QQ 膜層？

10. 光垂直入射，雙層 QQ 鍍膜系統的特徵矩陣。

11. 入射介質折射率 n_0，基板折射率 n_S，光垂直入射，雙層鍍膜的折射率安排為何始有最佳抗反射效果條件？

12. 入射介質折射率 $n_0 = 1$，基板折射率 $n_S = 1.52$，光垂直入射，低折射率材料 $n_L = 1.35$，高折射率材料 $n_H = 2.35$，雙層 QQ 鍍膜 1|LH|1.52 型態，試算在中心波長 λ_0 處的反射率 R。

13. 續第 12 題，改為雙層 QQ 鍍膜 1|HL|1.52 型態。

14. 續第 12 題，改為雙層 QH 鍍膜 1|L2H|1.52 型態。

15. 續第 12 題，改為雙層 QH 鍍膜 1|2HL|1.52 型態。

16. 何謂(1)V 型；(2) W 型鍍膜？

17. 入射介質折射率 $n_0 = 1$，基板折射率 $n_S = 1.52$，光垂直入射，低折射率材料 $n_L = 1.38$，中折射率材料 $n_M = 1.9$，高折射率材料 $n_H = 2.1$，三層 QQQ 鍍膜型態，試求：(1)最佳抗反射效果的鍍膜安排；(2)在中心波長 λ_0 處的反射率 R

18. 續第 17 題，更改為中折射率材料 $n_M = 1.76$，高折射率材料 $n_H = 1.9$。

19. 續第 17 題，更改為三層 HHH 鍍膜型態，試求在中心波長 λ_0 處的反射率 R。

20. 導納軌跡圖如下所示，鍍膜使用低、高折射率兩種材料，說明其鍍膜型態的意義。

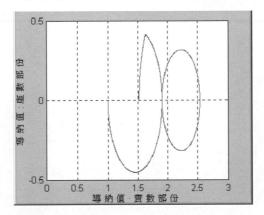

21. 導納軌跡圖如下所示，說明其鍍膜型態的意義。

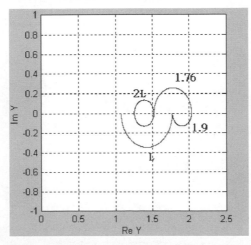

22. 紅外光區抗反射膜的設計與可見光區有何不同？

23. 入射介質折射率 $n_0 = 1$，基板折射率 $n_S = 4$，光垂直入射，低折射率材料 $n_L = 1.7$，單層 Q 鍍膜型態，試算在中心波長 $\lambda_0 = 3\mu m$ 處的反射率 R。

24. 入射介質折射率 $n_0 = 1$，基板折射率 $n_S = 4$，光垂直入射，低折射率材料 $n_L = 1.7$，高折射率材料 $n_H = 3$，雙層 QQ 鍍膜 1|LH|4 型態，試算在中心波長 $\lambda_0 = 3\mu m$ 處的反射率 R。

25. 何謂等效膜層？

26. 何謂雙帶抗反射膜？

27. 說明抗反射膜優化設計的必要性。

28. 太陽能電池為何需要抗反射膜的優化設計？

Chapter 3

高反射率鍍膜

3-1　簡介

為了增加系統表面的反射率，通常需要**高反射率鍍膜**。此型鍍膜依反射量分類，有：

1. **高反射率鏡片**(High reflection mirror，簡稱 HR)：泛指 $R \geq 99\%$的鍍膜。

2. **分光鏡片**(Beam splitter)：一般而言，係指中性分光 $R \fallingdotseq 50\%$。

若依材料分類，則有：

1. **金屬高反射率鏡片**

　　由材料本身的光學性質決定大部分的光譜特性，致有很嚴重的**吸收**缺陷。然而，可以針對某波段或入射角，在金屬鍍膜上披覆半波長的單層保護膜，以便同時增加它的磨蝕與反射率，延長使用期限。這種加鍍**保護塗層**的金屬鍍膜，特稱為**增強型**。典型的金屬鍍膜材料有 Au、Ag、Cu、Cr、Pt、Ni、Al，鍍膜成品如下圖所示。

(http://www.ocj.co.jp/japanese/products/met/met.htm)

2. **全介電質高反射率鏡片**(Dielectric high reflection mirror，簡稱 DHR)：

　　高反射率與部份反射介質膜的基本單元是 **1/4 波長膜堆**，此膜堆在設計波長 λ_0 由光學厚度 **1/4 波長的高、低折射率交替層** n_H、n_L 所構成，示意圖如下所示。

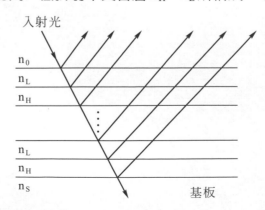

　　此類鍍膜沒有金屬鍍膜的**吸收**問題，卻有高反射率區域波段受限的缺點，改善之道在**調整高、低折射率的比例，比例愈高，高反射率區域波段就愈寬廣**。如果仍嫌效果不佳，則另外還有兩種有效拓寬的方法可供參考應用。不過，縱然如此，較之持久性與磨蝕阻力特性，介電質鍍膜仍比金屬膜好。

　　介電質鍍膜的極化效應明顯，典型的應用亦涵蓋很廣，例如：

1.　**雷射鏡片**(Laser Mirrors)

(http://www.ocj.co.jp/japanese/products/laser_m/laser_m.htm)

2.　**氦氖氣體雷射鏡片**：包括綠光 543nm，紅光 633nm

 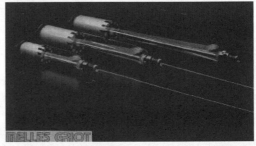

(http://www.cvimellesgriot.com/)

3.　**環形雷射陀螺儀**(Ring laser gyroscope)：使用紅光 633nm 氦氖氣體雷射

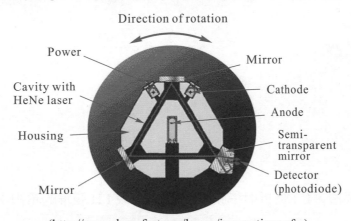

(http://www.laserfest.org/lasers/innovations.cfm)

(http://www.aerospaceweb.org/question/weapons/q0187.shtml)

3-2　介質高反射率鍍膜

由 **1/4 波長高、低折射率交替層**所組成的膜堆，在設計波長 λ_0 附近會顯現高反射特性，這是因為從各界面反射到前端入射面的光束**同相**，因而造成反射光作建設性組合所致，由此可將**高反射率鍍膜**的基本型式分成下列 4 種：

1. $n_0|(\mathrm{HL})^m|n_S$

$$Y = \left(\frac{n_\mathrm{H}}{n_\mathrm{L}}\right)^{2m} n_S$$

2. $n_0|(\mathrm{HL})^m\mathrm{H}|n_S$

$$Y = \left(\frac{n_\mathrm{H}}{n_\mathrm{L}}\right)^{2m} \frac{n_\mathrm{H}^2}{n_S}$$

3. $n_0|(\mathrm{LH})^m|n_S$

$$Y = \left(\frac{n_\mathrm{L}}{n_\mathrm{H}}\right)^{2m} n_S$$

4. $n_0|(\mathrm{LH})^m\mathrm{L}|n_S$

$$Y = \left(\frac{n_\mathrm{L}}{n_\mathrm{H}}\right)^{2m} \frac{n_\mathrm{L}^2}{n_S}$$

其中 H：高折射率膜層，L：低折射率膜層，m：HL 或 LH 膜堆的重複次數，Y：導納值垂直入射時，由**導納值**計算**反射率** R：

$$R = \left(\frac{\eta_0 - Y}{\eta_0 + Y}\right)^2$$

例如，假設 m=5，空氣折射率 n_0=1，基板折射率 n_S=1.52，n_H=2.35，n_L=1.38，計算結果為

1.　$Y \cong 311.7$，$R \cong 98.73\%$

2.　$Y \cong 745.04$，$R \cong 99.47\%$

3.　$Y = 0.00741$，$R = 97.08\%$

4.　$Y = 0.0061$，$R = 97.59\%$

可見鍍膜層數愈多，不但上述基本型式的反射率愈高，而且各反射率值也愈接近 1。不過，對已知層數而言，只有**外層是高折射率層的鍍膜才會有最高反射率**。

3-2-1　基本特性

典型 1/4 波長膜堆的高反射膜，有以下的特性：舉第 2 型鍍膜 1|(HL)^{m}H|1.52 為例：

1.　**在設計波長 λ_0 附近的反射率與膜層數成比，並且膜層數愈多，高反射率區域愈明顯：**
　　選用 $n_H = 2.45(TiO_2)$，$n_L = 1.45(SiO_2)$，$m = 1\sim4$ 的高反射鍍膜光譜圖，如下圖所示。

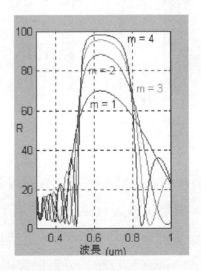

2.　**在高反射率區域以外的反射率是振盪函數，其值大小因層數不同而有所增減。**(參考上圖)

3.　**高反射率區域的寬度主要與折射率比例 n_H/n_L 有關，比例愈大，寬度愈寬：**

以 $m = 5$ 的 11 層鍍膜為例，n_L 分別改成 1.35 和 1.7 的效果，如下圖所示。

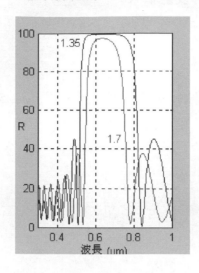

4. **隨著膜層數的增加，高反射區的反射率將逐漸趨近於 1：**

如下圖所示為 19 層高反射率鍍膜的光譜圖，$n_H = 2.35$，$n_L = 1.38$，其膜層設計為

$$1|(HL)^9H|1.52$$

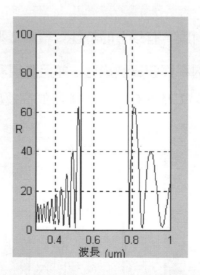

由光譜圖可以清楚看出，高反射區相當明顯且反射率等於 1；然而，高反射區需要反射率 $R = 1$ 並不一定要鍍上 19 層，其實，膜層只要超過 15 層，反射率就等於 1 了，不管最後一層是高折射率或低折射率膜層。同理，由下圖顯示的**反射係數關係**，一樣可以瞭解上述所說明的現象。由圖可以看出，12 層鍍膜以後的係數已經不易分辨。

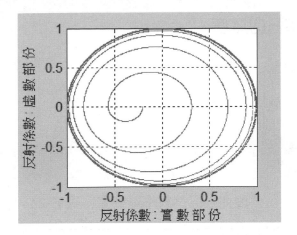

5.　$g = \lambda_0/\lambda = 0$ 與高反射區邊緣的極大值或極小值數目等於 m；例如：

1|(HL)^5|1.52	1|(HL)^{9}H|1.52
$n_H = 2.35$，$n_L = 1.38$	$n_H = 2.35$，$n_L = 1.38$

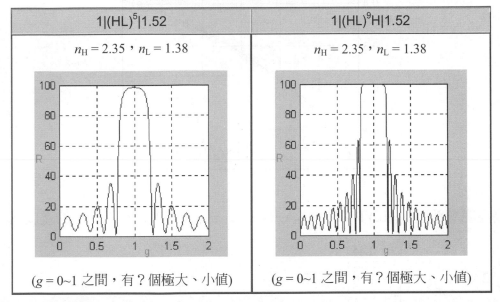

以上所說明的情況，並不能適用於所有型式的高反射率鍍膜，例如，另一型高反射率鍍膜

　　　1|(HL)^m|1.52

其中 $m = 5$，此鍍膜的極值個數只有$(m - 1) = 4$ 個，如下圖所示，即可充分說明這項事實。

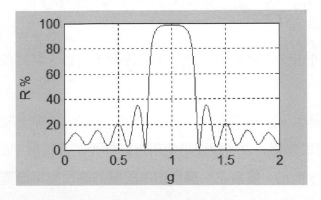

3-2-2 高反射率區的寬度

定義高反射率區中心 $g = 1$ 到其邊緣的距離爲Δg，則Δg 可以表示爲

$$\Delta g = \frac{2}{\pi} \sin^{-1} \left| \frac{1 - \frac{n_H}{n_L}}{1 + \frac{n_H}{n_L}} \right|$$

由於高反射率區對稱於 $g = 1$，因此，高反射率區的寬度等於 $2\Delta g$ (參考下圖)。

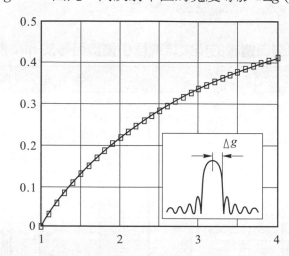

例如，高反射率鍍膜 $1|(HL)^5 H|1.52$，$n_H = 2.45$，$n_L = 1.35$，其高反射率區的寬度爲

$$2\Delta g = \frac{4}{\pi} \sin^{-1} \left| \frac{1 - \frac{2.45}{1.35}}{1 + \frac{2.45}{1.35}} \right| \cong 0.374$$

若 $n_L = 1.7$，則高反射率區的寬度爲

$$2\Delta g = \frac{4}{\pi} \sin^{-1} \left| \frac{1 - \frac{2.45}{1.7}}{1 + \frac{2.45}{1.7}} \right| \cong 0.2314$$

比較以上 2 種結果，可知前者的 $n_H : n_L$ 比值大於後者，所以，其高反射率區的寬度也就比較大。

理論上，無限制提高 $n_H : n_L$ 比值即可得到無限寬廣的高反射率區。然而，事實是，在可見光區 $n_H : n_L$ 比值很難超過 2，縱使是使用近紅外光區高折射率的半導體材料，$n_H : n_L$ 比值也頂多是接近 3.65 而已。**換言之，高反射率鍍膜的高反射率區寬度是受限的。**

3-2-3　不同膜厚對高反射率區的影響

截至目前為止，只考慮各層膜厚均為 $\lambda_0/4$ 高反射率鍍膜的高反射率區相關特性，其相厚度滿足下列等式

$$\delta = N(\pi/2) = (\pi/2)g$$

當 N 等於奇數，即各層膜厚為 $\lambda_0/4$ 的奇數倍時

$$\delta = \pi/2 \text{、} 3\pi/2 \text{、} 5\pi/2 \text{、} 7\pi/2\cdots$$

高反射率區的中心位置在

$$g = 1 \text{、} 3 \text{、} 5 \text{、} 7\cdots$$

當 N 等於偶數時，鍍膜如同無效層，此時，反射率等於

$$R = [(1 - n_S)/(1 + n_S)]^2$$

以上結果，以 10 層鍍膜 1|(HL)^5|1.52 為例，$n_H = 2.45$，$n_L = 1.45$，其高反射率區的相關特性顯示如下。

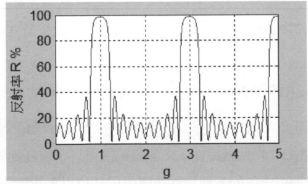

現在考慮非 $\lambda_0/4$ 膜厚的情形，同樣保持總光學厚度為 $\lambda_0/2$ 的條件下，按高、低折射率膜層 1 比 2 的方式均分為 3 等份，光譜結果如下所示；圖中很明顯可以看出，消失級數 g 等於偶數移到 $g = 3 \text{、} 6 \text{、} 9\cdots$ 的現象，意即改變膜厚比例可以調整消失級數的位置。

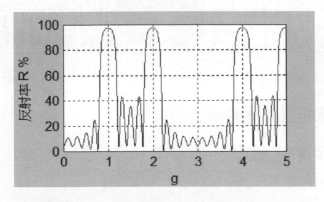

同理，如欲消失級在 $g = 4$、8、12…的位置，只要將 $\lambda_0/2$ 膜堆厚度均分成 4 等份，按高、低折射率膜層 1 比 3 的方式即可，如下圖所示。

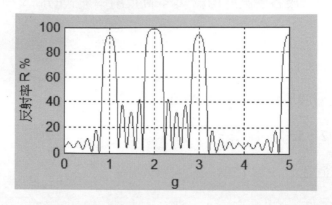

仔細觀察並且比較上述 R-g 光譜圖表，發現這種 $p : q$ 膜堆的高反射率區特性如下：

1. 高反射率區位置決定於週期性膜堆中個別膜層的光學厚度。例如，$\lambda_0/4$ 膜堆的高反射率區對稱於 g 等於奇數，但是其他膜厚組合型式的膜堆則否。

2. 在高、低折射率比值固定的情況下，膜厚相等的膜堆始有最寬廣的高反射率區，換句話說，$\lambda_0/4$ 膜堆型式鍍膜擁有最寬廣的高反射率區。

3. 計算 $\lambda_0/4$ 膜堆型式鍍膜的高反射率區寬度，有簡易的數學公式可供利用，而其他型式的鍍膜則否。

4. 已知各折射率，及相同層數的條件下，$\lambda_0/4$ 膜堆型式鍍膜會有最高的反射率。

膜厚改變對高反射率的影響，並不受限於固定膜堆 HL 的總光學厚度，例如，下圖依序分別顯示膜堆 H2L 與 3H3L 的光譜特性，由輸出結果可以明瞭任何膜堆的膜厚改變均會造成高反射率區的變化，而且上述的各種特性在圖中仍然可以再次看到驗證。

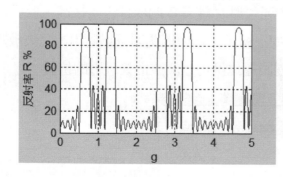 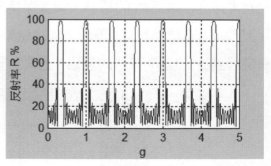

🔘 3-2-4　對稱膜堆對高反射率區的影響

前述有關**高反射率區**特性的討論，都是針對 HL 膜堆型式的鍍膜，這種型式的膜堆沒有對稱性，很難以簡易的數學表示式來描述它的光學特性。

　　但是，以**對稱膜堆**而言，例如 HLH，$\frac{L}{2}H\frac{L}{2}$ 或 $\frac{H}{2}L\frac{H}{2}$ 的膜堆組合，則可假想存在一等

效膜層，它的等效折射率與等效相厚度就是膜堆組合所表現出的折射率與相厚度，意即整個膜堆組合的光譜特性只需要一個等效特徵矩陣就可以涵蓋了。這種觀念稱為**赫平定理**(Herpin Theory)，此定理對**光學濾波器：長波通濾波器、短波通濾波器、帶通濾波器**的設計應用特別有用，其相關主題的討論詳如後述，在此只做輸出結果的瞭解與比較。

　　鍍膜設計 $1\left|\left(\frac{L}{2}H\frac{L}{2}\right)^5\right|$ 的 $R\text{-}g$ 光譜圖，n_S 分別等於 1、1.52，依序如下所示：

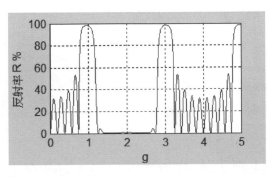 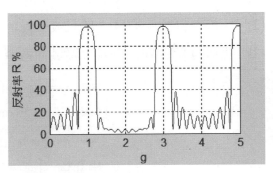

對應於第 2 種設計 $1\left|\left(\frac{L}{2}H\frac{L}{2}\right)^5\right|1.52$ 的 $R\text{-}\lambda$ 光譜圖，顯示如下圖；由圖可知，**對稱性膜堆**組

合的鍍膜有類似 $\lambda_0/4$ 膜堆型式鍍膜的特性，只是，最主要的不同在高反射率區之間的透射率，尤其是入射介質與基板的折射率相同時，透射帶更是格外的平坦。

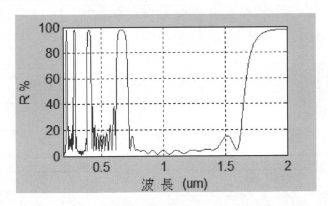

　　已知 g 大於 1 是短波長的範圍，因此，設定 $\lambda_0 = 2\mu m$，將顯現短波長高透射率的特性，如上圖中 $0.73\mu m \leq \lambda \leq 1.6\mu m$ 所示。這就是所謂的短波通濾波器特性，請特別留意。

3-2-5　吸收

　　在忽略膜層散射的情況下，光學鍍膜滿足

　　　　反射率 R +透射率 T +吸收 $A = 1$

例如，中心設計波長 $\lambda_0 = 550$nm，高折射率材料 TiO_2，低折射率材料 MgF_2，吸收係數 $k = 0.0001$，15 層高反射率鍍膜設計安排下列兩種

1. $1|H(LH)^7|Quartz$

2. $1|L(HL)^7|Quartz$

使用 ThinFilmViewDemo 模擬，輸出結果如下所示：

1. $1|H(LH)^7|Quartz$：比較透射率與吸收光譜圖可知

   (1) 吸收 A 的極值同步於透射率的極值。

   (2) 短波長區的吸收 A 大於長波長區。

   (3) 吸收 A 隨遠離高反射率區域而遞減。

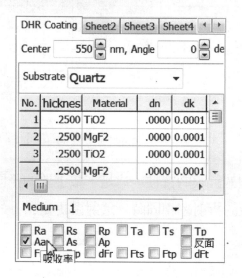

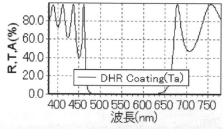
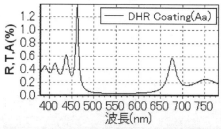

在中心設計波長 λ_0，吸收值 $A = 0.03154\%$。

2. $1|L(HL)^7|Quartz$：比較透射率與吸收光譜圖可知：

   (1) 吸收 A 的極值同步於透射率的極值。

   (2) 短波長區的吸收 A 大於長波長區。

   (3) 吸收 A 隨遠離高反射率區域而遞減。

   (4) 吸收 A 的極值小於第 1 項設計，但是在高反射率區域的吸收 A 明顯比較大。

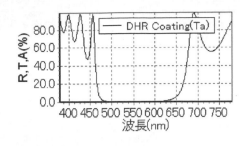 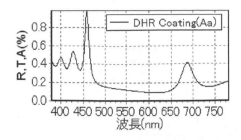

在中心設計波長 λ_0，吸收值 $A = 0.12305\%$。

範例 1. 以 HL 膜堆設計在 $\lambda = 1.06\mu m$ 高反射率的鍍膜，畫出 $R\text{-}\lambda$ 光譜圖說明與 $R\text{-}g$ 光譜圖的差異。

解 選用 $n_H = 2.45$，$n_L = 1.45$，$n_S = 1.52$，$\lambda_0 = 1.06\mu m$ 的 18 層鍍膜設計

$$1|(HL)^9|1.52$$

其 $R\text{-}\lambda$ 光譜圖如下所示

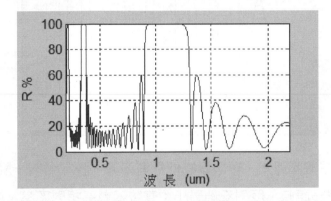

由圖可知

(1) 第 1 級高反射率區在 $\lambda_0 = 1\mu m$ 處，鍍上 18 層高、低折射率交替層可以確定在 $\lambda = 1.06\mu m$ 的反射率 $R = 100\%$。

(2) 相對於 g 的光譜圖，各級高反射率區寬度皆相等；若是相對 λ 的光譜圖，則高反射率區寬度隨級數增加而減少，但是，其寬度與波長比例相同。

(3) 高反射率區位置由 $\lambda = \lambda_0/g$ 決定，所以，短波長範圍的第 3 級高反射率區在

$$\lambda = 1/3\mu m$$

第 5 級高反射率區則在

$$\lambda = 1/5\mu m$$

其餘各級高反射率區受限於 $0.2\mu m$ 未能顯現。

使用 TFCalc 模擬：如何設定請參閱附錄內容，使用高折射率材料 TiO_2，低折射率材料 SiO_2，其反射率光譜圖、鍍膜監控信號圖與電場強度分佈圖，依序如下所示。

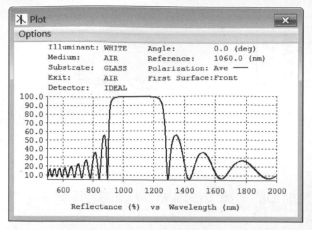

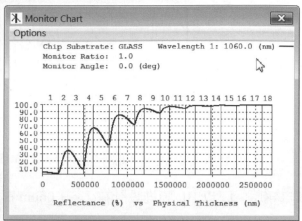

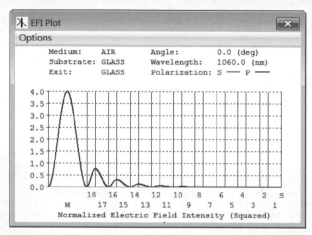

由鍍膜監控信號圖可知，單數膜為低折射率膜，膜厚漸增，反射率漸減，當膜厚1/4 波長光學膜厚時，反射率值最小；雙數膜為高折射率膜，膜厚漸增，反射率亦漸增，當膜厚 1/4 波長光學膜厚時，反射率值最大。由電場強度分佈圖可知，空氣介質的電場強度值為 4，若將此最大值除以 4 歸一化，此電場強度則稱為歸一化相對電場強度，或簡稱為相對電場強度；電場強度峰值都是產生在高、低折射率鍍膜的界面上，最大者最靠近空氣介質，隨著入射光進入膜層，電場強度明顯遞減，直到衰減至零。

範例 2. 考慮另一種對稱膜堆設計 $1\left|\left(\dfrac{L}{2}H\dfrac{L}{2}\right)^5\right|1.52$，其中 $n_H = 2.45$，$n_L = 1.45$，試由 $R\text{-}\lambda$

光譜圖瞭解可能的應用。

解 根據題意先畫出 $R\text{-}\lambda$ 光譜圖，如下所示

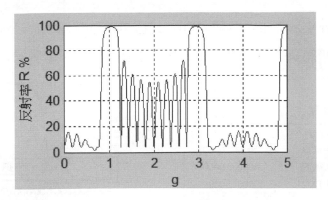

觀察得知，$g \leqq 1$ 與 $3 \leqq g \leqq 5$ 兩區間是屬於高透射率特性，為此型膜堆 $\dfrac{L}{2}H\dfrac{L}{2}$ 的應用重點。以長波長範圍 $g \leqq 1$ 做說明，設定參考波長 $\lambda_0 = 0.45\mu m$，結果如下圖所示

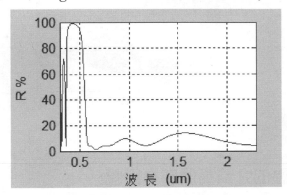

與上述($\dfrac{L}{2}H\dfrac{L}{2}$)膜堆組合的設計相比較，可知這是**長波通濾波器**的特性。

使用 ThinFilmViewDemo 模擬：$1|(0.5H\ L\ 0.5H)^5|Quartz$，$\lambda_0 = 450nm$，反射率光譜圖中的框線區域為長波通濾波器的高透射率區域

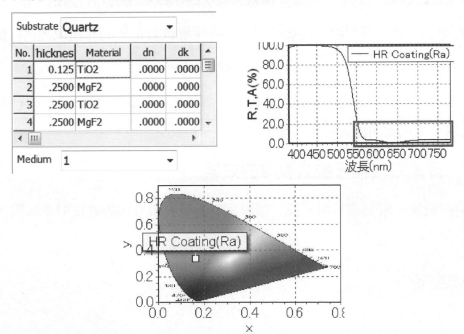

使用 ThinFilmViewDemo 模擬：$1|(0.5LH0.5L)^5|Quartz$，$\lambda_0 = 650nm$，反射率光譜圖中的框線區域為高透射率區域，因為在短波長波段，故名短波通濾波器

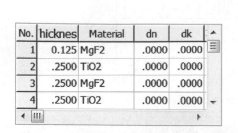

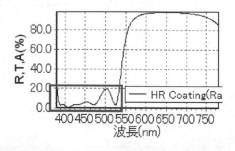

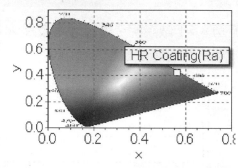

3-3　寬高反射率區的介質高反射率鍍膜

　　已知由膜堆組合而成的高反射率鍍膜，高、低折射率比值愈大，高反射率區愈廣。但是，在高、低折射率比值受限的情況下，如何擴展高反射率區範圍，以便提供特殊需要做應用將是很重要的課題。以下所列是 2 種擴展高反射率區範圍的可行方法。

1.　以起始層為 $\lambda_0/4$ 光學厚度，然後再對其他各膜層做有系統的算術或幾何級數式微調。

2.　組合設計波長些許差距的兩組高反射率鍍膜。

使用上述方法的高反射率鍍膜，可以不困難地將高反射率區涵蓋住整個可見光區波段，即使是其他光譜區域或大角度入射也同樣有效。

🔘 3-3-1　算術或幾何級數式膜厚的效果

　　第 1 層與最後一層為高折射率膜，膜厚呈現幾何級數分佈的高反射率鍍膜，其膜厚可以表示成

$$(\lambda_0/4)k^{m-1}$$

上式中 m：膜層數，k：公比，介於 0.95 與 1.05 之間。假設 $n_H = 2.35$，$n_L = 1.38$，$n_S = 1.52$，針對第 1 膜層做 $\lambda_0/4$ 的監控，假設 $k = 0.97$，15 層鍍膜設計的 $\lambda_0 = 0.6\mu m$，25 層鍍膜設計的 $\lambda_0 = 0.7\mu m$，以及 35 層鍍膜設計的 $\lambda_0 = 0.8\mu m$，其光譜效果依序如下所示。這樣的 λ_0 選擇是因為以可見光區為設計範圍，有適當的參考波長 λ_0，才能使高反射率區擴展至整個可見光區。

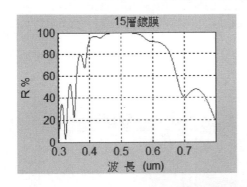
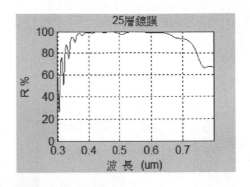

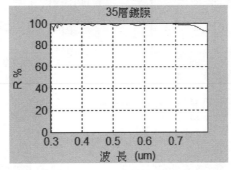

另一種處理：針對最後一膜層做 $\lambda_0/4$ 的監控，其餘設計如同上述條件，其光譜效果如下所示；兩相比較，可見兩種設計皆可得到良好的高反射率的光譜效果。

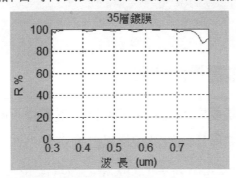

另一類膜厚呈現算術級數分佈的高反射率鍍膜，其膜厚可以表示成

$(\lambda_0/4)[1 + (m - 1)k]$

上式中 m：膜層數，k：公差，介於 -0.05 與 0.05 之間。假設 $n_H = 2.35$，$n_L = 1.38$，$n_S = 1.52$，比照上述幾何級數分佈的做法，假設 $k = -0.02$，結果依序如下所示。比較兩組輸出的光譜特性，可知：

1. 隨著層數增加，光譜成效愈佳。

2. 相同層數，膜厚呈現幾何級數分佈的鍍膜在長波長波段有比較好的高反射率特性；相反的，在短波長波段的高反射率特性則劣於膜厚呈現算術級數分佈的鍍膜。

總之，上述的設計方法或許光譜效果不見得很理想，但是可以將此安排視為電腦優化的起始條件，以嘗試錯誤趨近預設值的方式進行模擬改善。

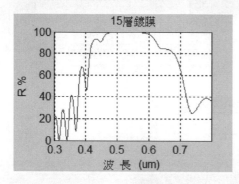
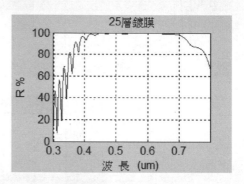
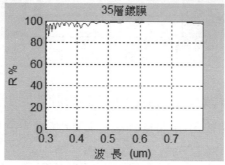

3-3-2 1/4 波長膜堆重疊的效果

另一種簡易、有效擴展高反射率區範圍的方法，是重疊不同設計波長 $\lambda_0/4$ 高反射率膜堆設計。例如，假設高反射率鏡片的設計規格是針對可見光區，以 2 組 13 層鍍膜模擬，鍍膜安排：1|6(HL)H|1.52，$n_H = 2.45$，$n_L = 1.35$，中心設計波長 $\lambda_0 = 0.46\mu m$、$0.63\mu m$，其反射率光譜特性如下圖左所示，其中 λ_0 的選定主要是根據高反射率區組合能夠涵蓋整個可見光區所做的調整。

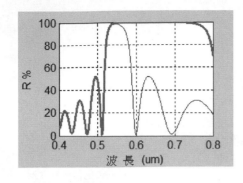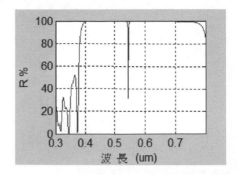

上圖右顯示 2 組 13 層鍍膜，不同 λ_0 的合成光譜效果，除了在波長

$$\lambda = \frac{\lambda_{0A} + \lambda_{0B}}{2} = 0.545\mu m$$

處有明顯凹陷外，其餘整個可見光區的反射率曲線還算是既高且平坦。這種高反射率平坦區出現高透射凹陷的缺點，與監控波長 λ_0 的位置無關，完全是臨界兩膜堆最外層折射率相同所造成的先天特性，因此這樣的組合可以等效為**法布里-珀羅鏡片**(Fabry-Perot mirror)。

　　合成兩組高反射率鍍膜，例如

$$空氣 \left|\begin{array}{cc} A膜堆 & B膜堆 \\ (HL)^6 H & (HL)^6 H \\ \lambda_{0A} & \lambda_{0B} \end{array}\right| 基板(n_S = 1.52)$$

上列的鍍膜安排，在 $\lambda = \lambda_{0A}$ 時，A 膜堆主控高反射行為，而在 $\lambda = \lambda_{0B}$ 時，則由 B 膜堆主控，只有當 $\lambda = 0.5(\lambda_{0A} + \lambda_{0B})$ 時，A、B 兩膜堆無效，意即無法顯示高反射率特性，因為無效層的作用使整個系統如同未鍍膜一般，所以，才會有高透射凹陷的情形發生。

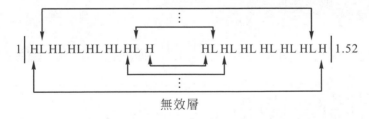

無效層

面對這種美中不足的缺陷，有何改善措施？茲列舉 2 種方法提供參考。

1. 以偶數層(HL)膜堆組合，鍍膜安排為 $n_H = 2.45$，$n_L = 1.35$

$$1 \left|\begin{array}{cc} (HL)^7 & (HL)^7 \\ 0.46\mu m & 0.63\mu m \end{array}\right| 1.52$$

其反射率光譜特性如下：

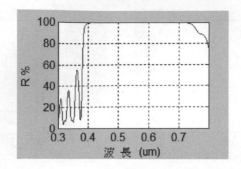

或者在兩膜堆之間安插一低折射射率層，使能破壞無效層存在的條件，最後設計為

$$1 \left| (HL)^6 H \quad 1.185L \quad 1.37\{(HL)^6 H\} \right| 1.52$$

針對 $\lambda = 0.545\mu m$ 作設計

$\lambda_0 = 0.46\mu m$

其反射率光譜特性如下

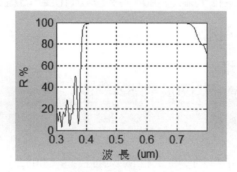

2. 採用對稱性膜堆組合

$$\frac{H}{2}L\frac{H}{2} \quad 或 \quad \frac{L}{2}H\frac{L}{2}$$

亦可避免高反射區有凹陷的出現。以 $(\frac{H}{2}L\frac{H}{2})$ 膜堆組合為例，鍍膜設計安排為

$$1 \left| \begin{array}{cc} (\frac{H}{2}L\frac{H}{2})^6 & (\frac{H}{2}L\frac{H}{2})^6 \\ \lambda_0 = 0.46\mu m & \lambda_0 = 0.63\mu m \end{array} \right| 1.52$$

或者以 $\lambda_0 = 0.46\mu m$ 為監控波長，鍍膜設計安排亦可表示為

$$1 \left| (\frac{H}{2}L\frac{H}{2})^6 1.37(\frac{H}{2}L\frac{H}{2})^6 \right| 1.52$$

其中 $n_H = 2.45$，$n_L = 1.35$，單獨與合成總反射光譜特性依序如下所示。

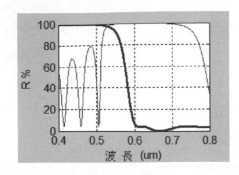 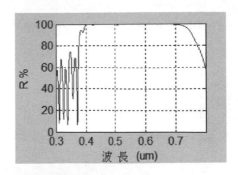

範例　3. 設計半導體雷射適用的高反射率鍍膜，已知：

　　　(1)砷化鎵 GaAs 雷射的波長範圍在 $0.78\mu m \sim 0.904\mu m$

　　　(2)磷砷化銦鎵 InGaAsP 雷射的波長範圍在 $1.1\mu m \sim 1.6\mu m$

解　因為高反射率鍍膜的高反射率區寬度受限於高、低折射率比值，所以在謹慎選擇使用材料與監控波長的情況下，如果還不能涵蓋操作波長範圍，則需以前述擴寬高反射率區的方法來進行改善。

(1)　砷化鎵 GaAs 雷射的波長範圍不大，以傳統高反射率鍍膜設計即可符合要求，例如，19 層鍍膜設計

　　　$1|(HL)^9 H|1.52$

　　　$\lambda_0 = 0.78\mu m$，反射率光譜特性如下所示

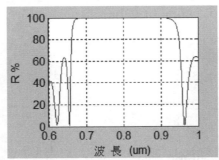

(2)　磷砷化銦鎵 InGaAsP 雷射的操作波段範圍 $0.5\mu m$，若以上述設計試驗，$\lambda_0 = 1.064\mu m$，$n_H/n_L = 2.45/1.45 = 1.69$，結果發現反射率光譜特性無法符合要求，如下圖所示。

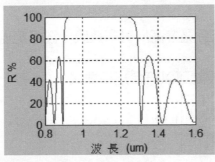

接著調整高、低折射率比值與監控波長，繼續尋找滿足所需的設計，結果之一如下

$1|(HL)^7H|1.52$

其中 $n_H = 3.05$，$n_L = 1.35$，$\lambda_0 = 1.25\mu m$，$n_H/n_L = 3.05/1.35 = 2.26$，反射率光譜特性如下所示

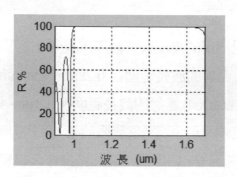

至此已經完成設計，不需要有進一步擴展高反射率區的措施，但不容質疑，使用合成膜堆一定可以符合規格要求。例如，27 層鍍膜設計安排與輸出結果如下：$n_H = 2.45$，$n_L = 1.35$

$$1|\quad (HL)^6H \quad\quad L \quad\quad (HL)^6H \quad |1.52$$
$$\uparrow \quad\quad\quad \uparrow \quad\quad\quad \uparrow$$
$$1.28\mu m \quad 1.6\mu m \quad 1.92\mu m$$

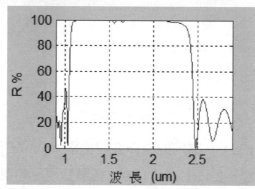

(如果不加鍍低折射率膜層，在 $\lambda = 1.6\mu m$ 處將出現高透射的凹陷)

範例 4. 以 $(\frac{L}{2}H\frac{L}{2})$ 膜堆組合寬帶高反射率鍍膜，波長範圍：$3.5\mu m\sim7\mu m$。

解 如下所示 22 層鍍膜設計可以符合規格要求

$$1\left|(\frac{L}{2}H\frac{L}{2})^6 \quad (\frac{L}{2}H\frac{L}{2})^6\right|1.52$$
$$\quad\quad \lambda_1 \quad\quad\quad\quad \lambda_2$$

其中 $n_H = 2.45$，$n_L = 1.35$，λ_1、λ_2 分別為 4.06μm 與 6μm，反射率光譜特性如下所示

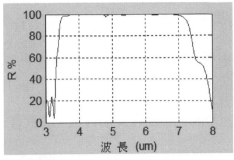

3-4　斜向入射

已知高、低折射率鍍膜材料所構成的 $\lambda_0/4$ 膜堆，在光垂直入射的情況下，會顯現有高反射率區域的特性，而當此系統傾斜，意即**光斜向入射時，S 偏振與 P 偏振光將不再簡併**，因此，依照入射角與設計角是否匹配，可以分成兩種鍍膜型式。

以 15 層鍍膜 $1|(HL)^7H|1.52$ 為例，$n_H = 2.35$，$n_L = 1.38$，設計波長 $\lambda_0 = 0.633$μm，入射角 $\theta_0 = 45°$，下圖顯示膜層設計角 $\theta_d = 0°$ 的反射率光譜與平均反射率。

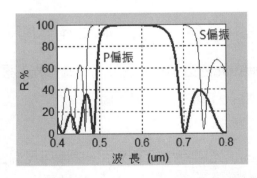 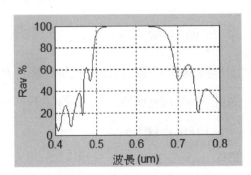

由圖可知下列幾項特點：

1. **不論何種偏振極化光，其高反射率區往短波長移動**：入射角 $\theta_0 = 0°$ 的反射率光譜圖，如下圖所示。

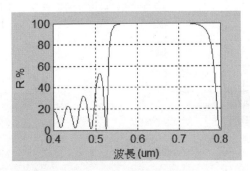

觀察並比較上圖所示的光譜圖，即可看出此特性。

2. S 偏振光的高反射率區域比 P 偏振光寬廣：意即在 S 偏振光高反射率區域內，必定存在使 P 偏振光完全透射的區域，利用這種特性，可以設計製作單波長的**窄通偏振片**。

3. $R_S > R_P$：S 偏振光的反射率大於 P 偏振光的反射率，所以，高反射率區平均值略小於垂直入射的狀況。

4. $R_{平均}$ = 50%決定窄通偏振片的波長所在：換言之，在此波長 S 偏振光 100%反射，而 P 偏振光 100%透射。

以上是入射角與設計角不匹配的情形，若是兩者能互相匹配，則顯示如下所示的結果。圖中所顯示的特性，除了光譜沒有移往短波長區之外，其餘皆類似於前述不匹配的情況。

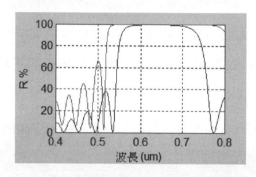
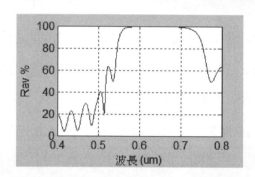

範例 5. 前述 15 層高反射率鍍膜的偏振透射比率 $P \equiv T_P/T_S$ 並非很大，嘗試提高。

解 欲提高偏振透射比率 P，必須增加 P 偏振光的透射率，或降低 S 偏振光的透射率，因此，增加膜層數可以達到目的。例如，23 層高反射率鍍膜

$$1|(HL)^{11}H|1.52$$

其中 $n_H = 2.35$，$n_L = 1.38$，$\lambda_0 = 0.633\mu m$，光譜特性如下所示。由圖可見偏振透射比率 P 已經明顯改善。

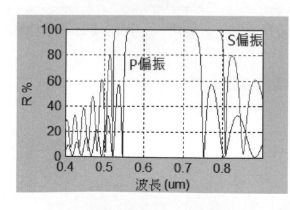
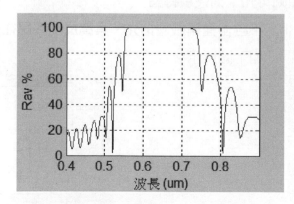

3-4-1　角移現象的降低

所有多層膜濾波器的光譜特性均會受到入射角的影響，而且通常是移往短波長光區，這種多層膜**角移**問題就好像是透鏡的色像差，不可避免但可以降低，其方法有 2：

1.　使用高折射率材料組

2.　在基板膜堆中，增厚高折射率膜層

　　下圖顯示第 1 種方法的效果，其鍍膜條件為

　　　　$1|(HL)^8|1.52$

其中 $\lambda_0 = 0.6\mu m$，入射角 $\theta_0 = 65°$，設計角 $\theta_d = 0°$，兩組鍍料：a 組($n_H = 1.68$，$n_L = 1.38$)與 b 組($n_H = 2.3$，$n_L = 1.9$)。圖中很明顯可以看到，使用高折射率鍍料所產生的**角移**現象確實比使用低折射率鍍料小得多，雖然在垂直入射時，兩組鍍料的高反射率區寬度是相同的。

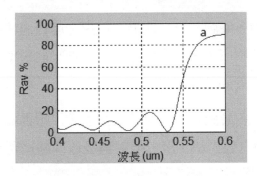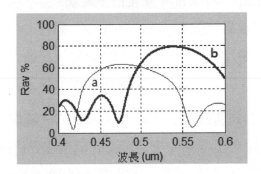

在基本膜堆中增厚高折射率膜層的效果，如下圖所示，其中兩組膜層設計為

1.　a 組設計：$1|(LLH)^8|1.52$

2.　b 組設計：$1|(HHL)^8|1.52$

$\lambda_0 = 0.4\mu m$，入射角 $\theta_0 = 65°$，設計角 $\theta_d = 0°$，$n_H = 1.68$，$n_L = 1.38$。兩相比較，結果顯示(HHL)膜堆設計的角移程度比(LLH)膜堆設計小，這正是因為在比較厚的膜層中使用高折射率鍍料所致。

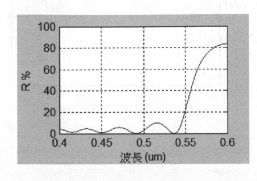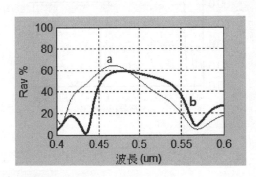

3-5　雷射鏡片損傷的控制

　　介電質高反射率的**雷射鏡片**中，**散射**與**吸收**損耗是決定雷射系統品質的主要因素，尤其是高功率雷射，鏡片的散射與吸收損耗會導致嚴重的鏡片損壞與雷射品質的降低，因此，如欲製作高品質的雷射鏡片，並且考慮能夠提高雷射鏡片的損傷控制，則必須有效控制雷射鏡片的散射與吸收才行。

　　通常，有 2 種處理方法解決這些問題

1. **改善基板與鍍層的鍍膜品質：**

   離子濺鍍與離子助鍍示目前最常用的鍍膜技術，利用這種技術確實可以使膜層結構更加緊緻，孔隙更小，平整性更好，因而降低散射量。

2. **設計非傳統 $\lambda_0/4$ 膜堆的多層膜：**

   發展**最佳配對**(optimum pair，簡稱 OP)的多層膜設計，使最大電場強度峰值移往消光係數比較小，或雷射損傷臨界值比較大的膜層內，如此處理便可降低吸收，增加反射率，同時，也因此降低了導源於界面粗糙度的散射損耗。

　　本節分別就**傳統 QW 與非傳統 OP 膜堆**的多層膜設計，討論對雷射鏡片損傷臨界值的影響，並找出提高光學薄膜雷射損傷臨界值的有效方法。至於散射與吸收問題將留待以後再詳細探討。

⬤3-5-1　傳統 QW 膜堆多層膜

　　比較以下 3 種 TiO_2/MgF_2 膜系設計的膜層電場強度分佈圖：$\lambda_0 = 500\mu m$，入射光 S 偏振，$\lambda = 500\mu m$，入射角 $\theta_0 = 0°$，設計角 $\theta_d = 0°$

1. $1|H(LH)^7|Quartz$

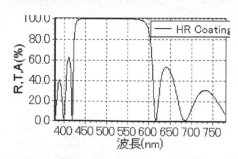
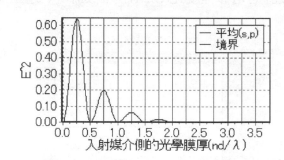

2.　1|H(3LH)²(LH)⁵|Quartz

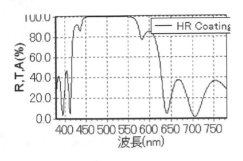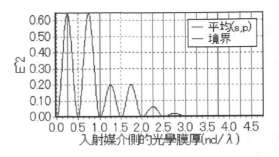

3.　1|2LH(3LH)²(LH)⁵|Quartz

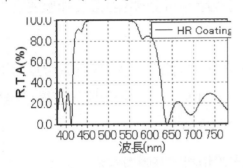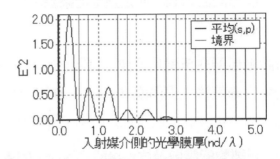

結果發現，不但很難從分佈圖中得知何者的損傷臨界值比較高，而且可能會誤判。面對這樣的分析瓶頸，有必要對膜質微觀結構加以研究，嘗試是否可以找出一套可資判斷的依據法則。

　　從已發表的論文得知，上述雷射鏡片若採用 TiO_2/SiO_2 膜系設計，其中 SiO_2 膜呈現均勻似玻璃狀的微粒生長，不像 TiO_2 膜呈現柱狀結構，孔隙又大，鍍膜表面也粗糙不平，因此，SiO_2 膜恰可嵌入填補 TiO_2 膜的缺陷，而且隨著 SiO_2 膜厚增加，使 TiO_2/SiO_2 的界面結構得到更好的改善，變得更均勻平整，因而提高抗雷射鏡片損傷的強度。

　　由於雷射鏡片要求高反射率的緣故，膜層設計通常安排最外層是 TiO_2 膜，基於上述理由，再加鍍 $\lambda_0/2$ 的 SiO_2 保護膜，將使整個膜系的損傷臨界值更高。綜合以上分析，**結論：雷射鏡片的最大膜層電場強度峰值都集中在靠近入射端的最外幾層**，因此，這最外幾層的界面結構就成了雷射鏡片損傷臨界值控制的關鍵。有了這樣的認識，可知第 3 種設計的損傷臨界值最高，相對地，第 1 種設計最低，因為前者的最外幾層界面結構改善最多，而後者沒有額外的嵌入填補改善。

3-5-2 最佳配對法

傳統雷射鏡片的膜層設計：$\lambda_0 = 1.06\mu m$，入射光 S 偏振，$\lambda = 1.06\mu m$，入射角 $\theta_0 = 0°$，設計角 $\theta_d = 0°$

$$1|H(LH)^7|1.45$$

其中 $n_H = 2.175$，$n_L = 1.45$；類似這種設計的多層反射鏡，根據研究結果顯示，**當膜層內電場強度達到某特定值，損傷臨界值比較低的鍍膜將被毀壞，尤其是發生在臨入射端第 1 高、低折射率膜界面的峰值，更是毀壞的來源。**故降低膜層界面上的電場強度峰值便成了抵抗毀壞設計的關鍵。

所謂**最佳配對法**就是延伸上述概念的做法，藉由改變臨近光入射端膜層的光學厚度，將電場強度峰值移往損傷臨界值比較高的膜層內，使雷射鏡片的損傷臨界值得以提高。以下示範 2 種修正設計：假設低折射率膜層有高損傷臨界值

1. **15 層鍍膜的雷射鏡片**：讓前 2 界面上的電場值相同，其膜層安排

$$1|H'L'(HL)^6H|1.45$$

$n_H = 2.175$，$n_L = 1.45$，H'：膜厚 $0.14808\lambda_0$，L'：膜厚 $0.384\lambda_0$，膜層內電場強度分佈圖，如下所示。

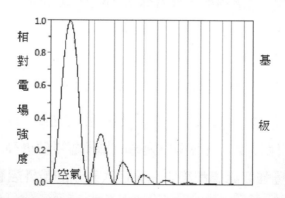

2. **21 層鍍膜的雷射鏡片**：讓前介面上的電場值相同，其膜層安排

$$1|H_1L_2H_3L_4H_5L_6H_7L_8(HL)^6H|1.45$$

$n_H = 2.175$，$n_L = 1.45$，H_1：膜厚 $0.09405\lambda_0$，L_2：膜厚 $0.433\lambda_0$，H_3：膜厚 $0.1049\lambda_0$，L_4：膜厚 $0.4241\lambda_0$，H_5：膜厚 $0.1208\lambda_0$，L_6：膜厚 $0.4103\lambda_0$，H_7：膜厚 $0.14805\lambda_0$，L_8：膜厚 $0.38385\lambda_0$，膜層內電場強度分佈圖，如下所示。

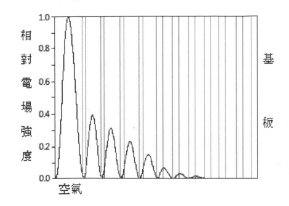

3-5-3　膜層電場分佈圖

膜層內任意位置的輻射吸收直接相關於該位置的電場強度大小，因此爲了儘量降低電場強度峰值，避免造成上述所說的鍍膜層損傷狀況，故亟需要對具有高電場強度的膜層進行妥善的處理。處理之前，必須學會如何計算膜層的電場強度，以便轉換成所謂的膜層電場強度分佈圖。

假設存在無吸收特性的 n 層多層鍍膜設計，其電場強度計算的示意圖如下：

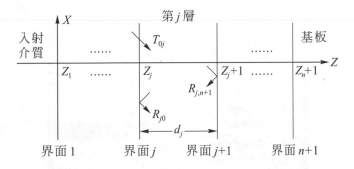

在 z 位置的電場強度可以表示成

$$I(z) = \frac{1}{4} E_j(z) E_j^*(z) = \frac{1}{4} | E_j^+(z) + E_j^-(z) |^2 \qquad (S \text{ 偏振光})$$

$$I(z) = \frac{1}{4} | E_j^+(z) + E_j^-(z) |^2 | \cos^2 \theta_j | + \frac{1}{4} | E_j^+(z) - E_j^-(z) |^2 | \sin^2 \theta_j | \qquad (P \text{ 偏振光})$$

$$E_j^+(z) = \frac{T_{0j} \exp\{[-i2\pi n_j(z - z_j)\cos\theta_j] / \lambda\}}{1 - R_{j0} R_{j,n+1} \exp[(-i4\pi n_j d_j \cos\theta_j) / \lambda]}$$

$$E_j^-(z) = \frac{R_{j,n+1} T_{0j} \exp\{[i2\pi n_j(z - z_j - d_j)\cos\theta_j] / \lambda\}}{1 - R_{j0} R_{j,n+1} \exp[(-i4\pi n_j d_j \cos\theta_j) / \lambda]}$$

上式中 T_{0j}：光波從入射介值(代號 0)行進至 j 膜層的 j 界面所量測到的透射係數振幅，R_{j0}：從第 1 層至 $j-1$ 膜層，在 j 膜層的 j 界面所量測到的反射係數振幅，$R_{j,n+1}$：從第 $j+1$ 層至基板，在 j 膜層的 $j+1$ 界面所量測到的反射係數振幅。

根據上式所列的數學式，撰寫程式的程序如下

1.　區分不同偏振光計算，包括 S 偏振光及 P 偏振光。

2.　呼叫自定函式計算透射係數振幅 T_{0j}，$j = 1, 2, \cdots, n$。

3.　呼叫自定函式計算反射係數振幅 R_{j0}，$j = 1, 2, \cdots, n$。

4.　呼叫自定函式計算反射係數振幅 $R_{j,n+1}$，$j = 1, 2, \cdots, n$。

5.　呼叫自定函式計算電場 $E_j^+(z)$、$E_j^-(z)$，$j = 1, 2, \cdots, n$，以及 E_0^+、E_0^-、$E_{基板}^+$。

6.　呼叫自定函式計算電場強度 $I(z)$。

由上述的步驟，可以將撰寫膜層電場強度分佈圖的程式碼模組化，其中還必須配合改寫前述第 1 章第 7 節所討論的程式內容，此項工作的完成，對於程式撰寫能力的提升有大的助益，故鼓勵自行習作。

3-6　　使用模擬軟體的優化設計

ThinFilmViewDemo 版模擬軟體提供直接插入週期膜層的功能，如下圖所示

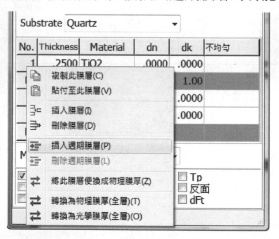

高反射率鍍膜(簡稱為**高反射鏡**)設計為 19 層，奇數層為高折射率材料 TiO_2，偶數層為低折射率材料 MgF_2。

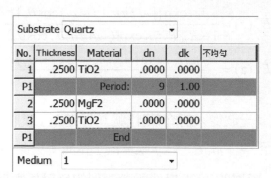

按工具列 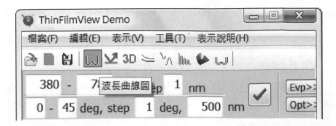 檢視波長曲線圖：

19 層高反射鏡設計：1|H(LH)⁹|Quartz 的波長曲線圖中，特別標示高反射率區域兩旁的明顯旁帶(sideband)，這些明顯旁帶有需要優化處理來抑制。

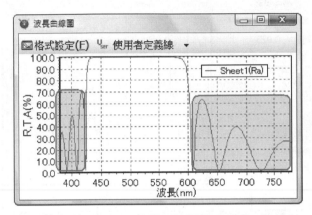

按工具列 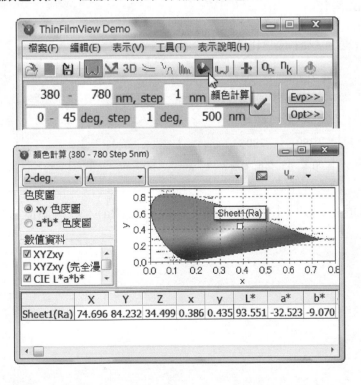 檢視顏色效果：由顯示輸出可知為黃綠色

按工具列 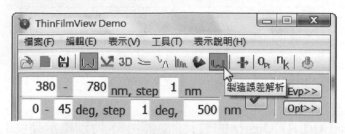 檢視製造誤差解析效果：由顯示輸出可知，增加膜厚效應，使得整個反射率光譜往長波長方向移動，反之，減少膜厚則使整個反射率光譜往短波長方向移動。

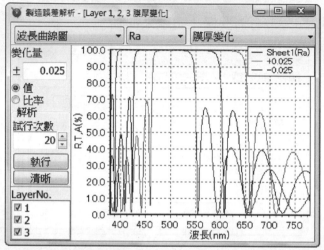

🔘 3-6-1 旁帶優化

按工具列 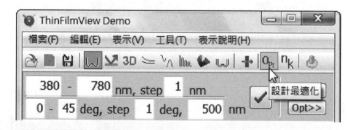 進行設計最適化的動作

選擇**手動模式**：最適化系列下拉選擇 Sheet1 高反射鏡(Ra)，以滑鼠直接將右邊的旁帶往右下方拖曳

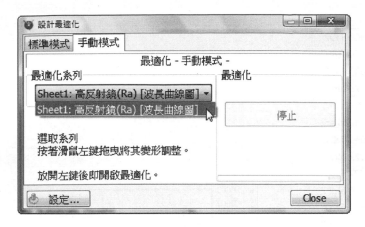

No.	Thickness	Material
1	.6832	TiO2
2	.1208	MgF2
3	.0536	TiO2
4	.3400	MgF2
5	.3321	TiO2
6	.1171	MgF2
7	.2695	TiO2
8	.2743	MgF2
9	.2479	TiO2
10	.2567	MgF2
11	.2315	TiO2
12	.2408	MgF2
13	.2915	TiO2
14	.2205	MgF2
15	.2423	TiO2
16	.2642	MgF2
17	.3215	TiO2
18	.1250	MgF2
19	.2595	TiO2

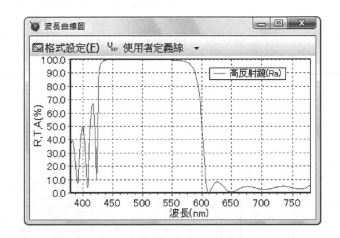

初步的優化光譜結果與膜層設計，如上圖所示，此優化動作大約需要 41 秒。同此步驟，手動優化處理左邊的旁帶，此優化動作大約需要 43 秒，其動作與輸出結果依序如下所示。

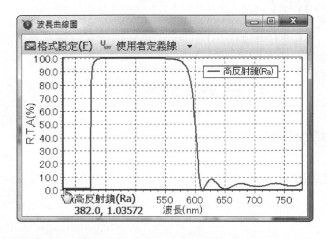

No.	Thickness	Material
1	.6986	TiO2
2	.1454	MgF2
3	.0000	TiO2
4	.4123	MgF2
5	.3703	TiO2
6	.0835	MgF2
7	.2649	TiO2
8	.3127	MgF2
9	.1777	TiO2
10	.2896	MgF2
11	.2566	TiO2
12	.2347	MgF2
13	.2478	TiO2
14	.2323	MgF2
15	.2646	TiO2
16	.2761	MgF2
17	.2719	TiO2
18	.0976	MgF2
19	.3600	TiO2

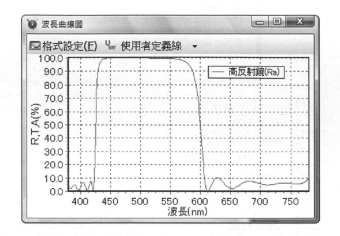

最終優化設計的平均電場強度分佈圖，如下所示；由輸出圖形中可以很清楚看到最大的電場峰值已經從界面上移往膜層內，但是在界面上的平均電場強度仍然很大，並且次大的電場峰值還是在界面上，因此若是考慮損傷臨界值的提高，則有必要繼續進行改良優化的動作。

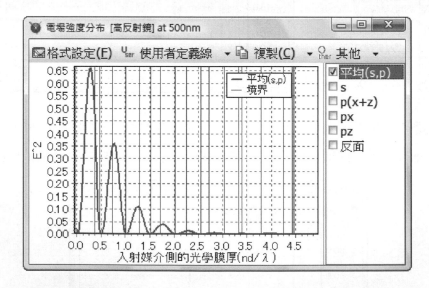

3-6-2　高反射帶拓寬

兩組 13 層高反射鏡設計：$1|H(LH)^6|Quartz$，Sheet1 的設計波長 $\lambda_0 = 500nm$，Sheet2 的設計波長 $\lambda_0 = 650nm$，其波長曲線圖如下所示。

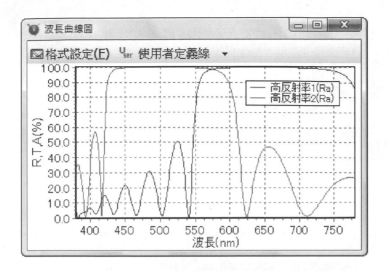

下圖所示為合成上述兩組設計的反射率光譜效果(實際模擬有考慮色散問題，與理想狀況的輸出結果有些許差異，因此第 2 組膜厚修正為 $0.335\lambda_0$，$\lambda_0 = 500$nm)

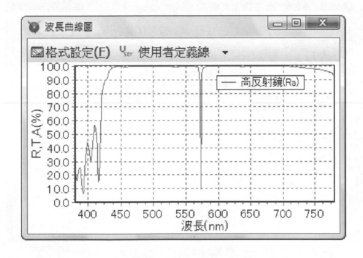

其中高反射率寬帶區域中出現一低反射谷，如同前述內容所討論的結果。

　　按工具列 _OPt 進行設計最適化的動作，選擇**手動模式**：最適化系列下拉選擇 Sheet1 高反射鏡(Ra)，以滑鼠直接將左邊的旁帶往左下方拖曳

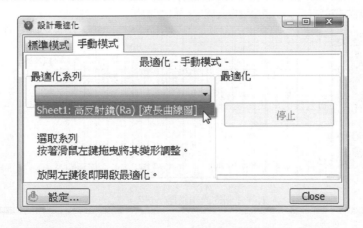

優化目標爲低波長的旁帶消除與拓寬高反射率波段，初步結果如下所示

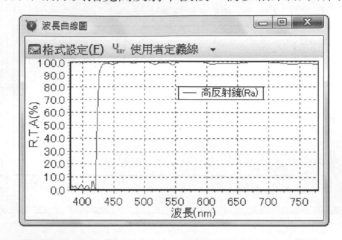

按工具列 3D 檢視入射角相關圖：

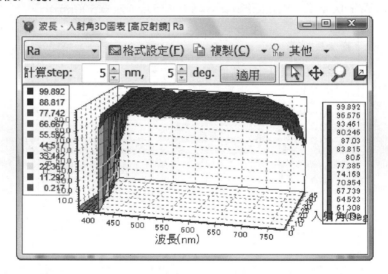

按工具列 檢視電場強度曲線圖：由輸出圖形中，可以很清楚看到最大、次大的電場峰值皆在膜層內，其餘的電場強度峰值都在界面上。

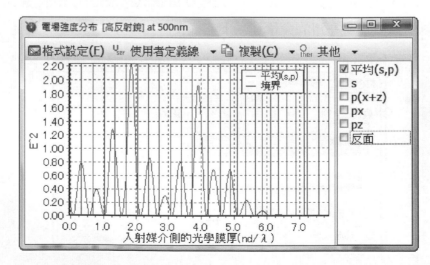

按工具列  **檢視顏色效果**：由顯示輸出可知為橙黃色

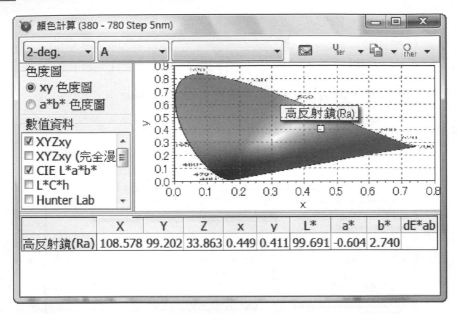

按工具列  **檢視製造誤差解析效果**：由顯示輸出可知，增加膜厚效應，使得整個反射率光譜往長波長方向移動，因此，需要注意短波長區域是否脫離設計的高反射率區域；反之，減少膜厚則使整個反射率光譜往短波長方向移動，此狀況下則需要注意長波長區域是否脫離設計的高反射率區域。

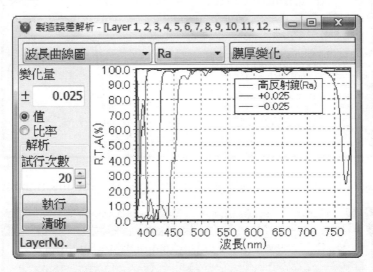

練習　針對本章高反射率鍍膜主題，查詢廠商型錄產品，使用 ThinFilmViewDemo 進行模擬設計，並且比較優劣。

網路資源

使用 google 查詢，關鍵字為本章內容主題，例如雷射鏡片(Laser mirror)，查詢項目包括圖片；網路資源非常豐富，無法逐一列舉，請自行練習搜尋所需要的參考論文或文章。

1. http://www.sinolens.com/products.php？id=1&prdid=3&type=0

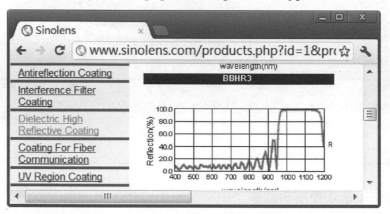

2. htt://rmico.com/coatings-specifications/vis-nir-coatings/visnir-broadband-rmax-high-reflector-bhr

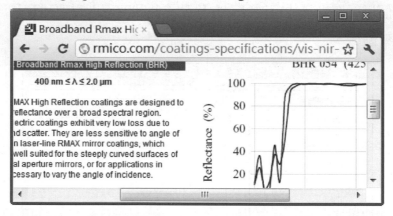

3. http://www.essilor.com.au/materials_and_treatments/general_information/nikon_seecoat/

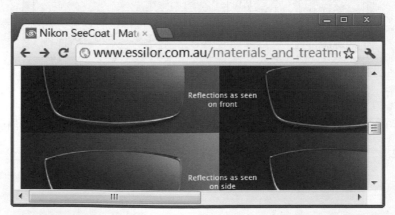

習題

1. 何謂高反射率鍍膜？

2. 全介電質與金屬高反射率鏡片有何不同？

3. 全介電質高反射率鏡片的鍍膜安排。

4. 金屬高反射率鏡片常用的材料。

5. 全介電質高反射率鏡片的鍍膜安排中，靠近入射介質為高折射率或低折射率材料，對導納值有何影響？

6. 對已知層數而言，如何設計鍍膜才會有最高的反射率？

7. 高反射率區域的寬度主要是關聯於何比例？

8. 如下圖所示的反射率光譜圖，$g = \lambda_0/\lambda$，說明此圖的特性。

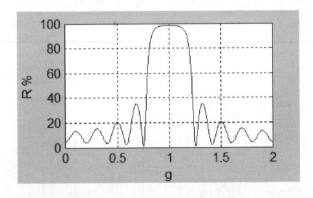

9. 以 10 層鍍膜 $1|(HL)^5|1.52$ 為例，如何安排鍍膜使得級數 $g = 3$、6、$9\cdots$消失？

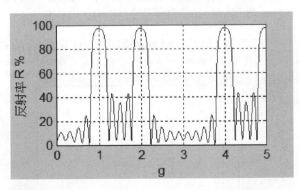

10. 何謂赫平定理(HerpinTheory)？

11. 設定 $\lambda_0 = 2\mu m$，若顯現短波長高透射率的特性，如下圖所示，其對稱膜堆設計為何？

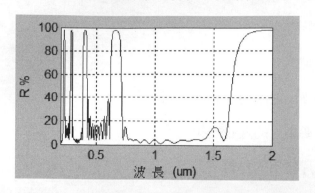

12. 高反射率鍍膜 $1|H(LH)^7|Quartz$，其透射率與吸收光譜圖有何關聯特性？

13. 高反射率鍍膜的反射率光譜圖與監控信號，如下圖所示，說明其代表意義。

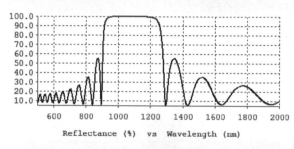 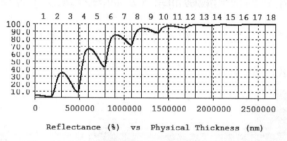

14. 續第 13 題，如下所示的高反射率鍍膜電場分佈圖，說明其代表意義。

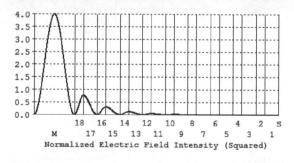

15. 設定 $\lambda_0 = 0.45\mu m$，若顯現長波長高透射率的特性，如下圖所示，其對稱膜堆設計為何？

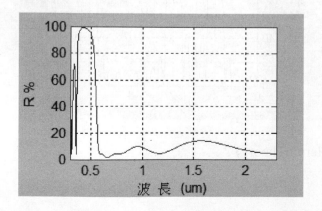

16. 何謂寬高反射率區的介質高反射率鍍膜？

17. 說明拓寬高反射率區域的方法。

18. 15 層鍍膜 1|(HL)^{7}H|1.52，設計波長 $\lambda_0 = 0.633\mu m$，下圖顯示膜層設計角 $\theta_d = 0°$的反射率光譜，說明其特性。

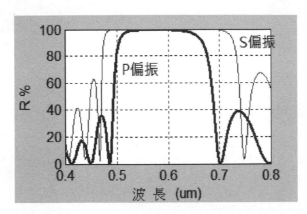

19. 何謂鍍膜的角移現象？

20. 介電質高反射率的雷射鏡片中，決定雷射系統品質的主要因素爲何？

21. 說明傳統雷射鏡片的膜層設計。

22. 何謂雷射鏡片的最佳配對法？

Chapter 4

分光鏡

4-1　簡介

　　所謂**分光鏡**，就是將同一光源的光束分成兩道光，其中一道光反射 R，另一道光為穿透 T，此 T/R **比值**就稱為分光比。此分光比例可以使用玻璃基板，以不同的傾斜角度來處理，但是，當入射角度固定時，T/R 分光比也就固定，在此狀況下，唯有透過光學薄膜的技術才能進行補救改善。

　　分光鏡的種類，主要區分 3 種，其實際產品樣示如下列所示。

1.　**中性分光鏡**(Beam Splitters)：分成兩道光譜成份相同的光。

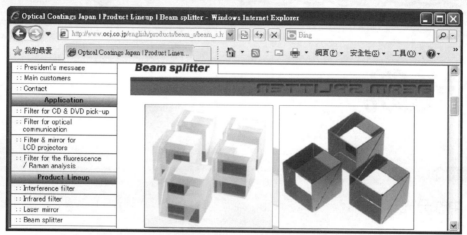

(http://www.ocj.co.jp/english/products/beam_s/beam_s.htm)

2.　**雙色分光鏡**(Dichroic mirror)：分成兩道不同光譜成份的光。

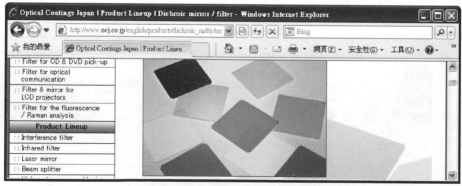

(http://www.ocj.co.jp/japanese/products/dichroic_m/dichroic_m.htm)

3. **偏振分光鏡**：分成 S 偏振與 P 偏振兩道不同的偏振光。

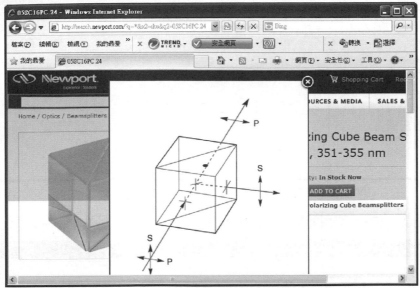

(http://search.newport.com/?q=*&x2=sku&q2=05SC16PC.24)

分光鏡在光學系統上的應用，有：

1. DVD(CD)pick-up 組態中，使用上述其中兩種不同類型的分光鏡。

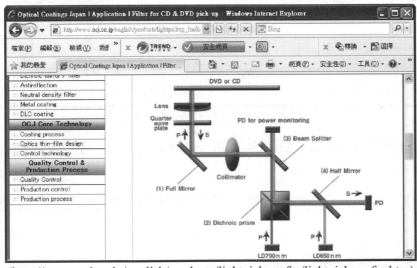

(http://www.ocj.co.jp/english/products/lightpickup_fm/lightpickup_fm.htm)

2. 光通訊系統中，使用**消偏振分光鏡**(Nonpolarization beam splitter)。

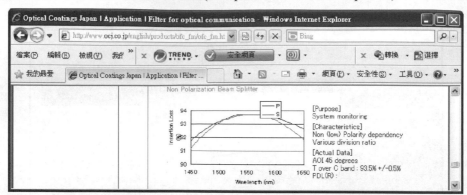

(http://www.ocj.co.jp/english/products/ofc_fm/ofc_fm.htm)

3. LCD 投影系統中，使用**雙色分光鏡**(Dichroic mirror)。

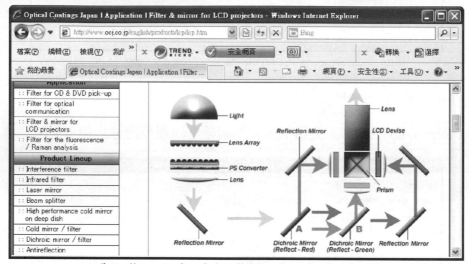

(http://www.ocj.co.jp/english/products/lcp/lcp.htm)

4. 螢光/拉曼光譜儀(Fluorescent and Raman analysis)系統中，使用**雙色分光鏡**(Dichroic mirror，簡稱 DM)。

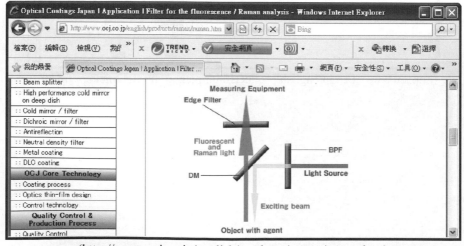

(http://www.ocj.co.jp/english/products/raman/raman.htm)

4-2　中性分光鏡

依據光譜特性來區分，**分光鏡**可以是**中性分光**與**雙色分光**，前者將光分成兩道光譜成份相同的光，後者則將光譜中某部份反射而其他部份透射，或者依照偏振特性，將光分成一道 S 偏振光與 P 偏振光，此種分光鏡稱為**偏振分光鏡**(Polarization beam splitter)。

理想的中性分光鏡必須具備下列特性：

1.　色散小

2.　反射率與透射率的角依效應小

3.　偏振性小

4.　吸收小

許多光學儀器需要將光分成兩道不同方向的透射光與反射光，這種分光裝置就是所謂的**中性分光鏡**。通常，它有 2 種結構

1.　**平板型中性分光鏡：**

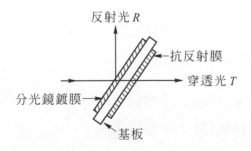

2.　**立方體型中性分光鏡：**

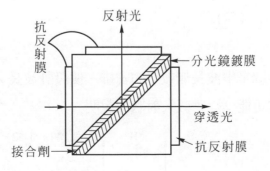

其中比較簡易式的平板型中性分光鏡鍍膜是暴露在空氣中，不受保護，而且在基板的另一面必須加鍍抗反射膜，以減少透射損耗。

　　對**介電質膜分光鏡**而言，TR 乘積值最好等於 0.25，典型的應用如**邁克森干涉儀**，期能符合 $TR = 0.25$ 的條件才會產生最大的強度效果，此類型分光鏡，吸收損耗小，分光效率高，但是，缺點是色散比較大，偏振效應也大；如果是金屬分光鏡，則 TR 乘積值大約為 0.08 或 0.1，因為金屬膜有吸收損耗問題。

　　有關中性分光鏡的設計，若顧及品質，最適當也最簡易的安排就是使用單層 1/4 波長的高折射率介質膜。當光垂直入射時，其反射率 R 為

$$R = \left(\frac{n_0 - \dfrac{n_1^2}{n_S}}{n_0 + \dfrac{n_1^2}{n_S}} \right)^2$$

若是**斜向入射**時，則**反射率** R 更改為

$$R = \left(\frac{\eta_0 - \dfrac{\eta_1^2}{\eta_S}}{\eta_0 + \dfrac{\eta_1^2}{\eta_S}} \right)^2$$

以上符號意義，如前所述。舉分光鏡常用的鍍料 ZnS($n = 2.35$)為例，假設基板折射率 $n_S = 1.52$，入射角 $\theta_0 = 45°$，計算 TR 乘積值為

$$TR = (0.46)(0.54) = 0.248 \quad \cdots S \text{ 偏振光}$$
$$TR = (0.185)(0.815) = 0.151 \quad \cdots P \text{ 偏振光}$$

由此求其 TR 乘積平均值為

$$(TR)_{平均值} = \frac{(TR)_S + (TR)_P}{2} = 0.2$$

設計中性分光鏡的第二步驟是半波長無效層的安排，使設計波長 λ_0 兩旁的反射率區得以維持。續前例，有 4 種安排可能：以垂直入射狀況說明

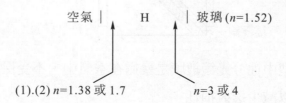

其**導納軌跡圖**如下所示。在這 4 種安排設計中，只有低折射率無效層才會有表現較佳的拓寬效果，尤其是選用折射率 $n = 1.38$ 的鍍料。

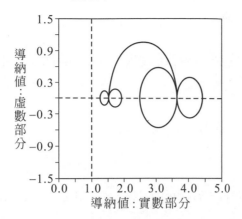

下圖顯示簡易**中性分光鏡**設計 1|H2L|1.52 的光譜效果，其中編號(1)的 $n_L = 1.38$，編號(2)的 $n_L = 1.7$，$n_H = 2.35$。

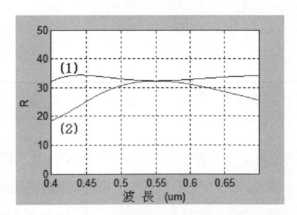

如果單層**中性分光鏡**的反射率不夠高，以上所討論的設計技巧同樣適用於 QW 多層膜系統，可能的安排條列如下，可供參考選用，其中 $n_G = 1.52$，$n_H = 2.35$，$n_L = 1.38$，$\lambda_0 = 550nm$

鍍膜						反射率	鍍膜						反射率
G(基板)	H					32.300%	G(基板)	L					1.268%
	H	L				9.747%		L	H				39.711%
	H	L	H			68.331% A(空氣)		L	H	L			15.729% A(空氣)
	H	L	H	L		48.148%		L	H	L	H		73.883%
	H	L	H	L	H	87.725%		L	H	L	H	L	54.857%
	H	L	H	L	H L	77.987%		L	H	L	H	L H	89.768%

以反射率 50%的**分光鏡**為例，最適合的選擇是

1|LHLH|1.52

接著加鍍無效層，若為低折射率膜層，有 2 種可能設計

1|LHLH(2L)|1.52　(參考下圖編號(2))

及

1|LH(2L)LH|1.52　(參考下圖編號(3))

以上設計的反射率光譜圖特性與原先設計比較，如下圖所示，而下右則爲另外 2 種高折射率膜層的結果：$n'_H = 3$

1|LHL(2H')H|1.52　(參考下圖編號(4))

1|L(2H')HLH|1.52　(參考下圖編號(5))

由輸出圖可知，編號(2)的設計有最佳的拓寬效果，正如前述單層分光鏡設計的結論。

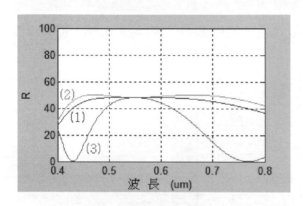
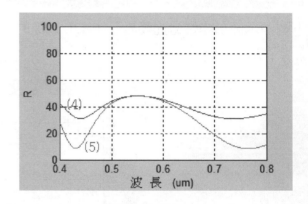

最後，根據**分光鏡**的使用角度，分析在不同偏振光下的 TR 乘積值和光譜特性。至此，結果若能符合規格需求，則設計大功告成，不然，只好以電腦膜擬優化驟求解，直到輸出結果滿意爲止。

4-3　雙色分光鏡

舉凡跟光色彩有關的儀器，例如顯示器、投影器、掃描器或彩色印刷等，都有將光三原色 R、G、B 分離的處理動作，因此，常常需要所謂的**雙色分光鏡**，其應用的示意圖，如下所示；下圖左顯示當一道白光入射到 A 分光鏡，其設計效果是將藍色光反射掉，其餘通過，然後入射到 B 分光鏡，其設計效果則是將綠色光反射掉，其餘通過。下圖右標示相對應的**長波通濾波器**(或者稱爲濾光片)的光譜效果，其 A 分光鏡在波長 500nm 附近，透射率急遽升高到~100%，意即 500nm 之前的藍色光區 100%反射；同理，其 B 分光鏡在波長 600nm 附近，透射率急遽升高到~100%，意即 600nm 之前的綠色光區 100%反射。此類型的濾波器又稱為**截止濾波器**(或者稱為旁通濾光鏡，或旁通濾波器)，主要內容項目，留待下一章詳細討論。

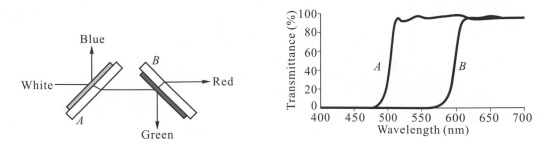

下圖所示是實際的產品，其中配合上述說明，將其中 2 個長波通濾波器予以編號，以便參考。

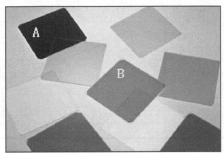

（http://www.ocj.co.jp/japanese/products/dichroic_m/dichroic_m.htm）

　　使用 ThinFilmViewDemo 模擬軟體進行模擬編號 A 的分光動作，其膜層設計與光譜效果如下所示：15 層**長波通截止濾光鏡**(Longwave pass edge filter)設計

Substrate Quartz					
No.	Thickness	Material	dn	dk	不均勻
1	0.125	TiO2	.0000	.0000	
2	.2500	MgF2	.0000	.0000	
3	.2500	TiO2	.0000	.0000	
4	.2500	MgF2	.0000	.0000	
5	.2500	TiO2	.0000	.0000	
6	.2500	MgF2	.0000	.0000	

Medium　1

由下列所示的光譜效果可以得知，反射光確實為藍色光

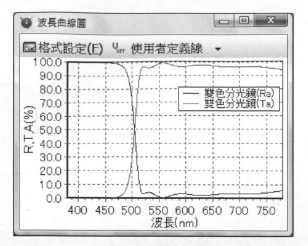

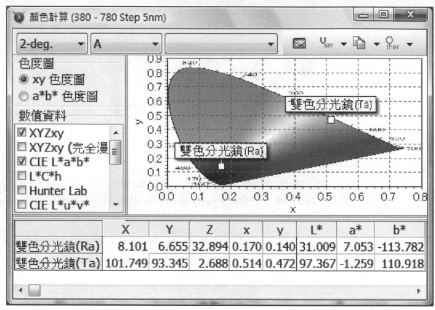

	X	Y	Z	x	y	L*	a*	b*
雙色分光鏡(Ra)	8.101	6.655	32.894	0.170	0.140	31.009	7.053	-113.782
雙色分光鏡(Ta)	101.749	93.345	2.688	0.514	0.472	97.367	-1.259	110.918

上述是使用**長波通濾波器**的例子,反之,亦可使用**短波通濾波器**來處理,其操作示意圖如下圖左所示,圖右為相對應的透射光譜效果。

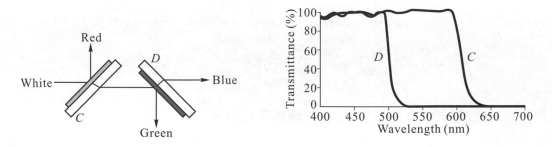

當一道白光入射到 C 分光鏡,其設計效果是將紅色光反射掉,其餘通過,然後入射到 D 分光鏡,其設計效果則是將綠色光反射掉,其餘通過。上圖右標示相對應的短波通濾波器的光譜效果,其 C 分光鏡在波長 600nm 附近,透射率急遽下降到~0%,意即 600nm 之後的紅

色光區 100%反射；同理，其 D 分光鏡在波長 500nm 附近，透射率遽下降到~0%，意即 500nm 之後的綠色區 100%反射。

使用 ThinFilmViewDemo 模擬軟體進行模擬編號 C 的分光動作，其膜層設計與光譜效果如下所示：15 層短**波通截止濾光鏡**(Shortwave pass edge filter)設計

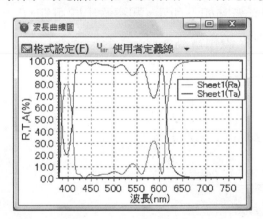

由下列所示的光譜效果可以得知，反射光確實為紅色光

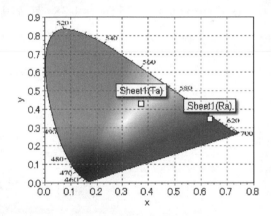

4-4　偏振分光鏡的設計

4-4-1　窄通偏振片

光垂直入射於光學表面，S 與 P 偏振是相同的，唯入射角 $\theta_0 \neq 0°$才有反射的 S 偏振量 R_S 與 P 偏振量 R_P，而且都是 $R_S > R_P$，(或透射量 T_S 小於 T_P)，其中，當入射角等於**布魯斯特角** θ_B 時

$$\theta_0 = \theta_B = \tan^{-1}(n_S) = \tan^{-1}\,(基板折射率)$$

P 偏振光將全部透射，即 $R_P = 0$。例如，光入射於玻璃基板 $n_S = 1.52$，其布魯斯特角為

$$\theta_B = \tan^{-1}(1.52) = 56.66°$$

換言之，光以 $\theta_0 = 56.66°$ 入射於玻璃基板，結果 $T_P = 100\%$，如下圖所示。由圖可以明顯看出 $\theta_0 = \theta_B$ 時，$R_S < 20\%$，故知偏振透射比 $P \equiv T_P / T_S$ 並不高，使得應用受限。

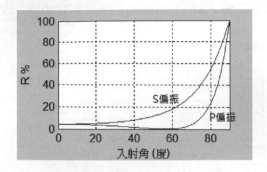

為了改善偏振透射比 P，可以在基板上加鍍膜堆，例如 20 層膜層設計為

$$1|(HL)^{10}|1.52$$

其中 $\lambda_0 = 0.633\mu m$，$n_H = 2.35$，$n_L = 1.38$，其 $R\text{-}\theta_0$ 光譜圖如下所示。觀察輸出圖可知，$\theta_B = 61°$，在此角度 $T_P = 100\%$，$T_S = 0\%$，因此偏振透射比 P 值相當高。

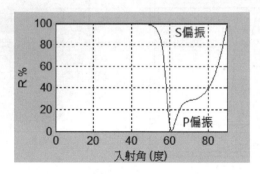

然而，不要忘記，若以 θ_B 入射，無可避免地會增加玻璃基板與空氣間的損耗，所以，改為 $\theta_0 = 56.66°$ 重新入射，找出新的監控波長為

1. $\lambda_0 \fallingdotseq 0.62\mu m$

2. $\lambda_0 \fallingdotseq 0.843\mu m$

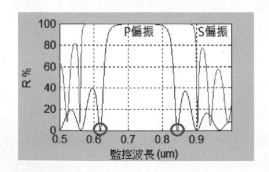

顯見新的設計有二，其反射率光譜圖依序如下所示。比較這二種設計，發現 $\lambda_0 = 0.62\mu m$ 這一組的偏振透射比 P 比 $\lambda_0 = 0.843\mu m$ 這一組高，可說是不錯的設計。

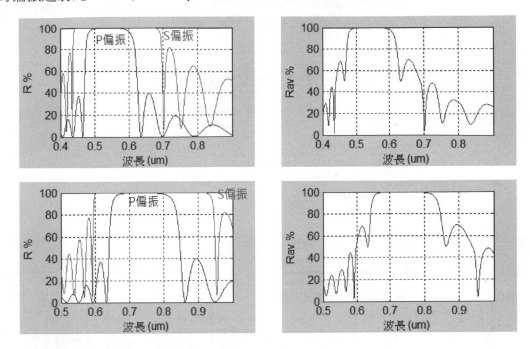

關於**窄通偏振片**的特性，再補充兩點：

1. **膜層數會影響偏振角度：**

   例如下圖為 30 層鍍膜設計的反射率-入射角關係圖

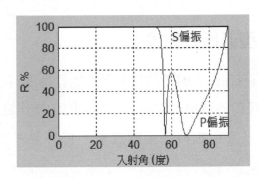

   $\lambda_0 = 0.633\mu m$，$n_H = 2.35$，$n_L = 1.38$，其中顯示有 2 個布魯斯特角 θ_B 可供設計使用，但都不是理想的選擇，因為不是角度範圍太小，就是角度過大。

2. **膜層電場分佈圖可以瞭解 P 偏振穿透，S 偏振反射的現象：**

   S 偏振的膜層內電場分佈，猶如 $\lambda_0/4$ 膜堆反射鏡一般呈現連續分佈，並且電場峰值都位於高折射率膜層內。此外，P 偏振的膜層內電場分佈則強烈顯現貫穿整個鍍膜系統與在各膜層界面不連續的特性。使用 ThinFilmViewDemo 模擬軟體進行模擬 20 層膜層設計 1|(HL)^{10}|Quartz 的偏振動作。

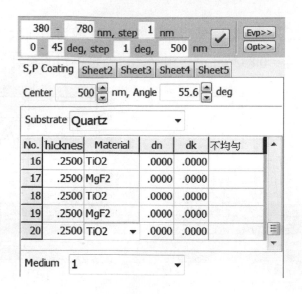

其光譜效果與電場強度分佈圖，分別如下所示：

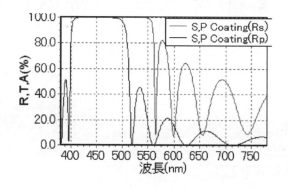

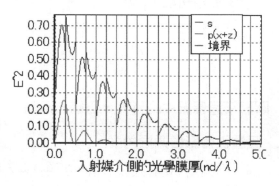

4-4-2　MacNeille 型偏振分光鏡

　　前述的**窄通偏振片**，只有在高入射角的情況下才能發揮既有的功能，使其對 *S* **偏振光**有增反射而 *P* **偏振光**有抗反射的效果，然而，在高入射角操作條件，即代表應用上的不方便，因此，爲了改善這項缺點與維持高偏振效率，有必要考慮另一類型的**偏振分光鏡**(Polarization beam splitter)。

　　下圖爲此類所謂**立方偏振分光鏡**的示意圖，其構造包括兩塊由玻璃或石英或其他適當固態材料所製成的稜鏡，其中一塊的底部鍍上滿足特定關係的高、低折射率交替層，然後再以折射率接近稜鏡的透明光學接合劑接合另一塊稜鏡，因而構成立方體的外觀形狀。

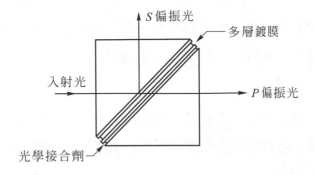

稜鏡與多層膜必須符合 Snell's law，即

$$n_P \sin \theta_P = n_\mathrm{H} \sin \theta_\mathrm{H} = n_\mathrm{L} \sin \theta_\mathrm{L}$$

其中 n_P 為稜鏡折射率，θ_P、θ_H、θ_L 為各物質的折射率。同時，鍍膜必須滿足布魯斯特定律

$$\frac{n_\mathrm{H}}{\cos \theta_\mathrm{H}} = \frac{n_\mathrm{L}}{\cos \theta_\mathrm{L}}$$

化簡上列 2 式，得

$$\sin^2 \theta_\mathrm{H} = \frac{n_\mathrm{L}^2}{n_\mathrm{H}^2 + n_\mathrm{L}^2} = \frac{n_P^2 \sin^2 \theta_P}{n_\mathrm{H}^2}$$

代入 MacNeille 偏振片的入射條件 $\theta_P = 45°$，結果

$$n_P^2 = \frac{2 n_\mathrm{H}^2 n_\mathrm{L}^2}{n_\mathrm{H}^2 + n_\mathrm{L}^2} \quad , \quad n_P = \frac{\sqrt{2}\, n_\mathrm{H} n_\mathrm{L}}{\sqrt{n_\mathrm{H}^2 + n_\mathrm{L}^2}}$$

上式中三種折射率的關係，如下圖所示。由圖可知三者的彼此關係，例如，$n_\mathrm{H} = 2.05$，$n_\mathrm{L} = 1.38$，對應稜鏡的折射率，亦即光學接合劑折射率為

$$n_P = \frac{\sqrt{2}(1.38)(2.05)}{\sqrt{1.38^2 + 2.05^2}} \cong 1.62$$

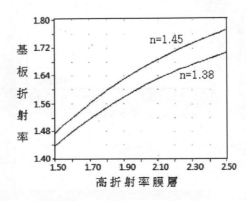

　　由於現存可供使用的光學接合劑極爲有限，其折射率若無法匹配兩塊稜鏡，將會在接合劑與稜鏡界面之間產生干涉條紋，致光學效果降低，因此，選用光學接合劑必須注意折射率是否和稜鏡匹配的問題。

　　另外還有多層膜結構需決定。基本上，只要滿足 S 偏振高反射即可，例如，$(HL)^m$ 膜堆設計就是最簡單的安排，雖然其角依效果並不好。下圖說明三種膜堆設計，$n_H = 2.05$，$n_L = 1.38$，$\theta_d = 45°$，$\lambda_0 = 0.5145\mu m$

　　　1. $1.62|(0.5L\ H\ 0.5L)^5|1.62$　　　（實線）
　　　2. $1.62|(HL)^5|1.62$　　　　　　　　（虛線）
　　　3. $1.62|(0.5H\ L\ 0.5H)^5|1.62$　　　（粗線）

的 P 偏振角依效果，可見第 1 類 $(0.5L\ H\ 0.5L)^5$ 膜堆設計是製作**立方體偏振分光鏡**的最佳選擇。

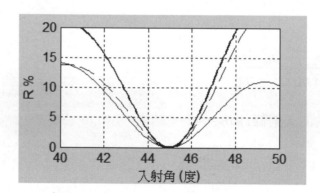

舉全 $\lambda_0/4$ 膜堆，MacNeille **型偏振分光鏡**設計爲例，$1.62|(HL)^5|1.62$，$n_H = 2.05$，$n_L = 1.38$，$\theta_i = \theta_d = 45°$，$\lambda_0 = 0.5145\mu m$，其光譜輸出：

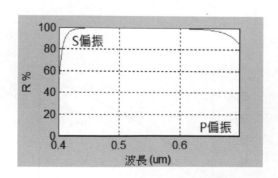

膜層電場強度分佈情形：

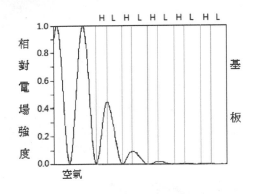 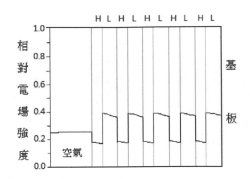

所有關係圖在在顯示偏振效果不錯。

使用 ThinFilmViewDemo 模擬軟體進行模擬 11 層膜層設計的立方體偏振分光鏡

$$\text{Quartz}|(0.5L\ H\ 0.5L)^5|\text{Quartz}$$

入射角 $\theta_i = 45°$，$\lambda_0 = 0.5\mu m$，其光譜效果與電場強度分佈圖如下所示。

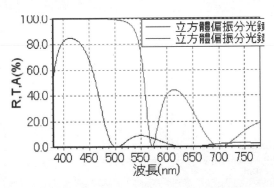 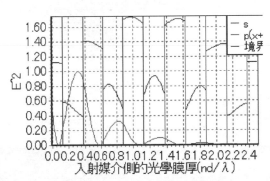

4-5　消偏振分光鏡的設計

根據 Costich 的研究文獻設計，**消偏振分光鏡**的 5 層鍍膜安排為

$$1|L\ 0.75H\ 1.5M_2\ 0.75H\ M_1|1.37$$

上述設計 $n_L = 1.37$，$n_H = 4$，$n_{M2} = 2.35$，$n_{M1} = 1.7$，入射角 $\theta_i = 45°$，設計角 $\theta_d = 45°$，設計中心波長 $\lambda_0 = 3\mu m$，其反射率光譜圖如下所示

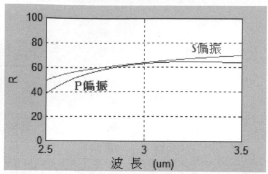

(ALFRED THELEN, Design of Optical Interference Coatings, McGraw-Hill, p116)

Knittl 與 Houserkova 延續 Costich 的研究，設計出兩款**消偏振分光鏡**，分別為

$$1|M_1M_4M_1M_4M_1\ 0.96H\ 1.08M_2\ 0.96H\ M_3|1.53 \quad\text{...} (1)$$

$$1|L\ 0.96H\ 1.08M_2\ 0.96H\ M_3|1.53 \quad\text{...} (2)$$

上述設計 $n_L = 1.38$，$n_H = 2.6$，$n_{M_1} = 1.7$，$n_{M_2} = 1.87$，$n_{M_3} = 2.09$，$n_{M_4} = 2.18$，入射角 $\theta_i = 45°$，設計角 $\theta_d = 45°$，設計中心波長 $\lambda_0 = 0.6\mu m = 600nm$，其反射率光譜圖如下所示。

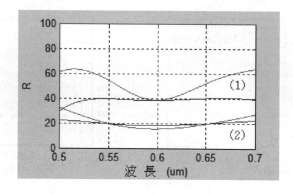

一般而言，S 偏振的反射率高於 P 偏振，但是第(2)組設計，在設計波長 600nm 左右卻是 P 偏振的反射率高於 S 偏振。

　　若是採用全 1/4 波長膜厚的設計，膜層安排有下列 4 種：

1.　1.52|L MHMH MLML MHMHMHM LMLM HMHM L|1.52

　　上述 25 層鍍膜設計 $n_L = 1.38$，$n_H = 2.35$，$n_M = 1.66$，入射角 $\theta_i = 45°$，設計角 $\theta_d = 45°$，設計中心波長 $\lambda_0 = 0.52\mu m = 520nm$，其反射率光譜圖如下所示，在設計中心波長處反射率 $R \fallingdotseq 80\%$。

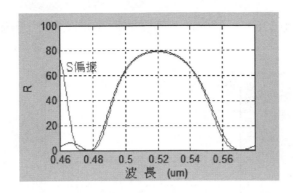

2. 1.52|L MHMH MLML MHMH MLM|1.52

上述 16 層鍍膜設計 $n_L = 1.38$，$n_H = 2.35$，$n_M = 1.62$，入射角 $\theta_i = 45°$，設計角 $\theta_d = 45°$，設計中心波長 $\lambda_0 = 0.52\mu m = 520nm$，其反射率光譜圖如下所示，在設計中心波長處反射率 $R \fallingdotseq 50\%$。

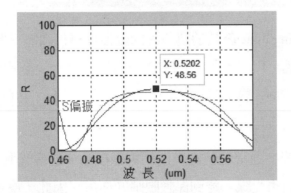

3. 1.7|MLMHMLM|1.7

上述 7 層鍍膜設計 $n_L = 1.35$，$n_H = 1.73$，$n_M = 1.52$，入射角 $\theta_i = 45°$，設計角 $\theta_d = 45°$，設計中心波長 $\lambda_0 = 0.52\mu m = 520nm$，其反射率光譜圖如下所示，在設計中心波長處反射率 $R \fallingdotseq 8\%$。

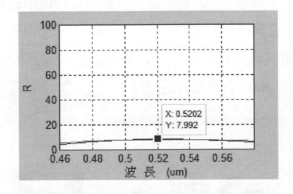

4. 1.52|LMHM|1.52

上述 4 層鍍膜設計 $n_L = 1.38$，$n_H = 2.3$，$n_M = 1.61$，入射角 $\theta_i = 45°$，設計角 $\theta_d = 45°$，

設計中心波長 $\lambda_0 = 0.52\mu m = 520nm$，其反射率光譜圖如下所示，在設計中心波長處反射率 $R \fallingdotseq 4\%$。

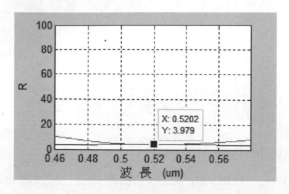

4-6 偏光膜

所謂**偏光膜**(Polarizing Film)就是前述所說的偏振片，具有將一般不具偏極性的自然光轉變成偏極光，其應用廣泛，不但能使用在 LCD 做偏光材料，亦能應用在太陽眼鏡、護目鏡、濾光鏡及光量調整器等方面。對 LCD 而言，可以利用液晶分子扭轉與偏光膜特性，達到控制光線通過的目的。

有害的反射或散射光，通常是特定方向的電磁振動，對偏光眼鏡而言，利用偏光膜特性即可擋掉特定方向的有害光線，達到保護眼睛的作用。因此，應用產品有：

1. 醫療：眼睛手術。
2. 戶外活動：滑雪、爬山、水上活動。

在網路資源 1 中，從 newport 公司有關偏光膜的產品展示，初步知道偏光膜在光學元件上的應用。在網路資源 2 中，有偏光太陽眼鏡的詳細介紹與圖樣展示比較，讓我們可以一目了然偏光太陽眼鏡的作用。在網路資源 3 中，3M 公司針對偏光膜研發抗眩光的偏光燈具(如下圖所示)，網站內容有眩光產生介紹，以及如何消除眩光的設計，讓我們對 S 偏振與 P 偏振如何透過濾光篩達到成功轉化有更深入的瞭解。

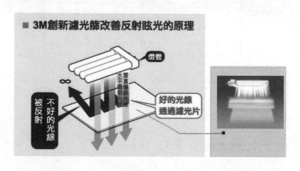

4-7　變色膜鏡片

　　所謂**變色膜鏡片**，就是利用含有調光變色染料的鏡片，當接觸紫外線(UV)時，調光變色染料便自動調節，使鏡片顏色加深，有效阻隔紫外線。當紫外線光減退，眼鏡自動調節還原爲清晰透明的顏色。換言之，變色染料是針對紫外線，達到阻隔紫外線的目的，故又可稱爲光致變色鏡片。

　　上一節內容指出，有害的反射或散射光，通常是特定方向的電磁振動，利用偏光膜特性即可擋掉特定方向的有害光線。若在變色膜鏡片上，再附加偏光膜設計，應該是不錯的構想，不但可以完全阻隔紫外線，並且有效保護您的眼睛，阻擋眩光，降低眼睛疲勞，提供視覺上更清楚的對比度。

　　在網路資源 4 中，瀏覽全視線光學公司有關變色膜鏡片的產品展示介紹(如下圖所示)，知道變色膜鏡片能夠有效阻隔紫外線的原因與必要性。在動畫說明中，我們看到變色膜鏡片的效果，相較於偏光鏡，兩者抗眩光部分有類似的功效。

 針對本章高反射率鍍膜主題，查詢廠商型錄產品，使用 ThinFilmViewDemo 進行模擬設計，並且比較優劣。

網路資源

使用 google 查詢，關鍵字為本章內容主題，查詢項目包括圖片；網路資源非常豐富，無法逐一列舉，請自行練習搜尋所需要的參考論文或文章。

1. 薄膜偏光片：

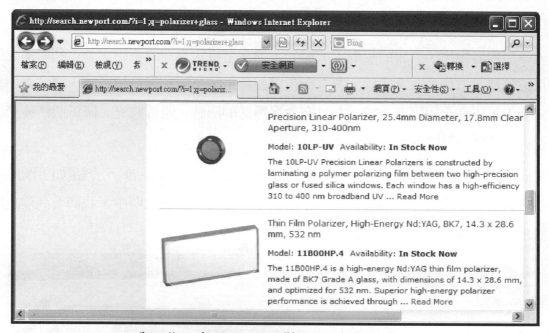

(http://search.newport.com/?i=1;q=polarizer+glass)

2. 偏光太陽眼鏡：

(http://www.taimaclub.com/blog/aa.asp/6865/archives/2010/10126.html)

3. 偏光抬燈：

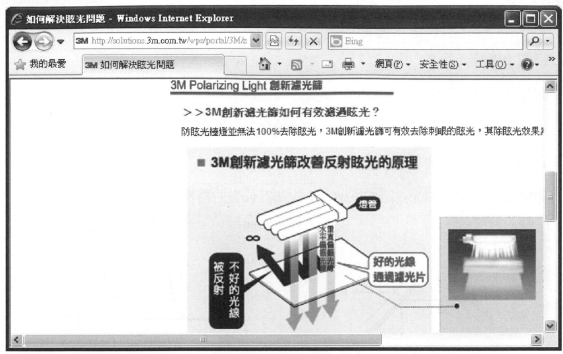

(http://solutions.3m.com.tw/wps/portal/3M/zh_TW/cob/home/consumer/58problem/)

4. 變色膜鏡片：

(http://transitions.cn/zh-tw/explore/the-technology.aspx)

習題

1. 何謂中性分光鏡？

2. 何謂雙色分光鏡(Dichroic mirror)？

3. 何謂偏振分光鏡(Polarization beams plitter)？

4. 說明中性分光鏡的 2 種結構。

5. 鍍膜設計的穿透率光譜圖如下所示，說明其代表的特性。

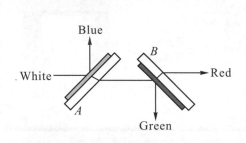 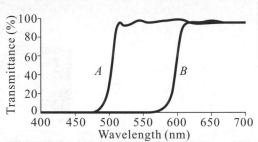

6. 鍍膜設計的穿透率光譜圖如下所示，說明其代表的特性。

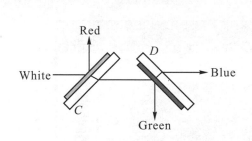 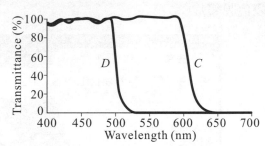

7. 光譜效果如下所示，說明其代表的特性。

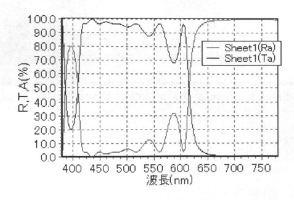

8. $R\text{-}\theta_0$ 光譜圖如下所示，說明其代表的特性。

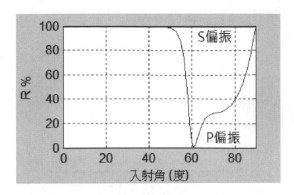

9. $R\text{-}\theta_0$ 光譜圖如下所示，說明其代表的特性。

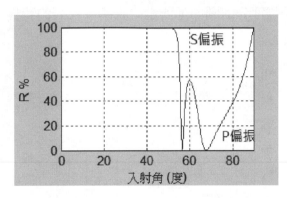

10. 膜層設計 $1|(HL)^{10}|Quartz$ 的電場強度分佈圖，如下所示，說明其代表的特性。

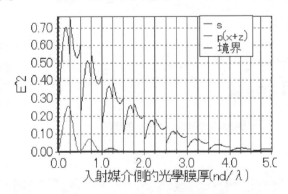

11. 何謂立方偏振分光鏡？

12. MacNeille 型偏振分光鏡設計 $1.62|(HL)^5|1.62$，$\theta_i = \theta_d = 45°$，$\lambda_0 = 0.5145\mu m$，其反射率光譜圖如下所示，說明其代表的特性。

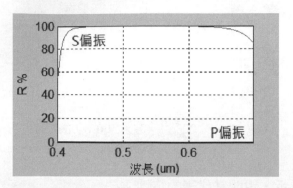

13. 續第 12 題，其電場強度分佈圖如下所示，說明其代表的特性。

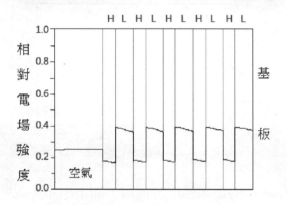

14. 何謂消偏振分光鏡？

15. 何謂偏光膜(Polarizing Film)？

16. 參考下圖，何謂不好的光線？

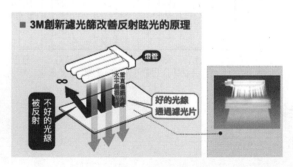

17. 何謂變色膜鏡片？

Chapter 5

截止濾波器

5-1 簡介

以"反射區與透射區有明顯、劇烈變化"為主要特徵的濾波器，就是所謂的**截止濾波器**(或者稱為**截止濾光片**，或**旁通濾波器**)。此類型濾波器可以區分成 2 種。

1. **短波通濾波器**：亦可稱為**短波通濾光片**，簡稱 SWPF，光譜特性示意圖如下所示

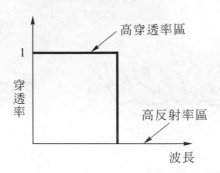

下圖顯示業界產出**干涉濾波器**的成品：Short-Pass Filter, 25.4mm Diameter, 750±6nm Cut-On, 475-735nm Transmittance

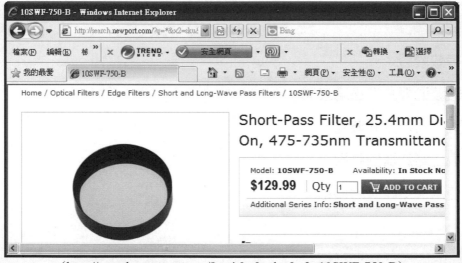

（http://search.newport.com/?q=*&x2=sku&q2=10SWF-750-B）

其中所謂 Cut-On Wavelength，定義為 50%透射區最大透射率所對應的波長，如下圖所示。

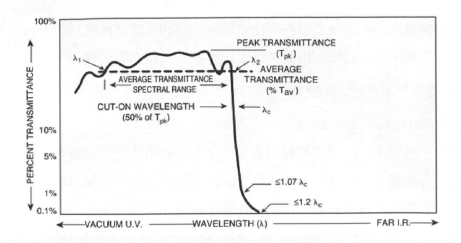

多層光學薄膜所製作的干涉濾波器，雖然可以改善非干涉型的缺點：截止波長 λ_c 與透光區至不透光區的臨界斜率不能調整，但其光譜特性也有無法避免的伴隨缺點，這些問題以及進一步最佳化的修正改善動作，在後續的章節中會詳細討論。

2. **長波通濾波器**：亦可稱為**長波通濾光片**，簡稱 LWPF，光譜特性示意圖如下所示。

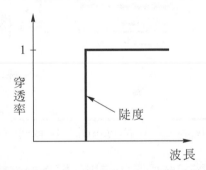

下圖顯示業界產出**干涉濾波器**的成品：Long Wave Pass Filter, 25.4mm Diameter, 500±5nm Cut-On,510 to 1200nm

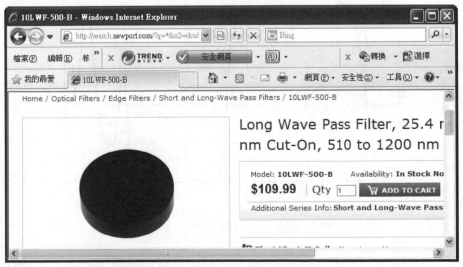

（http://search.newport.com/?q=*&x2=sku&q2=10LWF-500-B）

使用**對稱膜堆**組合可以達到設計**截止濾波器**的目的，惟這種最初設計會有在高透射率區域產生明顯凹陷的缺點，因此，修正設計就成為很重要的後續工作。

旁通濾波器在光學系統上的應用：

1. 雙色分光鏡(Dichroic mirror)

   LCD 投影系統中，使用**雙色分光鏡**：如下圖所示的光學系統中，代號 *A* 的雙色濾光片就是旁通濾光片的設計，其鍍膜功能將反射紅色光，讓綠色與藍色光穿透；代號 *B* 的雙色濾光片，將綠色光反射，藍色光穿透。

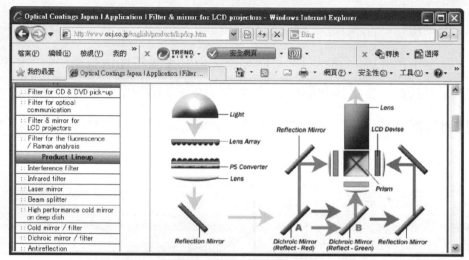

（http://www.ocj.co.jp/english/products/lcp/lcp.htm）

下圖所示為 LCD 投影系統中，所使用的**雙色分光鏡**，代號依序分別為 *A* 與 *B*。*A* 分光鏡的反射波段為 600nm~700nm，此波段為紅色光區

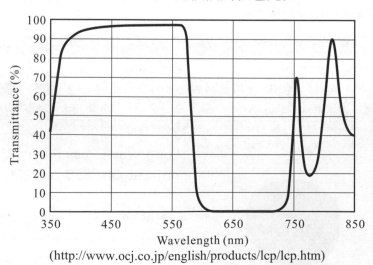

（http://www.ocj.co.jp/english/products/lcp/lcp.htm）

B 分光鏡的反射波段為 520nm~620nm，此波段為綠色光區(涵蓋黃色光區)

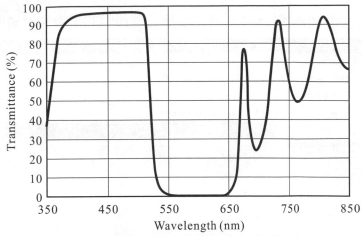

(http://www.ocj.co.jp/english/products/lcp/lcp.htm)

以上討論的鍍膜設計屬於**短波通濾波器**的特性。

2.　冷光鏡(Cold mirror/filter)

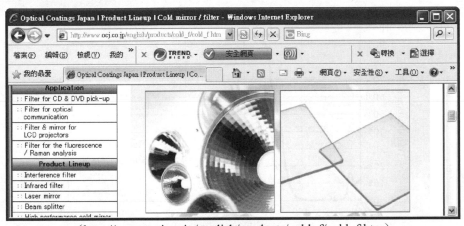

（http://www.ocj.co.jp/english/products/cold_f/cold_f.htm）

　　下圖所示為紫外光-紅外光截止濾波器(UV-IR Cut filter)，此濾波器讓可見光穿透，並且同時將紫外光與進紅外光反射；這種雙阻絕的功能可以使液晶免除破壞。

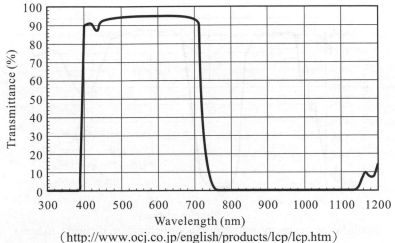

（http://www.ocj.co.jp/english/products/lcp/lcp.htm）

3. 干涉濾光片(Interference filter)：係利用多層光學薄膜的干涉作用來完成設計

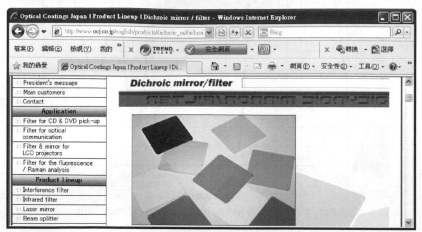

（http://www.ocj.co.jp/english/products/dichroic_m/dichroic_m.htm）

(1) **藍光反射鏡**：高反射率波段在 380nm~450nm，此鍍膜設計屬於**長波通濾波器**的特性。

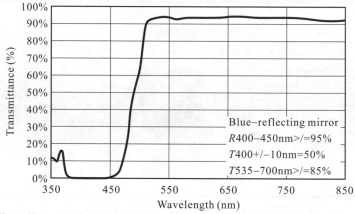

Blue−reflecting mirror
R400−450nm>/=95%
T400+/−10nm=50%
T535−700nm>/=85%

（http://www.ocj.co.jp/english/products/dichroic_m/dichroic_m.htm）

(2) **綠光反射鏡**：高反射率波段在 520nm～550nm，此鍍膜設計屬於**帶止濾波器**的特性(下一章再詳細討論)。

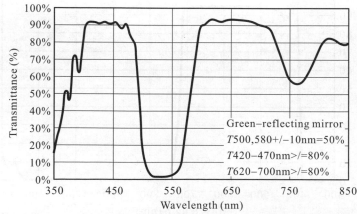

Green−reflecting mirror
T500,580+/−10nm=50%
T420−470nm>/=80%
T620−700nm>/=80%

（http://www.ocj.co.jp/english/products/dichroic_m/dichroic_m.htm）

(3)　**紅光反射鏡**：高反射率波段在 640nm~770nm，此鍍膜設計屬於**短波通濾波器**的特性。

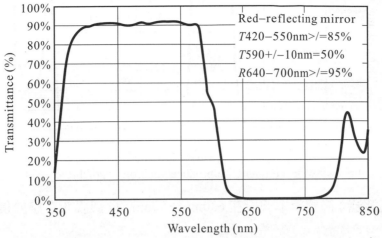

（http://www.ocj.co.jp/english/products/dichroic_m/dichroic_m.htm）

　　上述各項產品的稱呼爲鏡(mirror)，訴求重點在反射波段，反之，若是取其穿透所在的波段，則稱爲濾波器(filter)；例如，下列各項的**彩色濾波器**(或者稱爲**干涉濾波器**)。

(1)　**藍光濾波器**：高穿透率波段在 390nm~490nm，此鍍膜設計屬於**短波通濾波器**的特性。

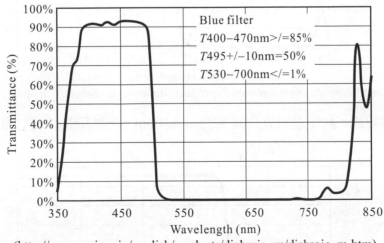

（http://www.ocj.co.jp/english/products/dichroic_m/dichroic_m.htm）

(2)　**綠光濾波器**：高穿透率波段在 520nm~560nm，此鍍膜設計屬於**帶通濾波器**的特性(下一章再詳細討論)。

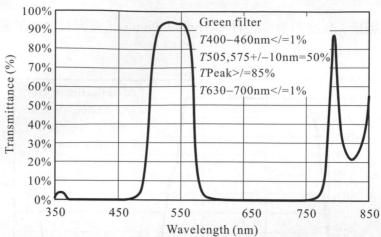

（http://www.ocj.co.jp/english/products/dichroic_m/dichroic_m.htm）

(3) 紅光濾波器：高穿透率波段在 630nm~850nm，此鍍膜設計屬於**長波通濾波器**的特性。

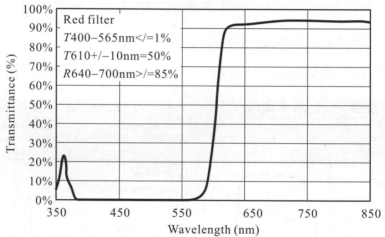

（http://www.ocj.co.jp/english/products/dichroic_m/dichroic_m.htm）

(4) 黃光濾波器：高穿透率波段在 525nm~850nm，此鍍膜設計屬於**長波通濾波器**的特性。

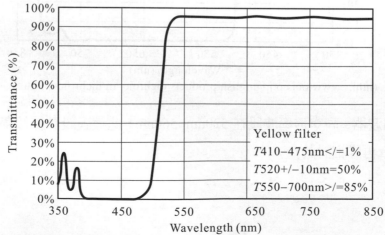

（http://www.ocj.co.jp/english/products/dichroic_m/dichroic_m.htm）

(5) **洋紅色濾波器**：除了 550 ± 20nm 外，其餘波段皆爲高穿透率波段，此鍍膜設計屬於**帶止通濾波器**的特性(下一章再詳細討論)。

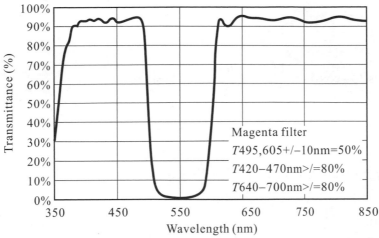

Magenta filter
$T495,605+/-10nm=50\%$
$T420-470nm>/=80\%$
$T640-700nm>/=80\%$

(http://www.ocj.co.jp/english/products/dichroic_m/dichroic_m.htm)

(6) **水藍光濾波器**：高穿透率波段在 390nm~580nm，此鍍膜設計屬於**短波通濾波器**的特性。

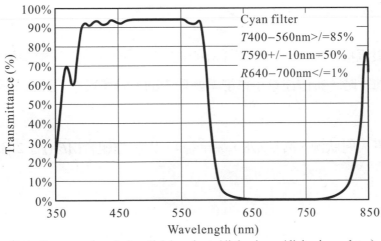

Cyan filter
$T400-560nm>/=85\%$
$T590+/-10nm=50\%$
$R640-700nm</=1\%$

(http://www.ocj.co.jp/english/products/dichroic_m/dichroic_m.htm)

5-2　等效膜層

　　由**赫平定理**可知，具有對稱組合的薄膜堆層將等效於單一膜層，此對稱膜堆就是所謂的**等效膜**(或者成爲**等值膜**，以下同此)，其折射率和相厚度，稱爲**等效折射率**和**等效相厚度**。考慮三層鍍膜組合 ABA，其組合的**特徵矩陣**可以表示成

$$\begin{bmatrix} M_{11} & M_{12} \\ M_{21} & M_{22} \end{bmatrix} = \begin{bmatrix} \cos\delta_A & \dfrac{i}{\eta_A}\sin\delta_A \\ i\eta_A\sin\delta_A & \cos\delta_A \end{bmatrix} \begin{bmatrix} \cos\delta_B & \dfrac{i}{\eta_B}\sin\delta_B \\ i\eta_B\sin\delta_B & \cos\delta_B \end{bmatrix} \begin{bmatrix} \cos\delta_A & \dfrac{i}{\eta_A}\sin\delta_A \\ i\eta_A\sin\delta_A & \cos\delta_A \end{bmatrix}$$

其中

$$M_{11} = \cos 2\delta_A \cos\delta_B = \frac{1}{2}\left(\frac{\eta_B}{\eta_A} + \frac{\eta_A}{\eta_B}\right)\sin 2\delta_A \sin\delta_B$$

$$M_{12} = \frac{i}{\eta_A}\left[\sin 2\delta_A \cos\delta_B + \frac{1}{2}\left(\frac{\eta_B}{\eta_A} + \frac{\eta_A}{\eta_B}\right)\cos 2\delta_A \sin\delta_B + \frac{1}{2}\left(\frac{\eta_A}{\eta_B} - \frac{\eta_B}{\eta_A}\right)\sin\delta_B\right]$$

$$M_{21} = i\eta_A\left[\sin 2\delta_A \cos\delta_B + \frac{1}{2}\left(\frac{\eta_A}{\eta_B} + \frac{\eta_B}{\eta_A}\right)\cos 2\delta_A \sin\delta_B - \frac{1}{2}\left(\frac{\eta_A}{\eta_B} - \frac{\eta_B}{\eta_A}\right)\sin\delta_B\right]$$

$$M_{22} = M_{11}$$

等效膜的等效折射率 ε 和等效相厚度 γ 可由上式的結果求出，即

$$\varepsilon = \left(\frac{M_{21}}{M_{12}}\right)^{0.5}$$

$$\gamma = \cos^{-1}(M_{11}) = \cos^{-1}(M_{22})$$

上式的數值計算很直接，藉由自行發展設計的程式，模擬計算任何**對稱膜堆**的等效折射率和等效相厚度。執行時，提醒注意：**透射率區域中的 ε 值是實數，其餘高反射率區域，ε 值是虛數。**

現在考慮垂直入射狀況，$\delta_A = \lambda_0/8$，$\delta_B = \lambda_0/4$，則膜堆組合(*ABA*)有 2 種可能：

1. $\dfrac{H}{2} L \dfrac{H}{2}$

2. $\dfrac{L}{2} H \dfrac{L}{2}$

選用材料 $n_L = 1.38$，$n_H = 2.35$，計算所得到的等效折射率與波數 g 關係，如下圖所示。圖中 $g = 1$、3、5 附近為高反射率區域，其餘是高透射率區域，而在 $g = 0$、4 時，兩者的 ε 值相同。

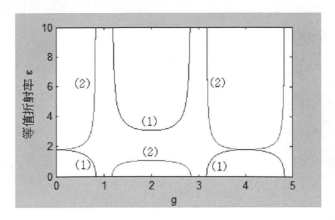

有關 $\dfrac{H}{2}L\dfrac{H}{2}$ 與 $\dfrac{L}{2}H\dfrac{L}{2}$ 基本膜堆的特性，說明如下：

1.　計算在 $g = 0$、2 的 ε 值

已知 $2\delta_A = \delta_B$，由 $\varepsilon = (M_{21}/M_{12})^{0.5}$；令 $\beta = \eta_B/\eta_A$

$$\varepsilon = \eta_A \left(\frac{\sin\delta_B\cos\delta_B + \frac{1}{2}\left(\beta+\frac{1}{\beta}\right)\cos\delta_B\sin\delta_B - \frac{1}{2}\left(\beta-\frac{1}{\beta}\right)\sin\delta_B}{\sin\delta_B\cos\delta_B + \frac{1}{2}\left(\beta+\frac{1}{\beta}\right)\cos\delta_B\sin\delta_B + \frac{1}{2}\left(\beta-\frac{1}{\beta}\right)\sin\delta_B} \right)^{\frac{1}{2}}$$

$$= \eta_A \left(\frac{1+\frac{1}{2}\left(\beta+\frac{1}{\beta}\right)-\frac{1}{2}\left(\beta-\frac{1}{\beta}\right)\sec\delta_B}{1+\frac{1}{2}\left(\beta+\frac{1}{\beta}\right)+\frac{1}{2}\left(\beta-\frac{1}{\beta}\right)\sec\delta_B} \right)^{\frac{1}{2}}$$

在 $g = 0$：$\delta_B = 0$，上式改寫為

$$\varepsilon = \eta_A \left(\frac{1+\frac{1}{\beta}}{1+\beta} \right)^{\frac{1}{2}} = \eta_A \left(\frac{\eta_B}{\eta_A} \right)^{\frac{1}{2}} = (\eta_A\eta_B)^{\frac{1}{2}}$$

因此，不管是與 $\dfrac{L}{2}H\dfrac{L}{2}$ 或 $\dfrac{H}{2}L\dfrac{H}{2}$，**等效折射率** ε 值皆為

$$\varepsilon = (n_L n_H)^{\frac{1}{2}} = (1 \times 2.35)^{\frac{1}{2}} = 1.8$$

在 $g = 2$：$\delta_B = \pi$，同上述步驟，ε 值改寫為

$$\varepsilon = \eta_A \left(\frac{1+\beta}{1+\dfrac{1}{\beta}} \right)^{\frac{1}{2}} = \eta_A \left(\frac{\eta_A}{\eta_B} \right)^{\frac{1}{2}}$$

所以，若是 $\dfrac{L}{2}H\dfrac{L}{2}$ 組合：

$$\varepsilon = n_L \left(\frac{n_L}{n_H} \right)^{\frac{1}{2}} \cong 1.058$$

或是 $\dfrac{H}{2}L\dfrac{H}{2}$ 組合：

$$\varepsilon = n_H \left(\frac{n_H}{n_L} \right)^{\frac{1}{2}} \cong 3.067$$

2. 不同 n_H/n_L 比值，$\dfrac{L}{2}H\dfrac{L}{2}$ 型的等效折射率 ε

　　下圖顯示 n_H/n_L 比值等於 1.5、2、2.5、3 的 ε-g 關係圖，其中 n_H/n_L 比值愈大，高反射率區域愈寬廣的性質非常類似高反射率鏡片。(請練習在圖中標示數值)

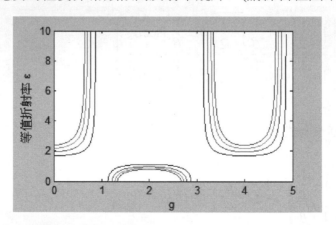

3. 不同 n_H/n_L 比值，$\dfrac{H}{2}L\dfrac{H}{2}$ 型的等效折射率 ε

　　相似於上述 $\dfrac{L}{2}H\dfrac{L}{2}$ 型的結果，如下圖所示。請注意 $g \leq 1$ 與 $3 \leq g \leq 5$ 兩區間 ε 值的變化。

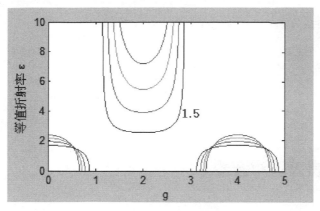

4. $\dfrac{L}{2}H\dfrac{L}{2}$ 與 $\dfrac{H}{2}L\dfrac{H}{2}$ 型的等效相厚度 γ

由上述公式可知，$\dfrac{L}{2}H\dfrac{L}{2}$ 與 $\dfrac{H}{2}L\dfrac{H}{2}$ 兩型的等效相厚度 γ 皆相同；以前述的條件為例，結果如下所示。圖中箭頭方向代表 n_H/n_L 比值愈大。

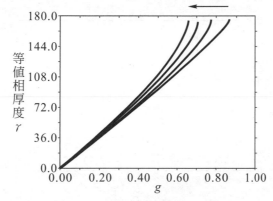

5. 止帶寬度與膜厚的關係

止帶係指高反射率區域，其寬度大小與膜厚有直接關係。由下圖分別顯示 $\dfrac{L}{2}H\dfrac{L}{2}$ 型與 $\dfrac{H}{2}L\dfrac{H}{2}$ 型的輸出結果，按箭頭方向，三種膜厚安排依序是

$$\dfrac{A}{2}B\dfrac{A}{2} \quad , \quad \dfrac{3A}{4}B\dfrac{A}{4} \quad , \quad \dfrac{15A}{16}B\dfrac{A}{16}$$

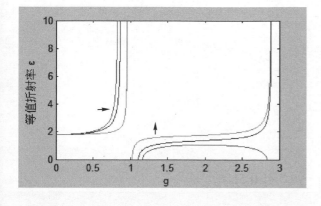
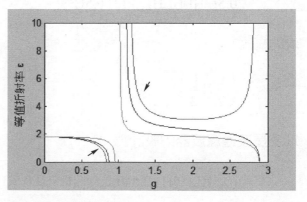

可知三層對稱膜堆有最大止帶寬度的條件如下所示。

$$\underset{\underset{\uparrow}{膜厚\frac{\lambda_0}{8}}}{\overset{\overset{膜厚\frac{\lambda_0}{4}}{\downarrow}}{ABA}}$$

5-3　短波通與長波通濾波器

觀察下圖中介於 $g = 1$ 與 $g = 3$ 之間的透射區域，得知 $\frac{L}{2}H\frac{L}{2}$ 膜堆組合可以用來製作效果還不錯的**短波通濾波器**；同此觀察動作，在 $g < 1$ 的透射區域，也不難瞭解為什麼 $\frac{H}{2}L\frac{H}{2}$ 膜堆組合是**長波通濾波器**的組成單元。

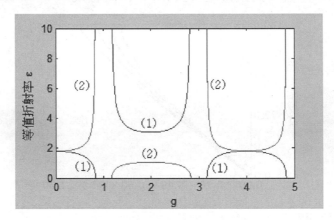

換言之，**短波通濾波器**的設計為

(0.5LH0.5L)(0.5LH0.5L)(0.5LH0.5L)…(0.5LH0.5L)

或改寫為

0.5L HLHLHL…LH 0.5L

或簡寫為

$$\left(\frac{L}{2}H\frac{L}{2}\right)^m$$

以及**長波通濾波器**的設計為

(0.5HL0.5H)(0.5HL0.5H)(0.5HL0.5H)…(0.5HL0.5H)

或改寫為

　　　0.5H LHLHLH…HL 0.5H

或簡寫為

$$\left(\frac{H}{2}L\frac{H}{2}\right)^m$$

m：重複次數。實例說明，15 層**短波通濾波器**與**長波通濾波器**的設計如下

　　　- ：$1|(0.5L\ H\ 0.5L)^7|1.52$　　$\lambda_0 = 0.75\mu m$

　　　.. ：$1|(0.5H\ L\ 0.5H)^7|1.52$　　$\lambda_0 = 0.45\mu m$

$n_L = 1.38$，$n_H = 2.35$。透射率光譜圖顯示如下，圖中很容易可以看出，**短波通濾波器**的高透射率區域有比較嚴重的凹陷，顯見**長波通濾波器**的高透射率區域效果，確實比**短波通濾波器**好。

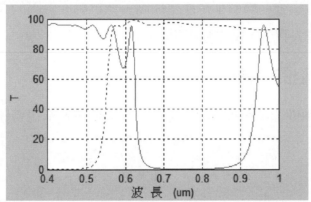

TFCalc 模擬短波通濾波器：如何設定請參閱附錄內容，使用高折射率材料 TiO_2，低折射率材料 MgF_2，其反射率光譜圖、鍍膜監控信號圖與電場強度分佈圖，依序如下所示。

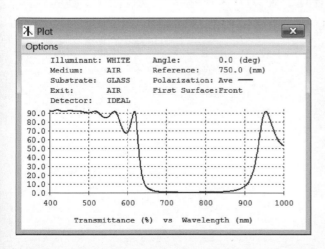

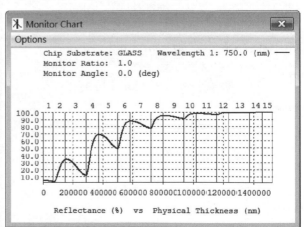

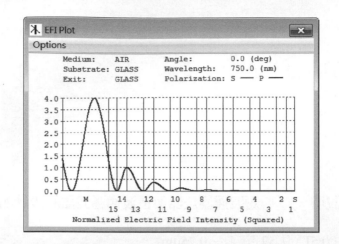

由鍍膜監控信號圖可知，單數膜為低折射率膜，膜厚漸增，反射率漸減，當膜厚 1/8 或 1/4 波長光學膜厚時，反射率值最小；雙數膜為高折射率膜，膜厚漸增，反射率亦漸增，當膜厚 1/4 波長光學膜厚時，反射率值最大。基本上，此類型的鍍膜仍屬於高反射率鍍膜。

由電場強度分佈圖可知，空氣介質的電場強度值為 4，但與臨近低折射率鍍膜的界面上有一零電場強度值，電場強度峰值都是產生在高、低折射率鍍膜的界面上，最大者臨近空氣介質，隨著入射光進入膜層，電場強度明顯遞減，直到衰減至零。

🔘 5-3-1　通帶凹陷的改進

截止濾波器的通帶凹陷的改進，最常使用的方法是在對稱組合膜堆與空氣、基板之間加上抗反射**匹配層**，即

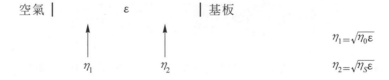

$$\eta_1 = \sqrt{\eta_0 \varepsilon}$$
$$\eta_2 = \sqrt{\eta_S \varepsilon}$$

當然，計算出的 η_1、η_2 折射率並不一定存在，影響所及導致改善仍然不好，因此，先固定匹配層的折射率，再尋求最佳效果的膜厚，似乎是可行的變通辦法。以上概念，示意如下：a、b 為常數，η_1、η_2 已知

空氣 | $a\eta_1$ 　ε 　$b\eta_2$ | 基板

舉例說明：

1. 短波通濾波器的通帶凹陷改進

   (1) 設計安排

   　　- ：1|(0.5L H 0.5L)^7|1.52

   　　.. ：1|(0.5L H 0.5L)^{7}0.8L|1.52　（改良設計）

   $n_L = 1.38$，$n_H = 2.35$，$\lambda_0 = 1.5\mu m$。透射率光譜圖顯示如下，圖中可見改善的程度，以及 λ_0、$\lambda_0/3$ 處是高反射率區域的現象。

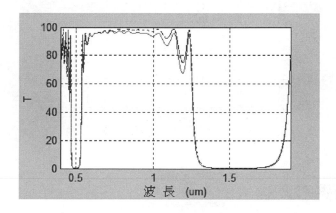

   (2) 另一設計安排

   1|1.1(0.5L H 0.5L)(0.5L H 0.5L)^{5}1.125(0.5L H 0.5L)|1.52

   其透射率光譜圖顯示如下。兩相比較，可知在波長 0.7μm~1.3μm 之間凹陷問題已見改善，但是在波長 0.55μm~0.7μm 之間則效果變差。

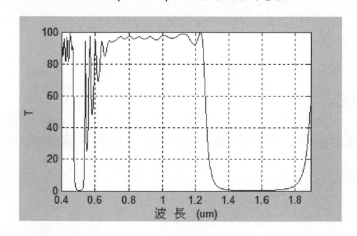

2. 長波通濾波器的通帶凹陷改進

設計安排為

$$1|(0.5H \ L \ 0.5H)^5 0.9294(0.5H \ L \ 0.5H)^2|1.52 \quad \text{(標籤)}$$

兩折射率值同前，但 $\lambda_0 = 0.45\mu m$，其光譜效果如下所示。事實上，**長波通濾波器**的通帶凹陷問題並不嚴重，反倒是較長波長區的透射效果不好，有待優化改進。

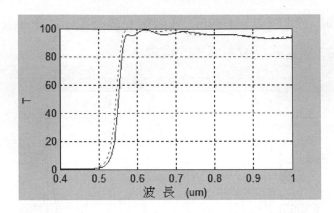

5-4　寬帶短波通濾波器

增加對增膜堆的層數，可以達到拓寬通過帶的目的。例如，5 層鍍組合

ABCBA

或者另一種 5 層鍍膜組合

AB2CBA

或者 7 層鍍膜組合

ABC2DCBA

即可將透射區域逐漸擴展到 $g = 7$ 的範圍。現就以上三種對稱膜堆組合的特性，分別詳述如下

5-4-1　ABCBA 對稱膜堆

各層膜厚為 $\lambda_0/10$，選定折射率為

$$n_A = 1.46 \quad , \quad n_B = 1.94 \quad , \quad n_C = 2.3$$

其等效折射率如下所示。相比較於以前的設計效果，顯見高透射率區域已經拓寬至 $1 \leqq g \leqq 4$。

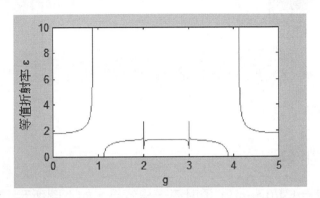

以此設計 41 層短波通濾波器

$$1|(ABCBA)^{10}|1.52$$

$\lambda_0 = 1.5\mu m$，則高反射率區域在 λ_0 及 $\lambda_0/4$ 附近，亦即高透射率區域在 $0.375\mu m$ 和 $1.5\mu m$ 之間，如下圖所示。圖中請注意高透射率區域涵蓋整個可見光區的事實。

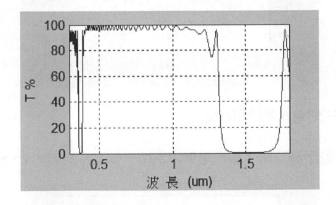

5-4-2　AB2CBA 對稱膜堆

如欲繼續擴展高透射率區域，膜堆的鍍膜狀況必須符合

$$n_A d_A = n_B d_B = n_C d_C = \lambda_0/12 \quad , \quad n_B = (n_A n_C)^{0.5}$$

以實例來看，設定 $n_A = 1.38$，$n_B = 1.78$，$n_C = 2.3$ 的等效折射率，如下圖所示。由圖可知，高透射率區域往 $g = 5$ 延伸，而高反射率區域在 λ_0 及 $\lambda_0/5$ 附近。

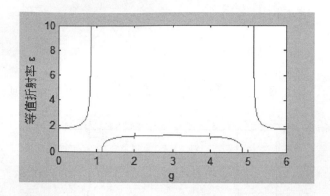

以此設計 41 層短波通濾波器

$$1|(AB2CBA)^{10}|1.52$$

$\lambda_0 = 1.5\mu m$，膜厚 $\lambda_0/12 = 1/4(0.5\mu m)$，透射率光譜效果，如下圖所示。圖中高透射率區域確實有擴展，但仍有很深的凹陷存，需要以匹配層做優化設計改進。

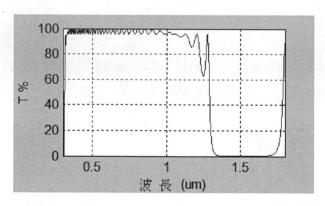

5-4-3 ABC2DCBA 對稱膜堆

這種膜堆組合可以壓制連續 4 級高透射率區域，即 $g = 2$、3、4、5，如下圖所示。

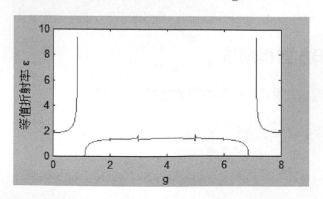

此設計安排的鍍膜狀況必須符合

$$n_A d_A = n_B d_B = n_C d_C = n_D d_D = \lambda_0/16$$

$$n_A = 1.46 , n_B = 1.68 , n_C = 2.04 , n_D = 2.35$$

若將此基本膜堆重複 7 次鍍在玻璃($n_S = 1.52$)上，$1|(ABC2DCBA)^7|1.52$，$\lambda_0 = 2.6\mu m$，可得透射率光譜圖如下。從圖中看出，高透射率平坦區域自~0.37μm 至~2.1μm，不但相當寬廣而且沒有很深的凹陷。

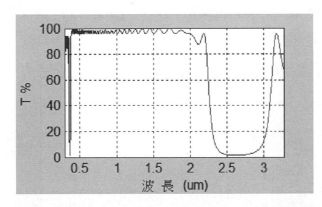

5-5　截止濾波器的應用

對稱膜堆的等效觀念，是薄膜光學中很重要的分析技巧，深受設計者所喜愛與採用。根據此等效膜層的設計安排，**截止濾波器**(或者稱為**旁通濾波器**)的產生將是輕而易舉，如前所述。

若能妥善安排，組合截止濾波器，即可衍生許多應用，如下所述：

1.　分色鏡片

　　分色鏡片又稱為**色彩選擇濾波器**，是**短波通濾波器**與**長波通濾波器**最直接的應用。如圖所示的分色鏡片，它只允許藍光透射而將紅光、綠光反射掉。當然，這樣的效果，只要適當安排入射角度，任何多層鍍膜同樣可以辦到，因此，對濾波器的特性要求重點必須區分清楚，如此才能充分發揮各種鍍膜設計的應有功能。

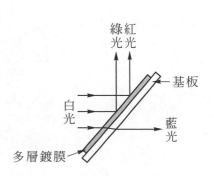

2. 寬帶止濾波器

這是以前所說的寬高反射率區域鏡片，現在重新再討論一次，相信更能掌握設計的精髓。例如，組合兩長波通濾波器，設計安排為

$$1 \left| \left(\frac{H}{2} L \frac{H}{2} \right)^4 \ \left(\frac{H}{2} L \frac{H}{2} \right)^4 \right| 4$$

$$\lambda_0 = 4.06\mu m \quad \lambda_0 = 6.3\mu m$$

$n_H = 3$，$n_L = 1.38$，其反射率光譜圖如下所示；由圖可知，高反射率區域在 $3.5\mu m \sim 8\mu m$ 之間，光譜可說是相當寬廣。

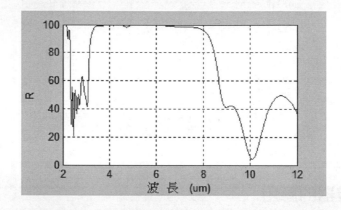

另外，還有使用短波通濾波器的設計實例，其鍍膜設計與輸出光譜，如下所示

$$1 \left| \left(\frac{L}{2} H \frac{L}{2} \right)^m \ \left(\frac{L}{2} H \frac{L}{2} \right)^m \right| 1.52$$

$$\lambda_0 = 0.48\mu m \quad \lambda_0 = 0.63\mu m$$

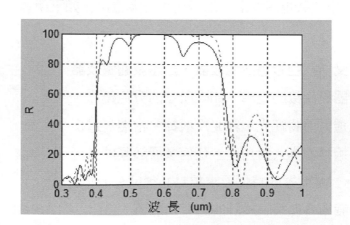

$n_H = 2.35$，$n_L = 1.38$，虛線標示者 $m = 8$，實線標示者 $m = 5$；由圖可知，層數愈多，平坦效果愈佳，在整個可見光區反射率 $R \fallingdotseq 100\%$；若仍覺得高反射率區域不夠寬廣，可以調高兩監控波長的比值做改善，不過，調整不當的結果將會造成高反射率區域中有凹陷的現象，因而降低鍍膜品質，不可不慎。

3. **寬帶通濾波器**

適當組合**短波通濾波器**與**長波通濾波器**即可，如下列所示的鍍膜設計

$$1 \left| \left(\frac{H}{2} L \frac{H}{2} \right)^7 \quad 1.1 \left(\frac{L}{2} H \frac{L}{2} \right) \left(\frac{L}{2} H \frac{L}{2} \right)^5 1.125 \left(\frac{L}{2} H \frac{L}{2} \right) \right| 1.52$$

$$\lambda_0 = 0.45 \mu m \qquad\qquad \lambda_0 = 0.68 \sim 0.75 \mu m$$

上式中 $n_H = 2.35$，$n_L = 1.38$，長波通濾波器將監控波長設定在 $\lambda_0 = 0.45 \mu m$，短波通濾波器則監控在 $\lambda_0 = 0.68 \mu m$ 與 $\lambda_0 = 0.75 \mu m$，如此組合形成的帶通濾波器光譜效果，如下圖所示。

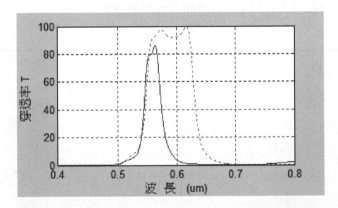

這種**帶通濾波器**，可以鍍在基板的同一面板上，或者在基板的兩側面板上，亦可鍍在不同的基板上當做分離式濾波器使用。它的優點在於通帶的寬度與位置，可藉由改變長波通濾波器或短波通濾波器的監控波長而任意調整。

4. **熱光鏡**

所謂**熱光鏡**(hot mirror)，就是"可見光區高透射率，紅外光區高反射率"的**旁通濾波器**，業界產品樣式，參考下圖。

（http://search.newport.com/?q=*&x2=sku&q2=10HMR-0）

其設計方法類似寬域反射鏡，如下詳述

(1) 首先設計可見光區高透射率的短波通濾波器，膜層安排為

$$1\left|1.1\left(\frac{L}{2}H\frac{L}{2}\right)\left(\frac{L}{2}H\frac{L}{2}\right)^5\quad 1.125\left(\frac{L}{2}H\frac{L}{2}\right)\right|1.52$$

上式中 $n_H = 2.3$，$n_L = 1.38$，監控波長 $\lambda_0 = 0.85\mu m$，光譜效果如下圖所示。

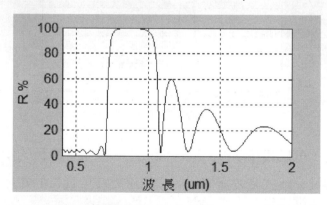

(2) 其次，以(LI2HIL)型的對稱膜堆組合，設計高反射率區域緊臨第(1)種設計的短波通濾波器，如下列所示。

$$1|(LI2HIL)^{10}|1.52$$

上式中 $n_I = 1.78$，監控波長 $\lambda_0 = 1.15\mu m$，反射率光譜效果如下圖所示。

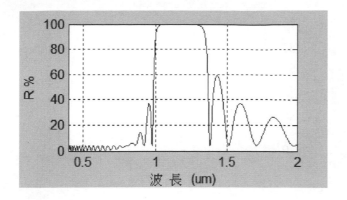

(3)　最後，同樣以第(2)種設計概念，將膜層監控在 $\lambda_0 = 1.6\mu m$，使高反射率區域儘量往 $2\mu m$ 靠近，反射率光譜效果如下圖所示。

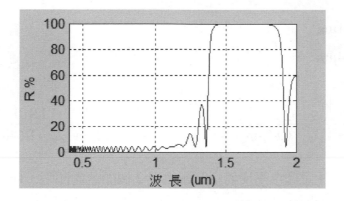

理論上，組合第(1)～(3)種膜層設計就可以產生熱光鏡，然而，上述各監控波長若未能調整妥當，將使熱光鏡的高反射率區域有很嚴重的凹陷發生，爲了避免此類的品質失眞，可修正監控波長爲

(1) $\lambda_0 = 0.85\mu m$

(2) $\lambda_0 = 1.17\mu m$

(3) $\lambda_0 = 1.55\mu m$

反射率光譜效果如下圖所示。觀察圖形可知，整個可見光區的透射率很高，而高反射率區域範圍在 $0.76\mu m$~$1.74\mu m$ 之間。

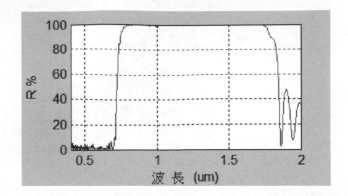

如果要求更寬廣的高反射率區域，可否以第(2)、第(3)種設計的止帶再往長波長區域修正？重新設計為

(2) $\lambda_0 = 1.21\mu m$

(3) $\lambda_0 = 1.64\mu m$

$$1\left|\underset{\lambda_0 = 0.85\mu m}{\underbrace{1.1\left(\frac{L}{2}H\frac{L}{2}\right)\left(\frac{L}{2}H\frac{L}{2}\right)^5 \quad 1.125\left(\frac{L}{2}H\frac{L}{2}\right)}} \quad \underset{\lambda_0 = 1.21\mu m}{\underbrace{(LI2HIL)^{10}}} \quad \underset{\lambda_0 = 1.64\mu m}{\underbrace{(LI2HIL)^{10}}}\right|1.52$$

結果如下所示，注意圖中高反射率區域出現 2 個顯著的凹陷，使紅外光區的拓寬效果稍有美中不足，但還可以接受。

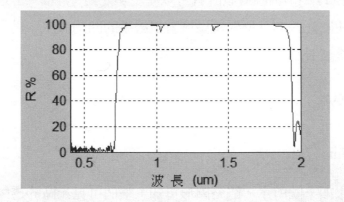

5. 窄通偏振片

複習$(0.5H\,L\,0.5H)^m$、$(LH)^m$、$(0.5L\,H\,0.5L)^m$三種膜堆組合，何者最適合用來製作窄通偏振片？鍍膜設計安排為

(1) 空氣$|(0.5H\,L\,0.5H)^m|$基板

規格：欲偏振波長 $\lambda = 10.6\mu m$

設計：選擇 $n_S = n_H = 4$，$n_L = 2.23(ZnS)$，因此，入射角 $\theta_0 = \tan^{-1}(4) = 75.96°$

結果：令 $m = 9$，模擬輸出顯示如下，檢視找出新的監控波長為

$\lambda_0 = 13.53\mu m$ 或 $\lambda_0 = 9.13\mu m$

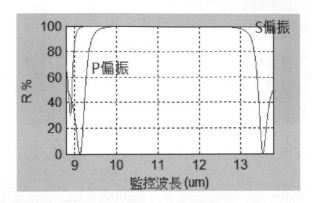

其對應的光譜效果，依序分別如下所示。

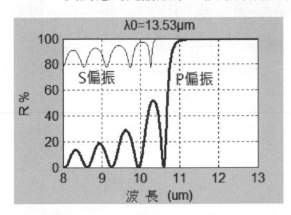

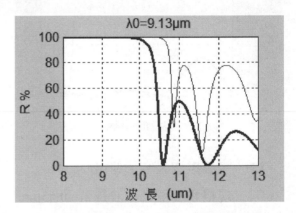

(2) 基板|(0.5L H 0.5L)^m|基板

規格：入射角 $\theta_0 = 45°$，欲偏振波長 $\lambda = 0.5145\mu m$

設計：選擇 $n_S = 1.62$，$n_H = 2.35$，$n_L = 1.38$，設計角 $\theta_d = \theta_0 = 45°$

結果：令 $m = 7$，模擬輸出顯示如下，檢視圖中符合 "$T_P = 100\%$，$T_S = 0\%$" 條件的監控波長有

$\lambda_0 = 0.37\mu m$，$\lambda_0 = 0.44\mu m$

或

$0.58\mu m \leqq \lambda_0 \leqq 0.66\mu m$

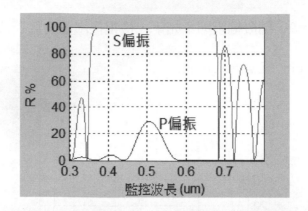

以 $\lambda_0 = 0.44\mu m$ 與 $\lambda_0 = 0.65\mu m$ 爲例，其對應的光譜效果，依序分別如下所示。

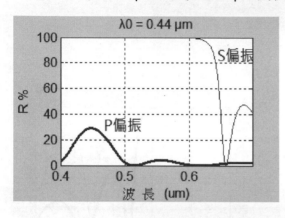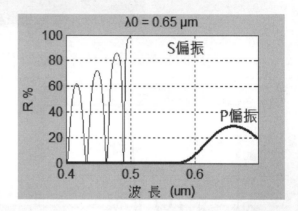

(3) 雙偏振波長窄通偏振片

規格：雙欲偏振波長 $\lambda = 0.53\mu m$，$\lambda = 1.06\mu m$

設計：以短波通濾波器 $(0.5L\ H\ 0.5L)^m$ 型設計針對 $\lambda = 0.53\mu m$，而長波通濾波器 $(0.5H\ L\ 0.5H)^m$ 型設計針對 $\lambda = 1.06\mu m$ 來合成兩膜堆。選擇 $n_S = 1.52$，$n_H = 2.35$，$n_L = 1.38$，令 $m = 9$，比照前述做法，設計如下

$$1\left|\left(\frac{L}{2}H\frac{L}{2}\right)^8 \quad \left(\frac{H}{2}L\frac{H}{2}\right)^8\right|1.52$$

$$\lambda_0 = \begin{cases} 0.715\mu m \\ 0.51\mu m \end{cases} \quad \lambda_0 = \begin{cases} 1.015\mu m \\ 1.435\mu m \end{cases}$$

入射角 $\theta_0 = 56.66°$，設計角 $\theta_d = 0°$

結果：模擬輸出顯示如下

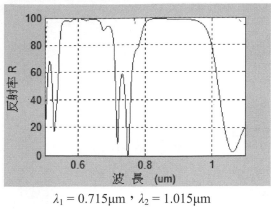

$\lambda_1 = 0.715\mu m$，$\lambda_2 = 1.015\mu m$

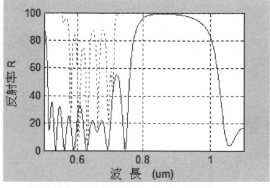

$\lambda_1 = 0.51\mu m$，$\lambda_2 = 1.015\mu m$

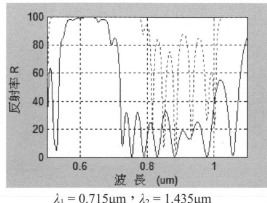

$\lambda_1 = 0.715\mu m$，$\lambda_2 = 1.435\mu m$

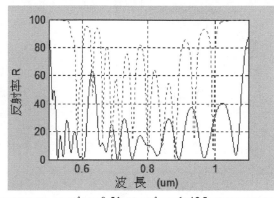

$\lambda_1 = 0.51\mu m$，$\lambda_2 = 1.435\mu m$

6.　**非偏振分光鏡**

　　規格：$\theta_0 = 45°$使用，$\lambda_0 = 3\mu m$

　　設計：斜向入射時，$(0.5L\ H\ 0.5L)$與$(0.5H\ L\ 0.5H)$對稱膜堆的等效折射率 ε 將不會出現
　　　　類似垂直入射時的對稱性質(參考下圖)。

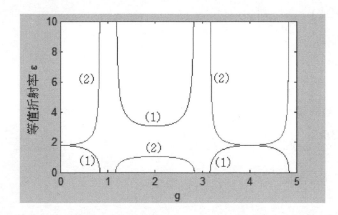

因此，為了徹底瞭解不同偏振光對等效折射率的影響，我們定義

$$\Delta n = \frac{n_P}{n_S} = \frac{1}{1 - \left(\dfrac{n_0 \sin\theta_0}{n}\right)^2}$$

因為 $n_0 = 1$，$\theta_0 = 45°$，化簡上式

$$\Delta n = \frac{1}{1 - \dfrac{1}{2n^2}} > 1$$

在 $g = 2$，選擇(0.5H L 0.5H)型組合(why？)，根據

$$\varepsilon = \eta_A \left(\frac{1 + \dfrac{1}{\beta}}{1 + \beta} \right)^{\frac{1}{2}} = \eta_A \left(\frac{\eta_B}{\eta_A} \right)^{\frac{1}{2}} = (\eta_A \eta_B)^{\frac{1}{2}}$$

當

$$\Delta n_H \left(\frac{\Delta n_H}{\Delta n_L} \right)^{0.5} = 1$$

條件成立時，P 偏振與 S 偏振的等效折射率 ε 值相等。化簡上式

$$(\Delta n_H)^3 = \Delta n_L$$

$$\frac{1}{\left[1 - \left(\dfrac{n_0 \sin \theta_0}{n_H} \right)^2 \right]^3} = \frac{1}{1 - \left(\dfrac{n_0 \sin \theta_0}{n_L} \right)^2}$$

$$n_L = \frac{\dfrac{1}{\sqrt{2}}}{\left[1 - \left(1 - \dfrac{1}{2n_H{}^2} \right)^3 \right]^{\frac{1}{2}}}$$

因為 $\left(1 - \dfrac{1}{2n_H{}^2} \right)^3 \cong 1 - \dfrac{3}{2n_H{}^2}$

$$n_H = \sqrt{3} n_L$$

例如 $n_H = 2.35$，由上式可知

$$n_L = 1.35$$

又例如 $n_H = 4$，由上式可知

$$n_L = 2.31$$

很幸運，ZnS/MgF$_2$ 與 Ge/ZnS 的鍍膜組合還算是可以滿足要求；舉前者為例，$\theta_0 = \theta_d = 45°$，其等效折射率如下所示

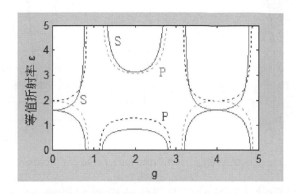

如果是選擇 Ge/ZnS 的鍍膜組合，則在 $g = 2$ 處的 Δn 將增大。基於分光鏡的 TR 考量，非偏振分光鏡的初階設計為

　　　　1|0.75H 1.5L 0.75H|1.52

其中 $n_H = 4$，$n_L = 2.35$。如前所述，選擇 Ge/ZnS 材料並將膜厚移至 $g = 1.5$，可知非偏振的效果一定不好，所以，修正設計為

　　　　1|n_1(0.75H 1.5L 0.75H)n_2|1.52

結果：$n_1 = 1.38$，$n_2 = 1.9$，模擬透射率光譜效果，顯示如下

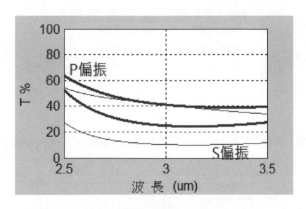

5-6　　使用模擬軟體的優化設計

🔘 5-6-1　短波通濾波器-紅光反射鏡

模擬 LCD 投影系統中，所使用的**雙色分光鏡**(Dichroic mirror)，代號 A 分光鏡，其反射波段為 600nm~700nm 紅色光區。

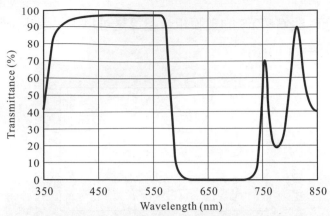

（http://www.ocj.co.jp/english/products/dichroic_m/dichroic_m.htm）

　　短波通濾波器鍍膜設計爲 15 層，奇數層爲低折射率材料 MgF_2，偶數層爲高折射率材料 TiO_2。

將編號第 1 與地 15 層的膜厚改爲 0.125。

No.	Thickness	Material	dn	dk	不均匀
11	.2500	MgF2	.0000	.0000	
12	.2500	MgF2	.0000	.0000	
13	.2500	MgF2	.0000	.0000	
14	.2500	MgF2	.0000	.0000	
15	0.125	gF2	.0000	.0000	

偶數層材料更改爲高折射率材料 TiO_2，中心波長 680nm，波長曲線選項 ☑ Ra 與 ☑ Ta。

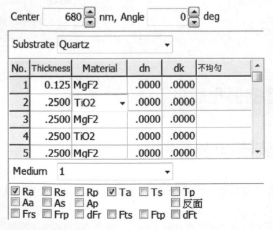

按工具列 ![W] 檢視波長曲線圖：按 ☒格式設定(E) 設定 y 軸最大值為 100%。

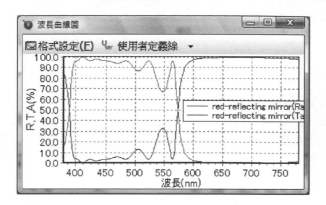

按工具列 ![] 檢視電場強度曲線圖：由輸出圖形中，可以很清楚看到大部份的電場峰值皆在膜層內。

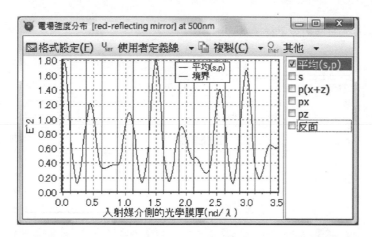

按工具列 ![] 檢視顏色效果：由顯示輸出可知反射光為橙紅色，穿透光為藍綠色

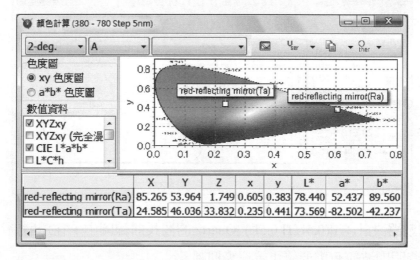

按工具列 檢視製造誤差解析效果：由顯示輸出可知，增加膜厚效應，使得整個透射率光譜往長波長方向移動，反之，減少膜厚則使整個透射率光譜往短波長方向移動。按 將 y 軸最大值設定為自動

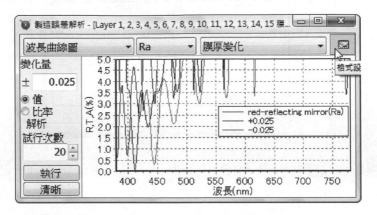

曲線種類更改為穿透率平均值 Ta

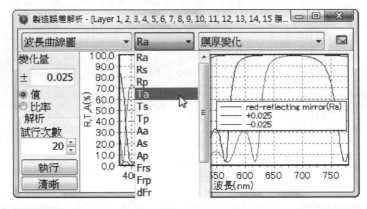

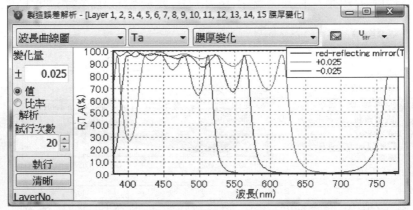

15 層**短波通濾波器**設計：1|(0.5L H 0.5L)^7|Quartz 的波長曲線圖中，在透射區域有明顯的波紋(ripple)，這些明顯波紋有需要優化處理來抑制。

　　按工具列 進行設計最適化的動作

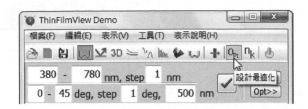

選擇**手動模式**：最適化系列下拉選擇 Sheet1：red-reflecting mirror(Ta)，以滑鼠直接將透射
區域的波紋往上方拖曳。

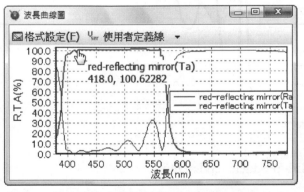
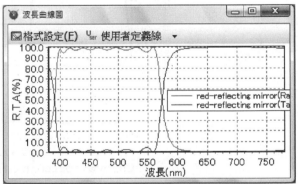

進一步調整透射區到反射區的曲線斜率

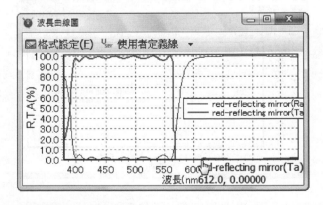

重複上述動作直到光譜特性符合要求為止

No.	Thickness	Material	dn	dk	不均勻
1	.2605	MgF2	.0000	.0000	
2	.2734	TiO2	.0000	.0000	
3	.2460	MgF2	.0000	.0000	
4	.2553	TiO2	.0000	.0000	
5	.2254	MgF2	.0000	.0000	

(僅列出部分)

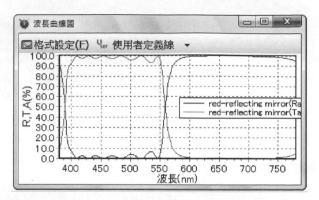

⚙ 5-6-2 短波通濾波器-綠光反射鏡

模擬 LCD 投影系統中，所使用的**雙色分光鏡**(Dichroic mirror)，代號 B 分光鏡，其反射波段為 520nm~620nm 綠色光區(涵蓋黃色光區)

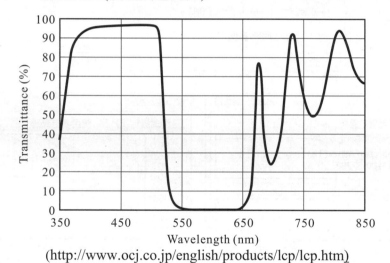

(http://www.ocj.co.jp/english/products/lcp/lcp.htm)

延續上述設計，但中心坡長改為 630nm

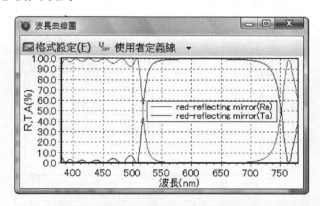

使用設計最適化：手動模式，依要求將反射區限制在 550nm~650nm 之間。

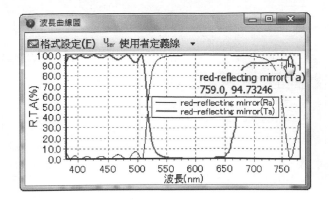

重複調整透射區域與反射區域，直到光譜特性符合要求為止。

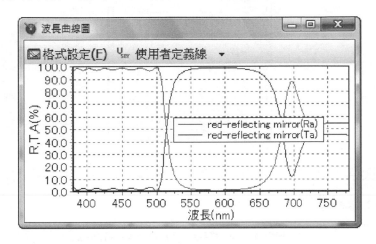

5-6-3　干涉濾光片(Interference filter)

1. **藍光反射鏡**：高反射率波段在 380nm~450nm，此鍍膜設計屬於**長波通濾波器**的特性。

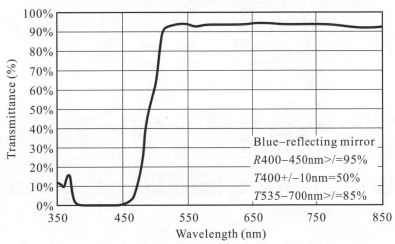

(http://www.ocj.co.jp/english/products/dichroic_m/dichroic_m.htm)

啟動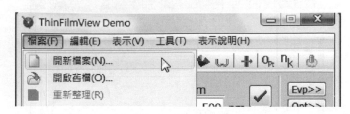

15 層長波通濾波器 $1|(0.5H\ L\ 0.5H)^7|Quartz$ 設計

將編號第 1 與第 15 層的膜厚改為 0.125，奇數層材料更改為高折射率材料 TiO_2，中心波長 400nm，波長曲線選項 ☑ Ra 與 ☑ Ta。

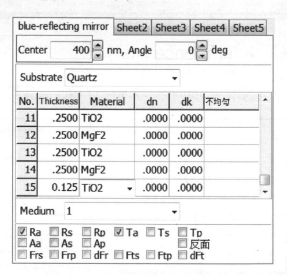

按工具列 ⊡ 檢視波長曲線圖：按 ⊠ 格式設定(F) 設定 y 軸最大值為 100%。

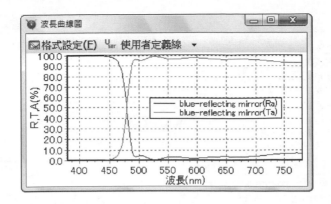

按工具列 3D 檢視波長-入射角複合圖表：

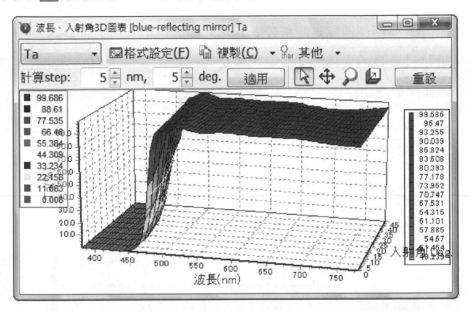

按工具列 檢視電場強度曲線圖：由輸出圖形中，可以很清楚看到大部份的電場峰值皆在膜層內(試用版此項功能有限制-只針對波長 500nm)。

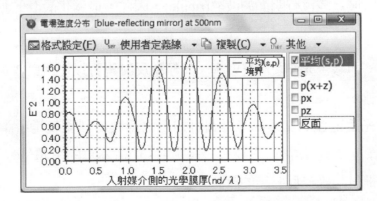

按工具列 檢視顏色效果：由顯示輸出可知反射光爲橙黃色，穿透光爲藍紫色。

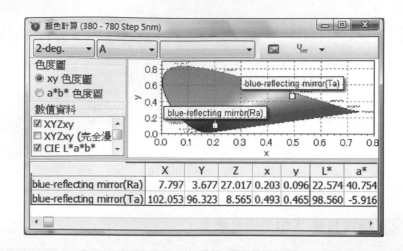

按工具列 **檢視製造誤差解析效果**：由顯示輸出可知，增加膜厚效應，使得整個透射率光譜往長波長方向移動，反之，減少膜厚則使整個透射率光譜往短波長方向移動。曲線種類更改爲穿透率平均值 Ta。

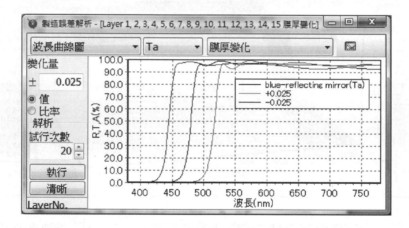

15 層**長波通濾波器**設計：$1|(0.5H\ L\ 0.5H)^7|Quartz$ 的波長曲線圖中，相較於短波通濾波器，在透射區域比較沒有明顯的波紋(ripple)，因此，最適化設計的動作可以考慮不用進行。

2. **綠光反射鏡**：即綠色光波段高反射率，此類型反射鏡可以使用第 3 章所討論的高反射率鍍膜來設計。

　　觀察**綠光反射鏡**的穿透率光譜圖可知，此濾波器其實就是所謂**帶止濾波器**的特性，因爲在綠色光區零透射，其餘波段高透射；由於本章的主題是旁通濾波器，因此，下一章再詳細討論綠光反射鏡的設計。

上述各項產品的稱呼爲鏡(mirror)，訴求重點在反射波段，反之，若是取其穿透所在的波段，則稱爲濾波器(filter)；例如，下列各項的**彩色濾波器**(或者稱爲**干涉濾波器**)

1. **藍光濾波器**：高穿透率波段在 390nm~490nm，此鍍膜設計為**短波通濾波器**的特性。

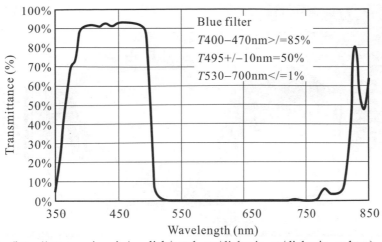

(http://www.ocj.co.jp/english/products/dichroic_m/dichroic_m.htm)

啟動 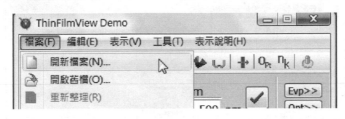 。

Sheet1 設計 15 層短波通濾波器 1|(0.5 L H 0.5L)⁷|Quartz 設計：中心波長 630nm，將編號第 1 與第 15 層的膜厚改為 0.125，偶數層材料更改為高折射率材料 TiO₂。

No.	Thickness	Material	dn	dk	不均勻
1	0.125	MgF2	.0000	.0000	
2	.2500	TiO2	.0000	.0000	
3	.2500	MgF2	.0000	.0000	
4	.2500	TiO2	.0000	.0000	

按工具列 ⎍ 檢視波長曲線圖：按 ☒格式設定(E) 設定 y 軸最大值設定為自動。

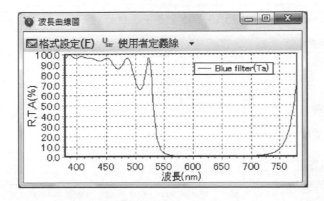

按工具列 3D 檢視波長-入射角複合圖表：

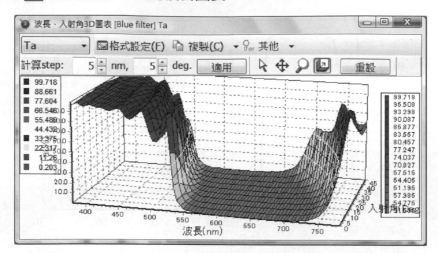

按工具列 ▶ **檢視顏色效果**：由顯示輸出可知反射光為橙黃色，穿透光為藍紫色。

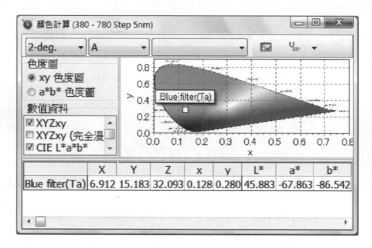

按工具列 ⬛ **檢視製造誤差解析效果**：由顯示輸出可知，增加膜厚效應，使得整個透射率光譜往長波長方向移動，反之，減少膜厚則使整個透射率光譜往短波長方向移動。曲線種類更改為穿透率平均值 Ta。

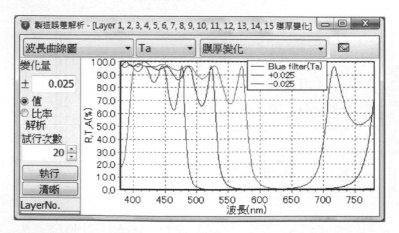

15 層**短波通濾波器**設計：1|(0.5L H 0.5L)^7|Quartz 的波長曲線圖中，相較於長波通濾波器，在透射區域比較有明顯的波紋(ripple)，因此，必須考慮最適化設計的動作：手動模式。

透射區域的透射率調整為~90%，波段 520nm~750nm 的透射率調整為~0%，結果如下所示。

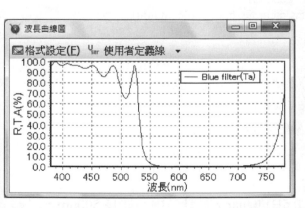

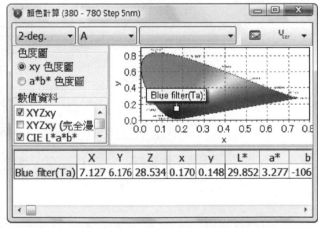

2. **綠光濾波器**：高穿透率波段在 520nm~560nm，此鍍膜設計屬於**帶通濾波器**的特性(下一章再詳細討論)。

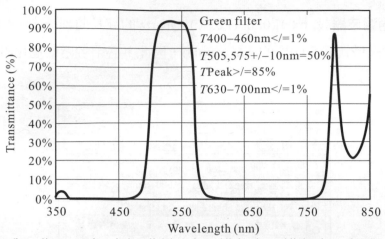

(http://www.ocj.co.jp/english/products/dichroic_m/dichroic_m.htm)

3. **紅光濾波器**：高穿透率波段在 630nm~850nm，此鍍膜設計屬於**長波通濾波器**的特性。

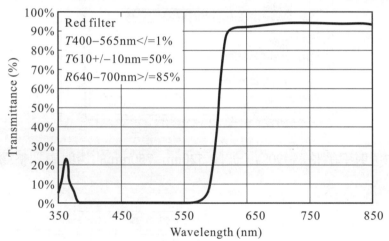

(http://www.ocj.co.jp/english/products/dichroic_m/dichroic_m.htm)

啟動 ThinFilmView Demo 。

Sheet1 設計 15 層長波通濾波器 1|(0.5H L 0.5H)^7|Quartz 設計：中心波長 500nm，將編號第 1 與第 15 層的膜厚改為 0.125，奇數層材料更改為高折射率材料 TiO_2。

按工具列 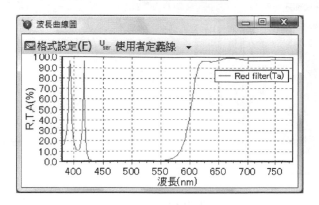 檢視波長曲線圖：按 ✉ 格式設定(E) 設定 y 軸最大值設定為自動。

按工具列 3D 檢視波長-入射角複合圖表：

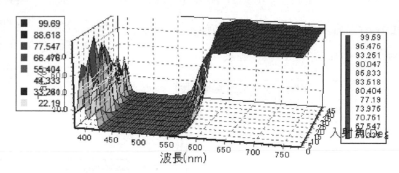

按工具列 🦆 檢視顏色效果：由顯示輸出可知反射光為橙黃色，穿透光為藍紫色。

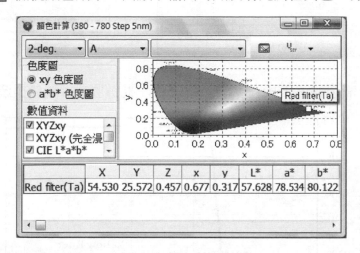

按工具列 W 檢視製造誤差解析效果：由顯示輸出可知，增加膜厚效應，使得整個透射率光譜往長波長方向移動，反之，減少膜厚則使整個透射率光譜往短波長方向移動。曲線種類更改為穿透率平均值 Ta。

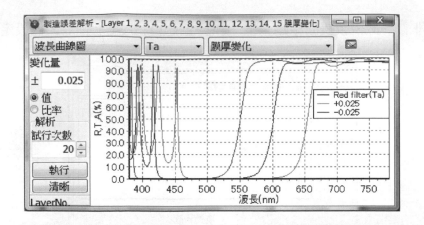

15 層**長波通濾波器**設計：1|(0.5H L 0.5H)⁷|Quartz 的波長曲線圖中，基本上已經符合紅光濾波器的特性要求，因此，可以不需要進行最適化設計的動作。若是使用手動模式進行最適化設計，結果如下所示：透射區域的透射率調整為~100%，波段 410nm~570nm 的透射率調整為~0%。

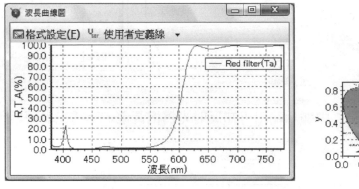

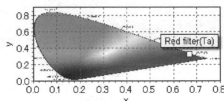

4. **黃光濾波器**：高穿透率波段在 525nm~850nm，此鍍膜設計屬於**長波通濾波器**的特性

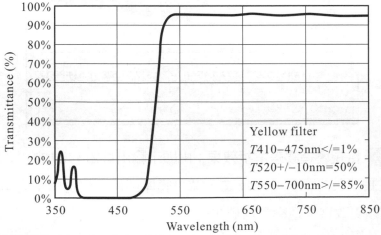

(http://www.ocj.co.jp/english/products/dichroic_m/dichroic_m.htm)

啟動 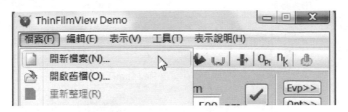 。

Sheet1 設計 15 層長波通濾波器 1|(0.5H L 0.5H)^7|Quartz 設計：中心波長 430nm，將編號第 1 與第 15 層的膜厚改為 0.125，奇數層材料更改為高折射率材料 TiO₂。

No.	Thickness	Material	dn	dk	不均勻
1	0.125	TiO2	.0000	.0000	
2	.2500	MgF2	.0000	.0000	
3	.2500	TiO2	.0000	.0000	
4	.2500	MgF2	.0000	.0000	

按工具列 🔲 檢視波長曲線圖：按 ☒格式設定(F) 設定 y 軸最大值設定為自動

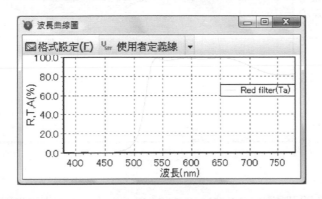

按工具列 3D 檢視波長-入射角複合圖表：

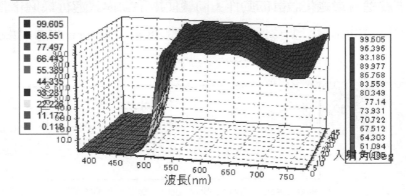

按工具列 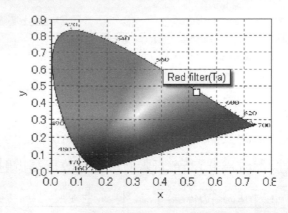 **檢視顏色效果**：由顯示輸出可知反射光爲橙黃色，穿透光爲藍紫色。

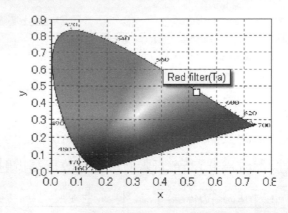

按工具列 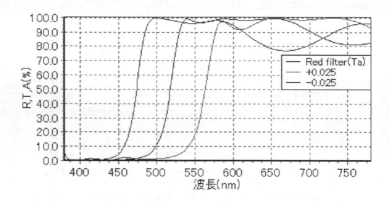 **檢視製造誤差解析效果**：由顯示輸出可知，增加膜厚效應，使得整個透射率光譜往長波長方向移動，反之，減少膜厚則使整個透射率光譜往短波長方向移動。曲線種類更改爲穿透率平均值 Ta。

15 層**長波通濾波器**設計：1|(0.5H L 0.5H)^7|Quartz 的波長曲線圖中，透射光偏黃橙色，因此，有需要進行最適化設計的動作。同樣使用手動模式進行最適化設計，結果如下所示：透射區域的透射率調整爲~100%，波段 380nm~480nm 的透射率調整爲~0%。

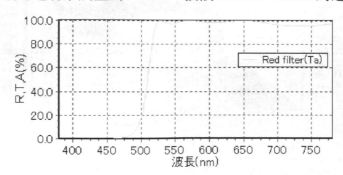

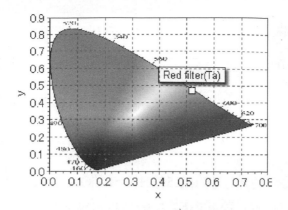

5. **洋紅色濾波器**：除了 550 ± 20nm 外，其餘波段皆爲高穿透率波段，此鍍膜設計屬於**帶止通濾波器**的特性。(此濾波器的模擬，請自行參照前述步驟練習)

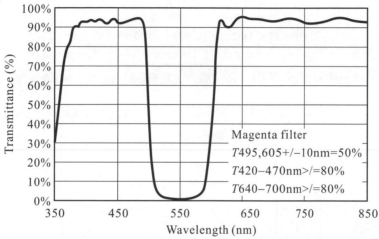

(http://www.ocj.co.jp/english/products/dichroic_m/dichroic_m.htm)

6. **水藍光濾波器**：高穿透率波段在 390nm~580nm，此鍍膜設計屬於**短波通濾波器**的特性。

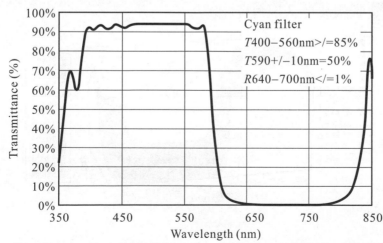

(http://www.ocj.co.jp/english/products/dichroic_m/dichroic_m.htm)

啟動 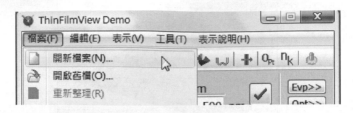 。

Sheet1 設計 15 層短波通濾波器 1|(0.5L H 0.5L)⁷|Quartz 設計：中心波長 650nm，將編號第 1 與第 15 層的膜厚改為 0.125，偶數層材料更改為高折射率材料 TiO_2。

No.	Thickness	Material	dn	dk	不均勻
1	0.125	MgF2	.0000	.0000	
2	.2500	TiO2	.0000	.0000	
3	.2500	MgF2	.0000	.0000	
4	.2500	TiO2	.0000	.0000	

按工具列 W 檢視波長曲線圖：按 ☒格式設定(E) 設定 y 軸最大值設定為自動

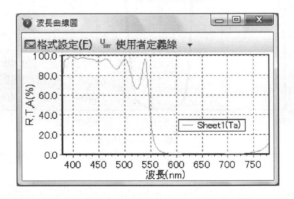

按工具列 3D 檢視波長-入射角複合圖表：

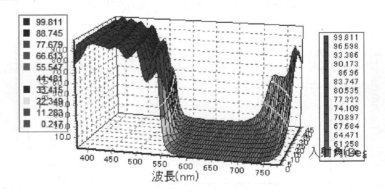

按工具列 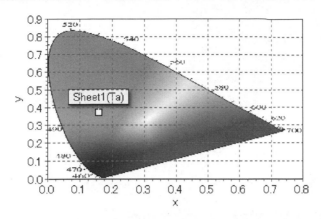 檢視顏色效果：由顯示輸出可知反射光爲橙黃色，穿透光爲藍紫色。

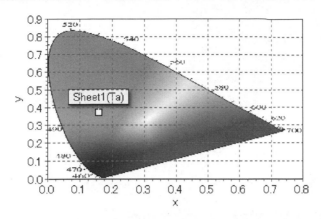

按工具列 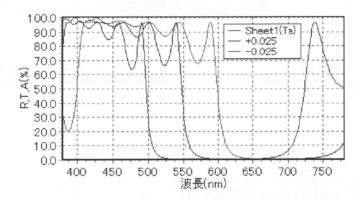 檢視製造誤差解析效果：由顯示輸出可知，增加膜厚效應，使得整個透射率光譜往長波長方向移動，反之，減少膜厚則使整個透射率光譜往短波長方向移動。曲線種類更改爲穿透率平均值 Ta。

15 層**短波通濾波器**設計：1|(0.5L H 0.5L)^7|Quartz 的波長曲線圖中，透射光顏色已經符合要求，因此，可以不進行最適化設計的動作。若是使用手動模式進行最適化設計，結果如下所示：透射區域的透射率調整爲~100%，波段 580nm~750nm 的透射率調整爲~0%。

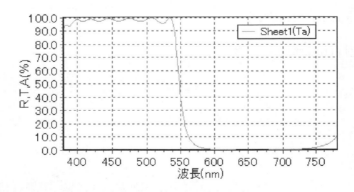

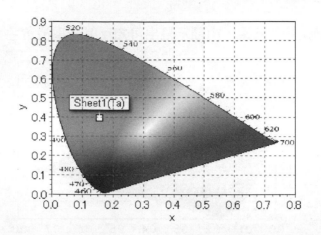

練習 針對本章截止濾波器鍍膜主題，查詢廠商型錄產品，使用 ThinFilmViewDemo 進行模擬設計，並且比較優劣。

網路資源

使用 google 查詢，關鍵字爲本章內容主題，查詢項目包括圖片；網路資源非常豐富，無法逐一列舉，請自行練習搜尋所需要的參考論文或文章。

習題

1. 何謂截止濾光片？

2. 何謂短波通濾光片？

3. 何謂長波通濾光片？

4. 何謂冷光鏡(Cold mirror/filter)？

5. 何謂干涉濾光片(Interference filter)？

6. 膜堆組合(0.5H L 0.5H)與(0.5L H 0.5L)的等效折射率與波數 g 關係，如下圖所示，說明其代表的特性。

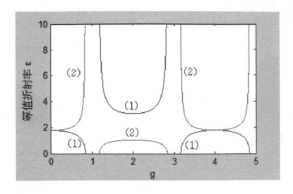

7. 寫出長波通濾波器(LWPF)的鍍膜設計。

8. 寫出短波通濾波器(SWPF)的鍍膜設計。

9. 說明如何改善短波通濾波器(SWPF)的通帶凹陷。

10. 說明如何改善長波通濾波器(LWPF)的通帶凹陷。

11. 說明如何達到拓寬帶通濾波器的通過帶範圍。

12. 說明截止濾波器的應用。

13. 說明寬帶止濾波器的鍍膜設計。

14. 說明寬帶通濾波器的鍍膜設計。

15. 何謂熱光鏡(hot mirror)？

16. 說明熱光鏡的鍍膜設計。

Chapter 6

帶通濾光片

6-1　簡介

　　所謂**帶通濾波器**(Band pass filter，或者稱爲**帶通濾光片**)就是具有"高透射率區兩旁被高反射率區所包圍"特性的濾波器，其光譜特性示意圖如下所示，圖左爲**寬帶通濾波器**(或者稱爲**寬帶通濾光片**)，圖右爲**窄帶通濾波器**(或者稱爲**窄帶通濾光片**)。至於何謂寬帶，其定義爲 $\frac{\Delta\lambda_h}{\lambda_0} > 20\%$，其中 $\Delta\lambda_h$ 爲半寬值：穿透率爲最大值 50% 的波段寬度，λ_0 爲通帶的中心波長。

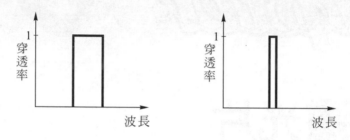

　　對**寬帶通濾波器**而言，只要適當組合**短波通濾波器**與**長波通濾波器**即可。但問題是如何適當組合短波通濾波器與長波通濾波器？根據前述章節的內容可知，設計的重點就是在各自的設計(中心)波長。因此，若是短波通濾波器與長波通濾波器設計波長設定不匹配，將會產生其他種類的鍍膜設計。例如，使用 MgF_2/TiO_2 兩種高、低折射率材料，短波通濾波器與長波通濾波器的中心波長分別爲 575nm、500nm，組合而成的帶通濾波器與兩種旁通濾波器的穿透率光譜效果，如下圖所示。

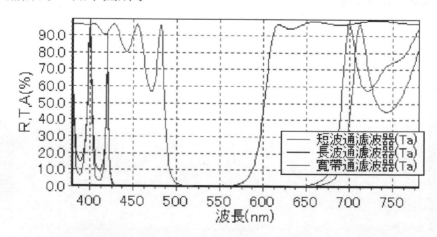

下圖顯示上述帶通濾波器的穿透率與反射率光譜效果。

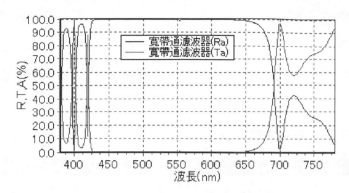

由上圖可以清楚看到，這是第 3 章所討論的寬帶高反射率鍍膜設計，而不是原先預定的帶通率波器鍍膜設計。修正上述短波通濾波器與長波通濾波器的中心波長分別為 750nm、450nm，組合而成的帶通濾波器與兩種旁通濾波器的穿透率光譜效果，如下圖所示。

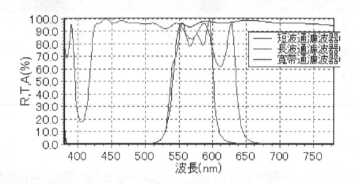

由圖可知，初始設計的通帶中有嚴重凹陷的波紋，改善之道可以事先將短波通濾波器的通帶凹陷進行優化改善，或者組合而成帶通濾波器後再進一步優化處理，現在以後者示範，優化改善處理結果，如下圖所示。

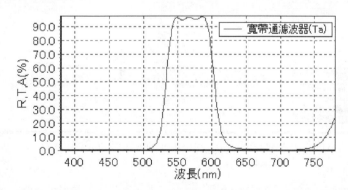

　　然而，對**窄帶通濾波器**而言，這種設計方式並非很成功，因為很難精準控制截止(旁通)濾波器的位置與陡度。為了解決上述設計上的困擾，最簡單的方法就是採用**法布里-珀羅**(Fabry-Perot)**濾波器**[1]。此種濾波器的設計觀念，主要是源自**法布里-珀羅干涉儀**，組合反射

鏡-墊片-反射鏡而成，同時以此為單元，經由耦合串聯數個這種單元，可以用來改變法布里-珀羅濾波器的通帶寬度，所以，利用組合安排的濾波器又稱為**多腔層濾波器**。例如，組合兩個法布里-珀羅濾波器單元，結果成為**雙腔層濾波器**，簡寫為 DHW 濾波器；同理，若包括三個法布里-珀羅濾波器單元，則稱為三**腔層濾波器**，簡寫為 THW 濾波器，以此類推其他組合。

下圖顯示業界產出**干涉濾波器**的成品：

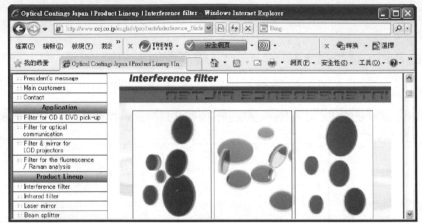

（http://www.ocj.co.jp/english/products/interference_f/interference_f.htm）

在光譜分析上的應用：

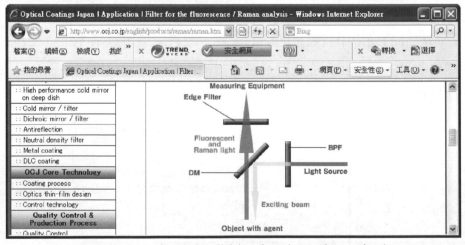

（http://www.ocj.co.jp/english/products/raman/raman.htm）

上圖中使用帶通濾波器(BPF)：

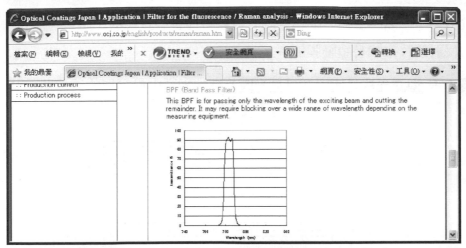

(http://www.ocj.co.jp/english/products/raman/raman.htm)

下圖顯示 newport 公司產出的帶通與帶止濾光片成品：

(http://search.newport.com/?q=*&x2=sku&q2=10BPF10-800)

6-2　帶通濾光片

6-2-1　F-P 型濾光片

　　理想**帶通濾光片**只讓特定光區的光透射，但是擋掉此光區以外的光。這類濾光片非常類似法布里-珀羅干涉儀，組合結構可以是**全介質**或**金屬-介質多層膜**，選用何者端視通帶、止帶以及光譜要求而定。

　　傳統**法布里-珀羅濾波器**(簡稱 F-P 型濾波器，或者稱為 F-P 型濾光片)以光學薄膜安排可以等效成

空氣|Ag H Ag|基板

其中 $n_{Ag} = 0.05 - i3$，$n_H = 2.35$。因為金屬有吸收特性會導致透射率降低，所以，通常是改用全介質的反射鏡片來代替金屬膜層。

全介質 F-P 型濾光片是使用在可見光區及紅外光區中最簡單的濾波器，其基本結構如下所示。

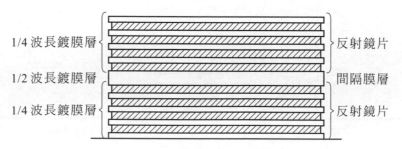

1/4 波長鍍膜層	反射鏡片
1/2 波長鍍膜層	間隔膜層
1/4 波長鍍膜層	反射鏡片

典型的鍍膜設計安排有 4 種：

$$空氣 \left| \begin{array}{l} (HL)^m\ 2H\ (LH)^m \\ (LH)^m L2HL(HL)^m \\ (HL)^m H2LH(LH)^m \\ (LH)^m\ 2L\ (HL)^m \end{array} \right| 基板$$

m：膜層重複次數，當 m 增加時，帶通與止帶特性將獲得改善。例如，$m = 1$、3、5，單腔層全介質 F-P 型濾光片設計為

$$1|(HL)^m H2LH(LH)^m|1.52$$

其中 $n_L = 1.45$，$n_H = 2.3$，$\lambda_0 = 0.55\mu m$，光譜特性如下所示，由圖即可證明選定 m 值對設計帶通濾光片的重要。

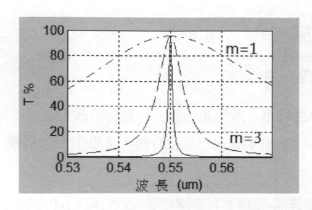

F-P 型濾光片中，無效層的安排對決定在設計波長 λ_0 處的最大透射率 T_{max} 很有幫助，舉前例說明，計算過程如下

$$1 \left| \underbrace{HLH}_{無效層} \quad \underbrace{L \, L}_{無效層} \quad HLH \right| 1.52 \Rightarrow 1 \underset{如同}{\Big|} 1.52$$

省略基板另一面板的反射損耗，可得透射率為

$$T = 1 - R = 1 - \left(\frac{1 - 1.52}{1 + 1.52} \right)^2 = 0.9574$$

範例 1. 單腔層全介質 F-P 型濾光片設計為：(1) $1|(HL)^m H2LH(LH)^m|$Quartz，

(2) $1|(LH)^m L2HL(HL)^m|$Quartz，$n_L = 1.384$，$n_H = 2.428$，$\lambda_0 = 0.55\mu m$，吸收係數 $k_H = k_L = 0.0001$，$m = 1 \cdot 3$，求其透射率與吸收光譜圖。

解 使用 ThinFilmViewDemo 模擬

(1) $m = 1$，$1|(HL)^1 H2LH(LH)^1|$Quartz，7 層鍍膜設計，吸收 $A_{550nm} = 0.3642\%$

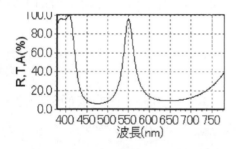 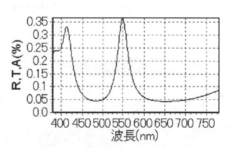

$m = 3$，$1|(HL)^3 H2LH(LH)^3|$Quartz，15 層鍍膜設計，吸收 $A_{550nm} = 3.3507\%$。

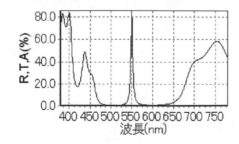 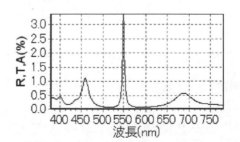

(2) $m = 1$，$1|(LH)^1 L2HL(HL)^1|$Quartz，7 層鍍膜設計，吸收 $A_{550nm} = 0.2248\%$

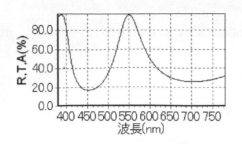 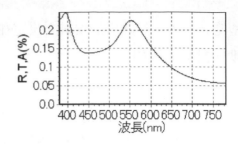

$m = 3$，$1|(LH)^3L2HL(HL)^3|Quartz$，15 層鍍膜設計，吸收 $A_{550nm} = 1.9874\%$

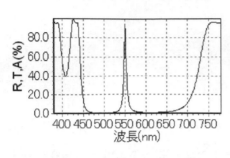 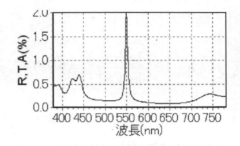

綜上結果可知，膜層若有吸收的情況下，相同層數設計單腔層全介質 F-P 型濾光片，以選用高折射率材料為間隔層為宜。

練習 續上一範例，設計改為：(1)$1|(LH)^m2L(HL)^m|Quartz$；(2)$1|(HL)^m2H(LH)^m|Quartz$。

6-2-2 多腔層帶通濾光片

基本上，F-P 型濾光片的光譜特性並不是很理想，比如說，它的窄通帶特性，若不能精確監控各膜層膜厚，又怎麼能夠保證最大透射率 T_{max} 是在設計波長 λ_0 上？改善方法如同耦合調諧電子電路一般，將 2 個 F-P 型濾光片串聯，結構如

空氣|(F-P 型濾光片) L (F-P 型濾光片)|基板

這就是雙半波長或 DHW 濾光片，或者稱為雙腔濾光片(double cavity filter)；若是 3 個 F-P 型濾光片串聯，結構如

空氣|(F-P 型濾光片) L (F-P 型濾光片) L (F-P 型濾光片)|基板

即為三半波長或 THW 濾光片，或者稱為三腔濾光片(triple cavity filter)。再續前例，取 $m = 3$，比較單腔層、雙腔層與三腔層 F-P 型濾光片光譜特性的異同，如下圖所示。圖中顯示，腔層數愈多，通帶中凹陷也愈多。

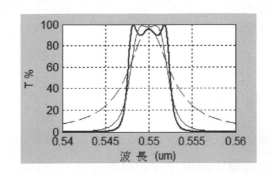

多腔層帶通濾光片的設計還有另外一種方法，這種**"使用對稱膜堆，以及匹配層"**的方法，只需要有無效層的概念，再加上簡單的對稱組合即可。例如，鍺基板上安排對稱膜堆與匹配層如下：選用 $n_H = 4$，$n_L = 2.35$。

對基板的匹配組合	對稱膜堆	對空氣的匹配組合
Ge | L	LHL	| 空氣
Ge | LH	HLHLH	H | 空氣
Ge |LHL	LHLHLHL	LH | 空氣
Ge | LHLH	HLHLHLHLH	HLH | 空氣
Ge | LHLHL	LHLHLHLHLHL	LHLH | 空氣

取樣做說明：$\lambda_0 = 3.5\mu m$，其中 6 層雙腔層設計安排，標示底線代表合併膜層。

1|<u>H</u>(HLHL<u>H</u>)HL|4　　(6 層雙腔層)

1|H(HLHLH)3HL|4　　(14 層肆腔層)

光譜特性如下所示，由圖可見膜層數愈多，止帶與通帶的界限愈分明，而且通帶中的凹陷漣波也愈多。

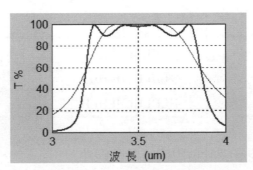

再取樣做說明：14 層雙腔層與 22 三腔層設計

$$1|HLH(HLHLHLHLH)HLHL|4$$

$$1|HLH(HLHLHLHLH)^2HLHL|4$$

光譜特性如下所示。連同前例做比較，並且確認，對稱膜堆與匹配層的層數愈多，通帶會逐漸形成矩形通帶，意即通帶與不通帶之間的斜率愈陡。

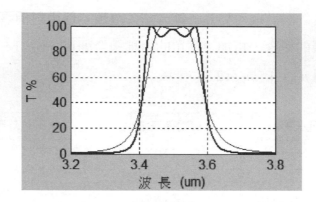

上述討論的起始設計安排是 Ge 基板上有抗反射匹配層的情形，如果讓始設計安排沒有匹配層，則需要改變對稱膜堆的型式，例如以下的設計：

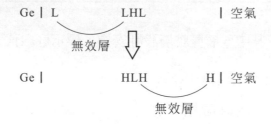

對基板的匹配組合	對稱膜堆	對空氣的匹配組合
Ge |	HLH	H | 空氣
Ge | L	LHLHL	LH | 空氣
Ge |LH	HLHLHLH	HLH | 空氣
Ge | LHL	LHLHLHLHL	LHLH | 空氣
Ge | LHLH	HLHLHLHLHLH	HLHLH | 空氣

取樣 14 層雙腔層與 30 肆腔層設計做說明：同前條件

$$1|HLHL(LHLHLHLHL)^mLHL|4$$

$m = 1$、3，光譜特性如下所示。由圖發現，此類設計似乎劣於前述的設計，因為它的通帶特性很差。

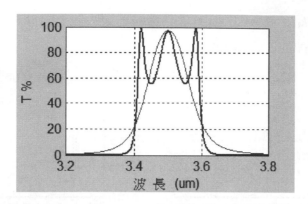

　　為了靈活運用上述的設計方法，充分掌握設計原則和善用半波長膜層是不二法門。例如，若基板改用矽 $n_S = 1.45$，該如何設計？由於空氣與基板的折射率相差不大，所以，填入無效層是膜層安排重點，如

$$1 \left| \begin{matrix} H \\ L \end{matrix} \ (對稱膜堆)^m \ \begin{matrix} H \\ L \end{matrix} \right| 1.45$$

取樣 17 層五腔層設計：膜層折射率同前，$\lambda_0 = 3.5\mu m$。

$$1|H(HLHLH)^4 H|1.45$$

其光譜效果如下所示。圖中短波長區的多餘旁通帶，有賴額外使用彩色玻璃或其他濾波器去除。

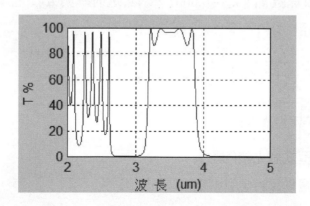

範例 2. 全介質帶通濾光片設計為：(1) 1|HLH(HLHLHLHLH)HLHL|Quartz；

(2) 1|HLH(HLHLHLHLH)^{2}HLHL|Quartz，$n_L = 1.384$，$n_H = 2.428$，$\lambda_0 = 0.55\mu m$，

吸收係數 $k_H = k_L = 0.0001$，求其透射率與吸收光譜圖。

解 使用 ThinFilmViewDemo 模擬

(1) 1|HLH(HLHLHLHLH)HLHL|Quartz，吸收 $A_{550nm} = 0.6658\%$。

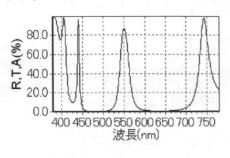 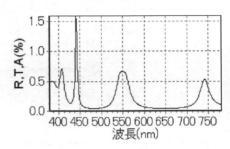

(2) 1|HLH(HLHLHLHLH)^{2}HLHL|Quartz，吸收 $A_{550nm} = 1.0041\%$。

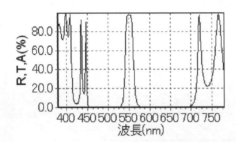 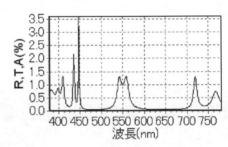

練習 全介質帶通濾光片設計為 1|H(HLHLH)^{4}H|Quartz，$n_L = 1.384$，$n_H = 2.428$，$\lambda_0 = 0.55\mu m$，吸收係數 $k_H = k_L = 0.0001$，求其透射率與吸收光譜圖。

6-3　帶通濾光片之基本性質

帶通濾光片具有下列的基本性質

1. 層數與不同鍍膜型式對光譜的影響

已知 F-P 型濾光片的透射率為

$$T = \frac{T^2}{(1-R)^2 + 4R\sin^2\delta}$$

其中 δ 是半波墊片的相厚度。因此，最大透射率為

$$T_{\max} = \frac{T^2}{(1-R)^2}$$

最小透射率為

$$T_{\min} = \frac{T^2}{(1+R)^2}$$

由此定義**截止係數**

$$截止係數 = \frac{T_{\min}}{T_{\max}} = \frac{(1-R)^2}{(1+R)^2}$$

按照學理，品質好的帶通濾光片必須是低截止係數，換言之，反射率必須很高。但是，如果在 λ_0 處的反射率維持不變，又該如何改善帶通濾光片的性質？以下列 4 種 F-P 型濾光片為例。

$$n_0 \begin{vmatrix} (HL)^3 & H^2 & (LH)^3 \\ (LH)^3 LH^2 L(HL)^3 \\ (HL)^3 HL^2 H(LH)^3 \\ (LH)^3 & L^2 & (HL)^3 \end{vmatrix} n_S$$

其中 $n_0 = 1$，$n_H = 2.3$，$n_L = 1.45$，$n_S = 1.52$，$\lambda_0 = 0.55\mu m$，13 層鍍膜設計的對應光譜性如下所示。圖中透射率值已經取對數刻度，對觀察截止區域反射率的變化情形很有幫助。比如說，最外層是高折射率膜層(實線區線)及增加層數都可以明顯強化止帶的反射率，使帶通濾光片的特性更趨理想化。

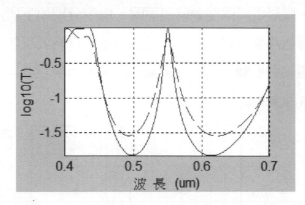

2. 改變膜厚對光譜特性的影響

下圖是稍微改變半波長無效層膜層厚度的光譜特性，顯示精確監控各層膜厚對帶通濾光片，尤其是窄帶通濾光片的重要性。請注意，這只是無效層膜厚誤差 2%而已，若是考慮每一層鍍膜，可以想見偏移程度將會更大。此 13 層鍍膜安排為

$$1|(HLH)L^2(HLH)L(HLH)L^2(HLH)|Ge$$

其中 $n_H = 4$，$n_L = 2.35$，$n_S = 4$，$\lambda_0 = 3.5\mu m$。

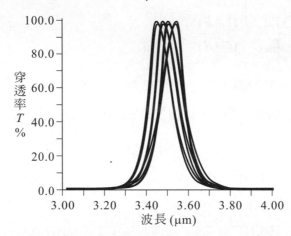

3. 帶通濾光片的膜層電場強度分佈情形

續前例，13 層 F-P 型濾光片的鍍膜安排

(1) $1|(HL)^3H^2(LH)^3|Quartz$

(2) $1|(LH)^3L^2(HL)^3|Quartz$

其 n_H：TiO$_2$，n_L：MgF$_2$，入射角 $\theta_i = 0°$，設計角 $\theta_d = 0°$，設計波長 $\lambda_0 = 500nm$，入射波長 $\lambda = 500nm$，膜層電場強度分佈側面圖，依序分別如下所示。由圖可知，帶通濾光片所建立的膜層電場強度很大，不但兩者的電場行為表現相反，而且有低折射率無效層設計的最大電場強度峰值略大於有高折射率無效層設計。

(1)　$1|(HL)^3H^2(LH)^3|Quartz$

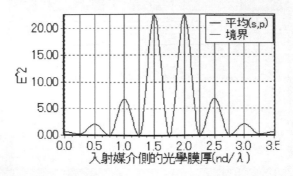

(2)　$1|(LH)^3L^2(HL)^3|Quartz$

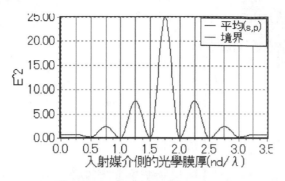

另外，還有 15 層 F-P 型濾光片的鍍膜安排，

(3) $1|(LH)^3LH^2L(HL)^3|Quartz$

(4) $1|(HL)^3HL^2H(LH)^3|Quartz$

其膜層電場強度分佈側面圖，依序分別如下所示。與前述 13 層設計比較，總體來說，膜層數增加，將使界面上電場強度皆變大；個別來說，有 H^2 者的電場強度峰值只是略爲增加而已，不像有 L^2 者可是大幅度的提升。

(3)　$1|(LH)^3LH^2L(HL)^3|Quartz$

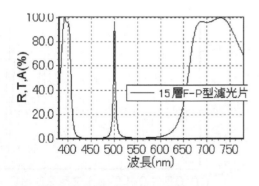
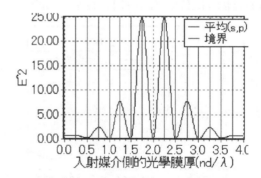

(4)　$1|(HL)^3HL^2H(LH)^3|Quartz$

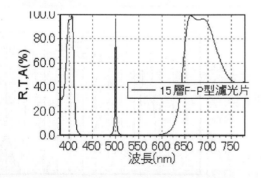
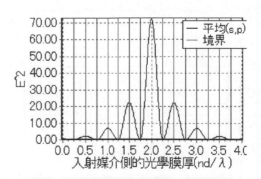

當然上述討論這是針對相同層數而言，然而只要層數夠多，縱使是有 H^2 者的膜層設計，其膜層內的最大電場強度峰值同樣是大到出人意料。例如，下圖顯示 21 層鍍膜的電場強度分佈情形。

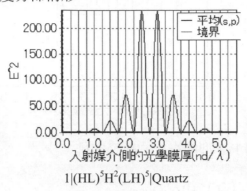

$1|(HL)^5H^2(LH)^5|Quartz$

以上是單腔層濾光片相關設計的膜層電場行為，接著再檢視 DHW 濾光片的情況。15 層鍍膜設計安排有

(1) $1|(LHLH^2LHL)L(LHLH^2LHL)|Quartz$

(2) $1|(HLHL^2HLH)L(HLHL^2HLH)|Quartz$

結果如下所示。

(1) $1|(LHLH^2LHL)L(LHLH^2LHL)|Quartz$

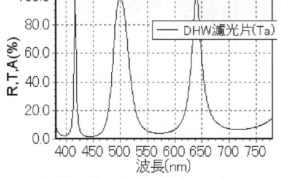

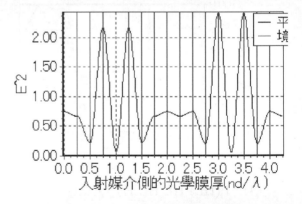

(2) $1|(HLHL^2HLH)L(HLHL^2HLH)|Quartz$

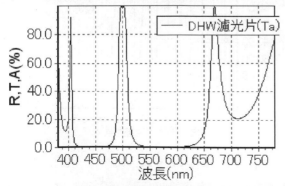

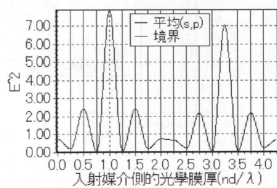

由圖可知，除了上述的事實外，還有下列的現象

① 電場強度峰值比同層數單腔層濾光片還小。

② (1)設計的 2 組電場強度峰值是左低右高，在(2)設計則是右低左高。

最後介紹 THW 濾光片的情況，選定 23 層鍍膜安排

$$(3)\ 1|C_1LC_1LC_1|\text{Quartz}$$

$$(4)\ 1|C_2LC_2LC_2|\text{Quartz}$$

其中 $C_1 \equiv \text{LHLH}^2\text{LHL}$，$C_2 \equiv \text{HLHL}^2\text{HLH}$，結果如下所示。

(3)　$1|C_1LC_1LC_1|\text{Quartz}$

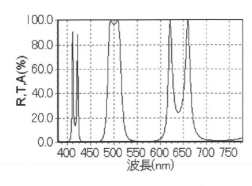
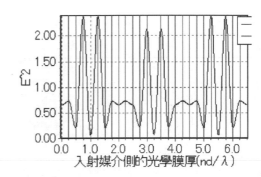

(4)　$1|C_2LC_2LC_2|\text{Quartz}$

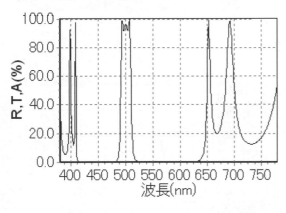
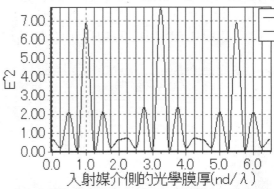

　　由圖可知，前述的各項事實同樣存在，不過，3 組電場強度峰值以對稱方式呈現。至此，詳細看過各種樣式**帶通濾光片**的電場強度分佈情形之後，不禁要問有何重要性？理由很簡單，如果高電場強度峰值所在的膜層恰好有吸收，將會因為吸收被電場放大的作用而使整個濾光片的吸收變得很大，結果降低了通帶的透射率，導致濾光片的功能衰減。

1. 角移效應

　　如同其他濾光片一樣，F-P 型濾光片對入射角的變化非常敏感；入射角愈大，通帶愈往短波長方向移動。爲了降低這種效應，可以嘗試使用高折射率材料當做半波長墊片，例如，DHW 濾光片設計

(1) $1|(HLH)L^2(HLH)L(HLH)L^2(HLH)|1.52$

(2) $1|(LHL)H^2(LHL)L(LHL)H^2(LHL)|1.52$

其中 $n_H = 2.3$，$n_L = 1.45$，$\lambda_0 = 0.55\mu m$，入射角 $\theta_i = 45°$，設計角 $\theta_d = 0°$，角移效應結果如下所示。

(1)　$1|(HLH)L^2(HLH)L(HLH)L^2(HLH)|1.52$

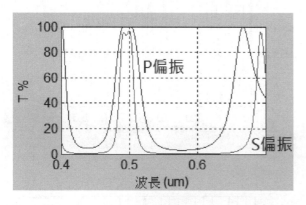
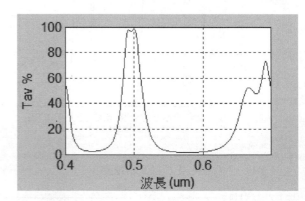

(2)　$1|(LHL)H^2(LHL)L(LHL)H^2(LHL)|1.52$

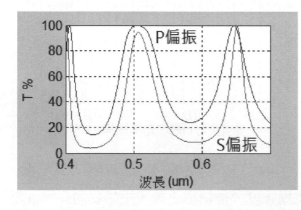
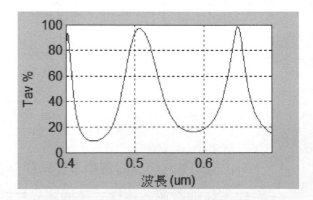

6-4　帶通濾光片的設計實例

　　帶通濾光片的光學薄膜設計技巧已經建立相當完備，常用的帶通濾光片有：

1.　F-P 型濾光片。

2. DHW 濾光片。

3. THW 濾光片。

它們是採用 QW 膜厚，好處是

1. 使損耗降至最低。

2. 原理的數值計算與鍍膜監控容易。

以這 3 種濾光片做為設計的基本架構，再列出下列各設計實例，提供參考。

6-4-1　DHW 型窄通偏振片

規格：欲偏振波長 $\lambda = 0.5\mu m$

設計：$n_H = 2.491$，$n_L = 1.385$，入射角 $\theta_i = 55.6°$，設計角 $\theta_d = 0°$

1|(HLH)2L(HLH)L(HLH)2L(HLH)|Quartz

結果：如下圖所示，先找出符合條件的監控波長 $\lambda_0 = 0.427\mu m$，及 $\lambda_0 = 0.725\mu m$

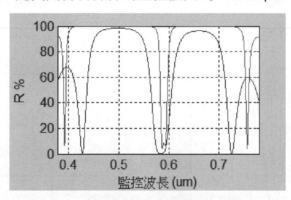

若以較短的監控波長 $\lambda_0 = 0.427\mu m$ 模擬，其相關特性如下所示：

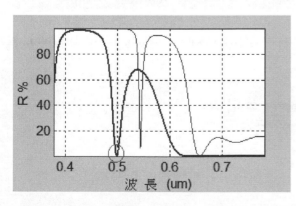 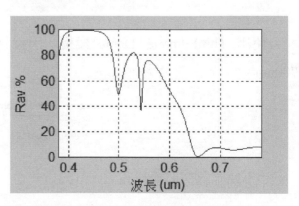

使用 ThinFilmViewDemo 模擬：因為材料有考慮色散條件，故需要修正中心波長為 438.5nm

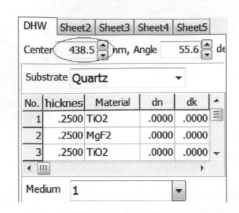

其反射率光譜圖與電場強度曲線圖如下所示：

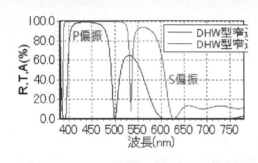

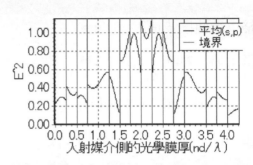

若是監控波長，$\lambda_0 = 0.725\mu m$，入射角 $\theta_i = 55.6°$，設計角 $\theta_d = 0°$，其相關特性如下所示。

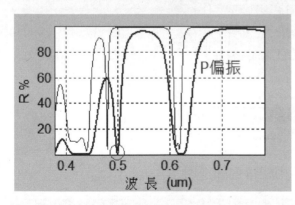

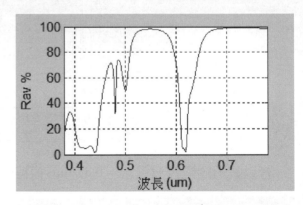

使用 ThinFilmViewDemo 模擬：因為材料有考慮色散條件，故需要修正中心波長為 700nm。

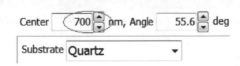

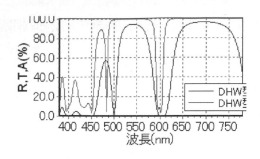 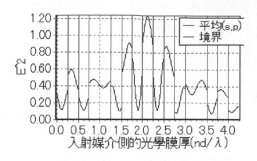

6-4-2 THW 帶通濾光片

規格：帶通設計波長 $\lambda = 0.5\mu m$

設計：25 層鍍設計

$$1|L(HLHL^2HLH)L(HLHL^2HLH)L(HLHL^2HLH)L|Quartz$$

以及 18 層鍍設計

$$1|L(HLH^2LH)L(HLH^4LH)L(HLH^2LH)|Quartz$$

其中 n_H：TiO_2，n_L：MgF_2

結果：光譜特性如下所示，圖中顯示，18 層鍍設計(粗線曲線)在通帶有比較高的透射率。

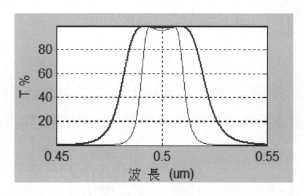

入射角 $\theta_i = 0°$，設計角 $\theta_d = 0°$，$\lambda = \lambda_0 = 0.5\mu m$ 的電場強度分佈圖，依序分別如下所示。

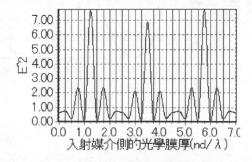 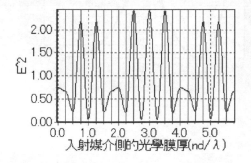

比較：特別強調，所有最大電場強度峰值都發生在半波長整數倍的無效層內或相臨界面上，並且低折射率無效層的電場強度比 1 大。

🔘 6-4-3 修正全介質 F-P 型帶通濾光片

規格：增加 F-P 型濾光片的止帶反射率

設計：第一種修正原設計鍍膜安排

$$1|(HL)^2HL^2H(LH)^2|1.52$$
$$1|2HL(HL)^2HL^2H(LH)^2L2H|1.52 \quad （粗線標記）$$

第二種修正設計

$$1|(LH)^4L^2(HL)^4|1.52$$
$$1|2H(LH)^4L^2(HL)^42H|1.52 \quad （粗線標記）$$

第三種修正設計

$$1|2H(LH)^3L^2(HL)^32H|1.52$$
$$1|4H(LH)^3L^2(HL)^34H|1.52 \quad （粗線標記）$$
$$1|6H(LH)^3L^2(HL)^36H|1.52 \quad （虛線標記）$$

其中 $n_H = 2.35$，$n_L = 1.35$，$\lambda_0 = 1\mu m$

結果：光譜特性依序分別如下所示，圖中顯示，在不影響通帶的原則下，原設計鍍膜最外兩邊加鍍高折射率無效層，尤其是半波長整數倍時的改善效果。

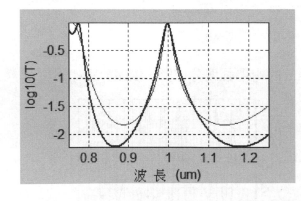
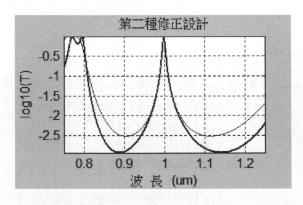

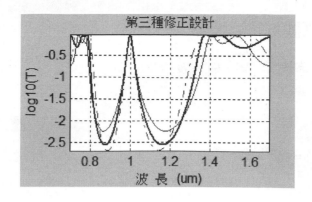

6-5　帶止濾光片

帶止濾波器(Band stop filter，或者稱為帶止濾光片，或負濾光片 minus filter)為帶通濾光片的負片，意即特性剛好相反，示意圖如下所示。

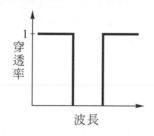

　　由帶止濾光片的光譜特性可以很清楚看到，其實就是前述消除高反射率波段兩旁次高反射率波紋的設計，好比旁通濾光片增加另一邊高透射率的設計，成為以設計波長為中心，在有限波段內光不通過(高反射率，或低透射率)，其餘光通過(高透射率，或低反射率)；針對的設計，直覺以為將如下所示的一短波通濾波器與另一長波通濾波器適當合成即可，但這樣的組合設計，結果是寬帶高反射率鏡片的設計，而不是期望的帶止濾光片設計。

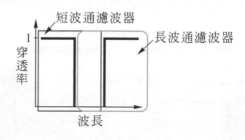

　　根據過去的設計經驗得知，消除短波通濾波器高透射率區域的凹陷波紋並不容易，因此，若需要同時消除兩截止區(stop band)的凹陷波紋，當然更不容易，因為當消除其一截止區的凹陷波紋時，另一截止區的凹陷波紋會變得更嚴重，形成所謂**牙膏管效應**(Toothpaste tube effect)。

🔵 6-5-1　1/4 波長膜堆負濾波器

前述(0.5A B 0.5A)等效折射率 ε 與等效相厚度 γ 的關係為

$$\varepsilon = \left(\frac{M_{21}}{M_{12}}\right)^{0.5}$$

$$\gamma = \cos^{-1}(M_{11}) = \cos^{-1}(M_{22})$$

上列公式可以改寫為

$$\frac{\varepsilon}{n_A} = \frac{\sqrt{\cos\delta - \dfrac{\left(1-\dfrac{n_B}{n_A}\right)}{\left(1+\dfrac{n_B}{n_A}\right)}}}{\sqrt{\cos\delta + \dfrac{\left(1-\dfrac{n_B}{n_A}\right)}{\left(1+\dfrac{n_B}{n_A}\right)}}}$$

$$\gamma = \cos^{-1}\left(1 - \frac{\left(1+\dfrac{n_B}{n_A}\right)^2}{2\dfrac{n_B}{n_A}}\sin^2\delta\right)$$

其中 $\delta = (\pi/2)(\lambda_0/\lambda) = (\pi/2)g$，由等效折射率 ε 的數學式結構可知

$$\frac{\varepsilon(g)}{n_A} = \frac{n_A}{\varepsilon(2-g)}$$

其規一化 $\dfrac{\varepsilon(g)}{n_A}$ 與 g 關係圖如下所示，圖表中的數字代表 n_A/n_B 比值。

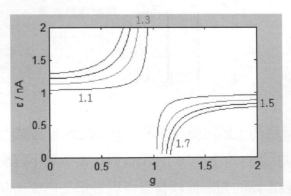

若選定 n_A/n_B 比值為 1.5，膜堆結構更改為(1.5A 3B 1.5A)，其規一化 $\dfrac{\varepsilon(g)}{n_A}$ 與 g 關係圖變化如下。

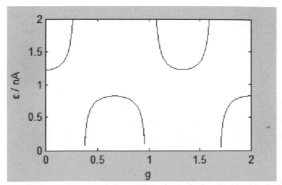

已知沒有吸收特性的膜堆，折射率的倒數或倍數值，並不會影響透射率，因此對 g 做消除波紋的設計，同時也會 $2 - g$ 波段產生效果；根據這樣的特性，可以得到設計負濾波器的步驟如下：

1.　選擇多層膜核心的結構$(0.5A\ B\ 0.5A)^P$。

2.　使用結構 0.5A B1 0.5A，0.5A B2 0.5A…，從 n_A 做匹配處理。

3.　使用同樣結構 0.5A B1 0.5A，0.5A B2 0.5A…，從 $\varepsilon(0.5A\ B\ 0.5A)$ 做匹配處理。

4.　處理 n_A 與入射介質、基板的匹配。

為了足夠靠近高反射率帶，選定等效相厚度 $\gamma = 3\pi/4$，$n_A = 1.56$，$n_B = 2.34$，計算可得

$$g = \frac{\lambda_0}{\lambda} = 0.7206$$

將上式代回等效折射率 ε，計算可得 $\varepsilon = 2.6002$，因此匹配層折射率為

$$\sqrt{n_A \varepsilon} = \sqrt{1.56 \times 2.6} = 2.014$$

將上式視為等效折射率 ε 值，再代回反算 n_B 折射率，可知為

$$n_B = 1.9309$$

上式反算的 n_B 即為匹配層折射率。

因為等效相厚度 $\gamma = 3\pi/4$，因此必須有兩個週期，使能為 $\pi/2$ 的奇數倍，初始設計為

$$1.56 | (0.5L\ M\ 0.5L)^2 (0.5L\ H\ 0.5L)^6 (0.5L\ M\ 0.5L)^2 | 1.56$$

其中 $n_M = 1.9309$，$n_A = 1.56$，$n_B = 2.34$，穿透率與 g 光譜效果如下所示。

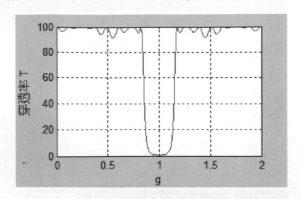

若是入射介質更改為空氣，其穿透率與 g，以及穿透率與波長的光譜效果分別如下所示。

$$1|(0.5L\ M\ 0.5L)^2(0.5L\ H\ 0.5L)^6(0.5L\ M\ 0.5L)^2|1.52$$

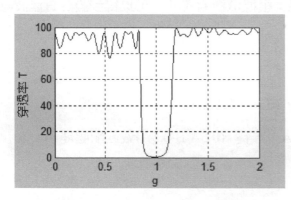 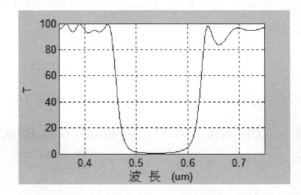

沿用上述設計，但改為三級次對稱膜堆，其穿透率與波長的光譜效果分別如下所示。

$$1|(1.5L\ 3M\ 1.5L)^2(1.5L\ 3H\ .5L)^6(1.5L\ 3M\ 1.5L)^2|1.52$$

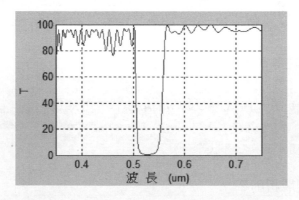

新增與入射介質的匹配層效果，$n_J = 1.38$，如下所示。

$$1|J(1.5L\ 3M\ 1.5L)^2(1.5L\ 3H\ 1.5L)^6(1.5L\ 3M\ 1.5L)^2|1.52$$

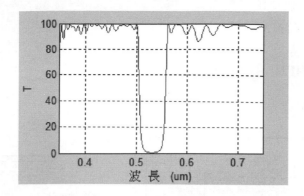

新增與入射介質的匹配層與半波長無效層的光譜效果，如下所示。

$$1|J\ 2M\ (1.5L\ 3M\ 1.5L)^2(1.5L\ 3H\ 1.5L)^6(1.5L\ 3M\ 1.5L)^2|1.52$$

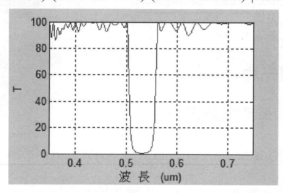

6-6　使用模擬軟體的優化設計

6-6-1　窄帶通濾光片

舉前述內容為例做說明：14 層**雙腔層帶通濾光片**。

$$1|HLH(HLHLHLHLH)HLHL|Quartz$$

$\lambda_0 = 530nm$，光譜特性如下所示。

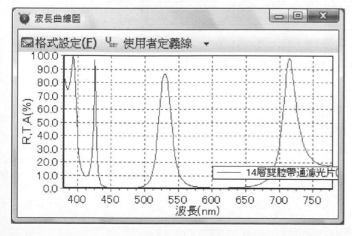

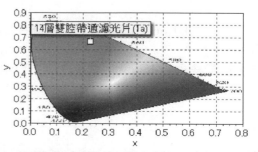

22 三腔層設計帶通濾光片

$$1|HLH(HLHLHLHLH)^2HLHL|Quartz$$

$\lambda_0 = 530nm$，光譜特性如下所示。

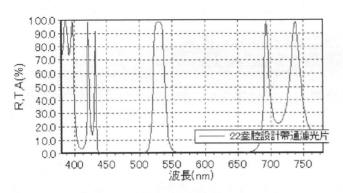
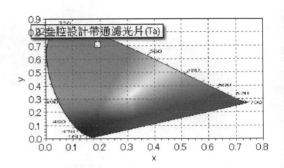

6-6-2 寬帶通濾光片

17 層**短波通濾光片**與**長波通濾光片**設計：

$$1|(0.5L\ H\ 0.5L)^6|Quartz\quad,\quad 1|(0.5H\ L\ 0.5H)^6|Quartz$$

設計波長分別為 $\lambda_0 = 750nm$ 與 $\lambda_0 = 450nm$，光譜特性如下所示。

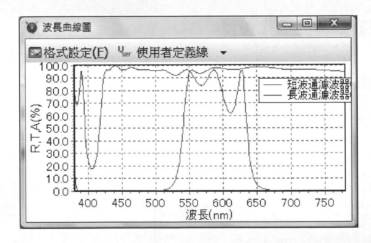

合成各 17 層短波通濾光片與長波通濾光片的寬帶通濾光片設計：

$$1|1.667(0.5L\ H\ 0.5L)^6(0.5H\ L\ 0.5H)^6|Quartz$$

設計波長 $\lambda_0 = 450nm$，光譜特性如下所示。

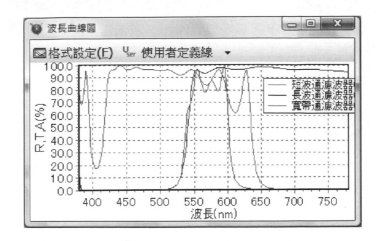

採用手動模式進行最適化動作：選擇 Sheet3。

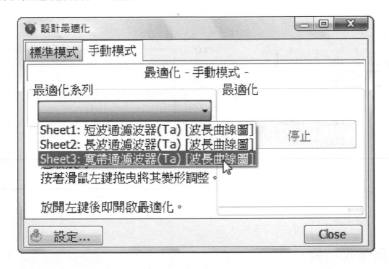

重複進行最適化動作後，最佳化結果如下所示。

No.	Thickness	Material	dn	dk
1	.1960	TiO2	.0000	.0000
2	.1467	MgF2	.0000	.0000
3	.2266	TiO2	.0000	.0000
4	.2797	MgF2	.0000	.0000
5	.2558	TiO2	.0000	.0000
6	.2517	MgF2	.0000	.0000

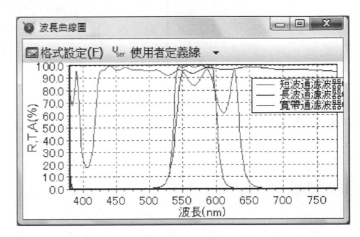

同樣合成各 17 層短波通濾光片與長波通濾光片的寬帶通濾光片設計：

$$1|(L\ 2H\ L)^6(0.5H\ L\ 0.5H)^6|Quartz$$

但是設計波長改為 $\lambda_0 = 400nm$，穿透率光譜特性如下所示。

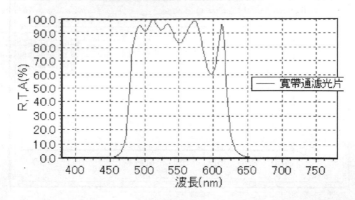

採用手動模式進行最適化動作：重複進行優化動作後，最佳化結果如下所示。

No.	Thickness	Material	dn	dk
1	.2209	TiO2	.0000	.0000
2	.1300	MgF2	.0000	.0000
3	.2566	TiO2	.0000	.0000
4	.3319	MgF2	.0000	.0000
5	.2320	TiO2	.0000	.0000
6	.2052	MgF2	.0000	.0000

Substrate Quartz

Medium 1

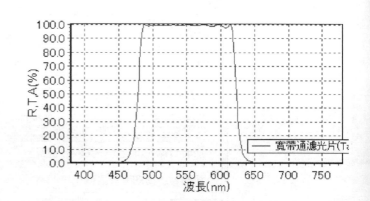

新增選項 Ra：反射率平均值。

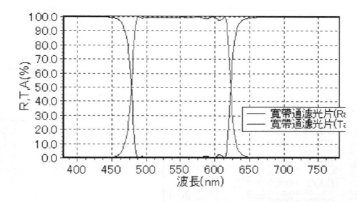

其光譜顯示的顏色如下所示。

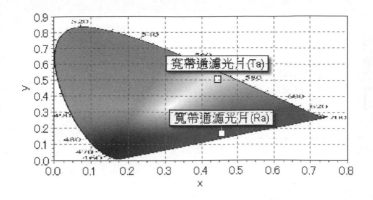

6-6-3　帶止濾光片

17 層**短波通濾光片**的設計：設計波長改為 $\lambda_0 = 530\,\text{nm}$

$$1|(0.5\text{L H } 0.5\text{L})^6|\text{Quartz}$$

其相關光譜特性如下所示。基本上這就是簡單設計的**寬帶止濾光片**。

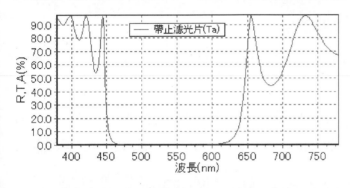
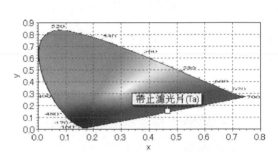

採用手動模式進行最適化動作：重複進行優化動作後，最佳化結果如下所示。

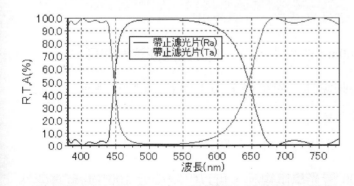
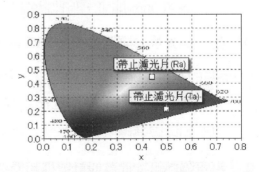

上述為**寬帶止濾光片**的優化設計，基本上不會有困難；延續這樣的設計概念，繼續進行**窄帶止濾光片**的優化設計，如下所示。

$$1|3(0.5\text{L H } 0.5\text{L})^6|\text{Quartz}$$

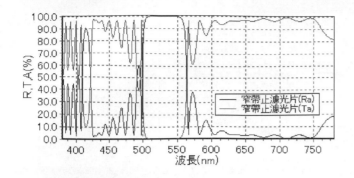
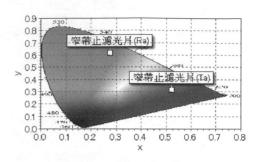

6-7 抗 UV 膜

紫外光(Ultra-violet，簡稱 UV)區光譜範圍為

1. UVC：100nm~280nm，此波段被臭氧層隔離。

2. UVB：280nm~320nm，此波段對眼角膜影響比較大。

3. UVA：320nm~400nm，此波段對水晶體影響比較大。

因此，所謂抗 UV 膜，就是阻絕 280nm~400nm 光譜範圍的鍍膜設計；根據前述各章節的討論可知，可行的鍍膜設計有：

1. **傳統的抗反射膜設計**：此類型鍍膜的光譜範圍一般是針對可見光區 400nm~700nm，設計時短波長部分必須延伸至紫外光區 280nm~400nm；通常，光譜範圍愈大，鍍膜設計安排愈不容易。

2. **長波通濾光片設計**：針對抗 UV 膜設計，只要讓短波長高反射波段包含整個紫外光區 280nm~400nm 即可，但此狀況下，可見光區有抗反射效果。

3. **帶止濾光片**：讓紫外光區 280nm~400nm 位在截止區，其餘波段高透射即可。

抗 UV 膜的應用，除了常見的眼鏡、太陽眼鏡外，尚有很多民生用品，例如在網路資源 2 中，我們瀏覽 3M 公司網站，其中相關抗 UV 的產品有

1. 日照調節隔熱膜：此款設計宣稱可以阻絕 99%的有害紫外線

2. 汽車隔熱紙：此款設計號稱超過 200 層光學微複膜，可以阻絕接近 100%的有害紫外線與 97%紅外光

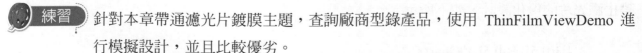

練習 針對本章帶通濾光片鍍膜主題，查詢廠商型錄產品，使用 ThinFilmViewDemo 進行模擬設計，並且比較優劣。

網路資源

　　使用 google 查詢，關鍵字爲本章內容主題，查詢項目包括圖片；網路資源非常豐富，無法逐一列舉，請自行練習搜尋所需要的參考論文或文章。

1.　法布里-珀羅(Fabry-Perot)干涉儀：

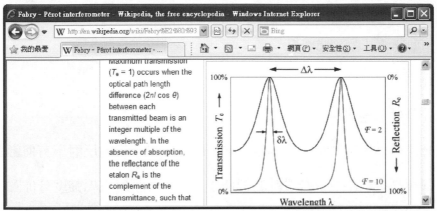

(http://en.wikipedia.org/wiki/Fabry%E2%80%93P%C3%A9rot_interferometer)

2.　日照調節隔熱膜：此款設計宣稱可以阻絕 99%的有害紫外線。

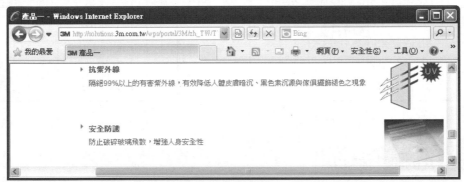

(http://solutions.3m.com.tw/wps/portal/3M/zh_TW/TW_CM/windowfilm/products/product1)

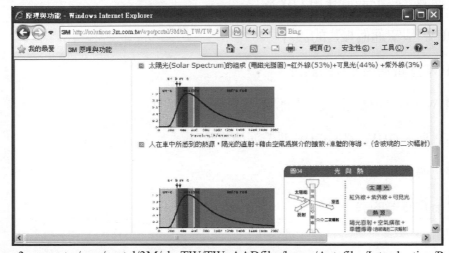

(http://solutions.3m.com.tw/wps/portal/3M/zh_TW/TW_AADfilm/home/Autofilm/Introduction/ProductFeature/)

習題

1. 何謂帶通濾光片(Band pass filter)？

2. 帶通濾光片寬帶的定義為何？

3. 何謂法布里-珀羅濾波器(Fabry-Perot filter)？

4. 說明 F-P 型濾光片的鍍膜設計。

5. 說明全介質 F-P 型濾光片的鍍膜設計。

6. 說明多腔層帶通濾光片的鍍膜設計。

7. 帶通濾光片最外層是高折射率膜層及增加層數，對止帶的反射率有何影響？

8. 低折射率與高折射率無效層設計的帶通濾光片，其膜層電場強度分佈圖，如下所示，說明並且比較兩者不同？

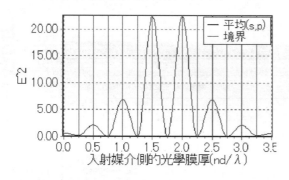 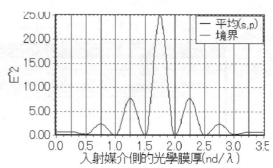

9. 帶通濾光片的設計種類。

10. 為何帶通濾光片的設計採用 QW 膜厚？

11. 說明 DHW 型窄通偏振片的設計。

12. 說明 THW 型帶通濾光片的設計。

13. 說明 THW 型帶通濾光片設計的膜層電場分佈圖特性。

14. 比較 F-P 型、DHW 型、THW 型帶通濾光片。

15. 何謂帶止濾波器(Band stop filter)？

16. 說明帶止濾波器的設計。

Appendix 附錄

模擬軟體 TFCalc 簡介

A-1　下載與解壓縮

下載網站 http://www.sspectra.com/demo.html，填寫下載試用版資料後下載。

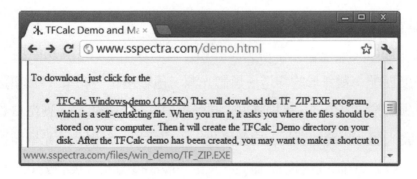

並且提供英文版的使用手冊。

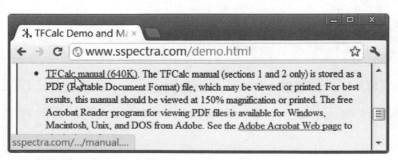

版本更新可至 TFCALC 總公司網址下載 http://www.sspectra.com/support/index.html。

安裝過程如下：滑鼠雙按 TF_ZIP.EXE 圖示。

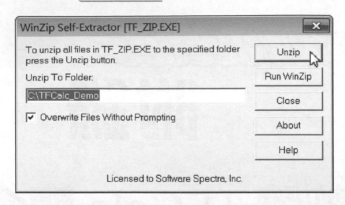

選擇解壓縮檔案儲存資料夾位置，若不更改預設儲存位置，滑鼠點按 Unzip 。

此套光學模擬軟體的特色如下：

1. **功能強大**：TFCalc 是一個光學薄膜設計和分析的通用工具，其功能項目：吸收、有效鍍膜、角度匹配、雙錐形的穿透、黑體光源、色彩優化、約束、繼續優化目標、派生目標、探測器、散射公式、電場強度、同等折射率、同等堆疊、獲得材質、全局優化、組優化、發光體、膜層敏感性、局部優化、多重環境、針優化、光學監控、光學密度、相位移動、發光分佈、折射率的確定、反射、敏感度分析、堆疊公式、綜合、穿透率、隧道效應、可變材料。

2. **創新**：TFCalc 軟體是膜系設計軟體中提供創新方法的領導者。例如，TFCalc 允許活動材料-材料的折射率隨著外部影響而改變，此功能是其他商業軟體沒有的功能。

3. **容易使用**：TFCalc 是標準的 windows 和蘋果機程式；薄膜設計工程師利用功能表、對話方塊和視窗來輸入並顯示結果，套裝軟體中包含了大量的設計實例。

A-2　整合開發環境

　　切換至 TFCalc_Demo 資料夾中，按 TFCalc35.exe 圖示，系統啓動簡介主視窗，按 OK，出現預設的開啓視窗，選按 4_LAYER.TFD 範例。

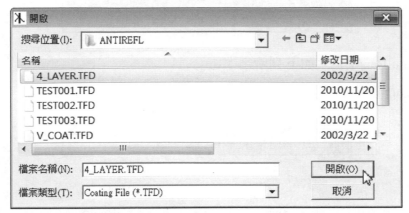

注意參考波長(Reference wavelength)的設定爲何，按 OK，結果輸出 Layers-Front 與 Plot 視窗：

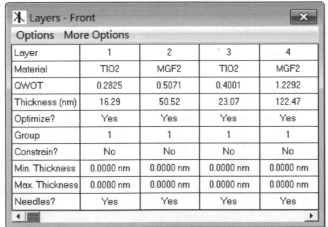

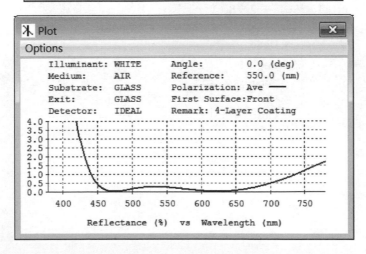

或者按 取消 。

一、主視窗說明

功能表列：

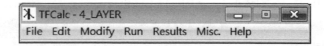

各**功能表列**(Menu Bar)項目，如下列所示：

1. File **檔案**功能表中的項目。

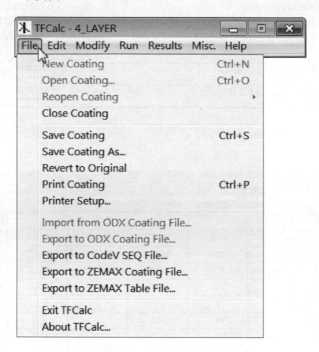

2. Edit **編輯**功能表中的項目。

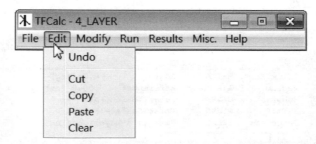

3. Modify 修改功能表中的項目。

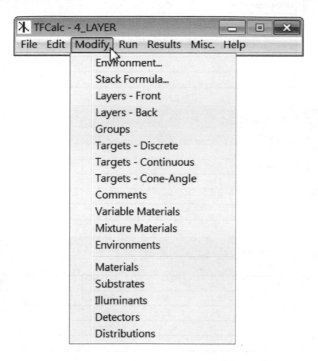

其中 Materials 項目顯示有 6 種不同的材料，前 3 種針對波長 0.55μm，折射率固定，
其餘 3 種則提供 6 個不同波長的色散數據

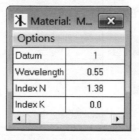

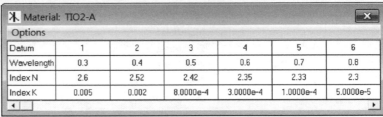

Substrates 項目顯示有 4 種不同的材料：空氣(AIR)

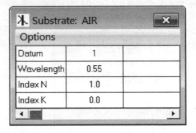

BK7：波長相關折射率的基板。

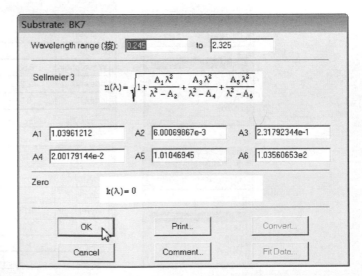

G：波長 0.55μm，折射率 N = 4.0。

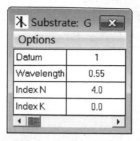

GLASS：波長 0.55μm，折射率 N = 1.52。

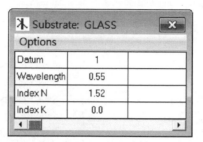

4. Run 執行功能表中的項目。

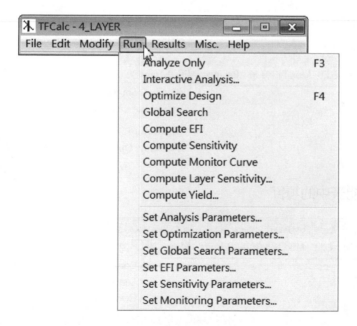

5. Results 結果功能表中的項目。

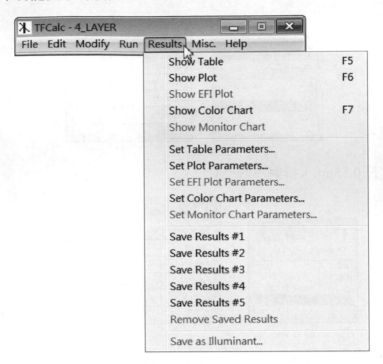

6. Misc.功能表中的項目。

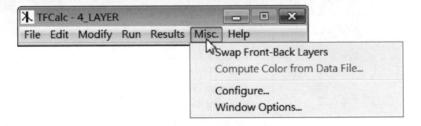

7. Help **協助**功能表中的項目。

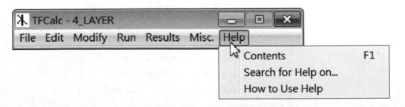

A-3　鍍膜資料設定與執行

　　按[File/New Coating]，編輯鍍膜使用環境，設定視窗如下所示，其中參考波長(Reference wavelength)為 550nm，入射介質為空氣(AIR)，基板(Substrate)為玻璃(GLASS)，離開介質為玻璃(GLASS)

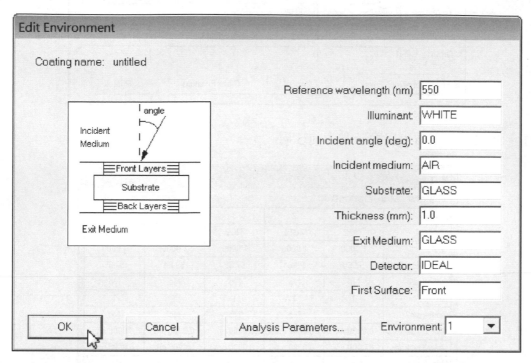

　　基板(Substrate，例如眼鏡片)，一般都是需要鏡片的兩面鍍膜，臨近入射介質(例如空氣)的鍍膜稱為前方膜，臨近離開介質(例如眼睛)的鍍膜稱為後方膜，不論是前方膜或者是後方膜，皆是最靠近基板的膜層為第 1 層鍍膜，詳如下圖所示。

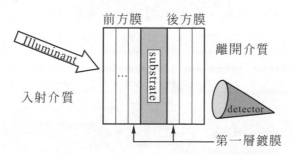

Modify 修改功能表中的項目 Environment... : 如上圖所示。

　　項目 Stack Formula : ^7 代表重複 7 次，意即鍍膜有 15 層，其中注意基板預設在左邊；Optimize 欄位設定為 No，代表無優化功能。

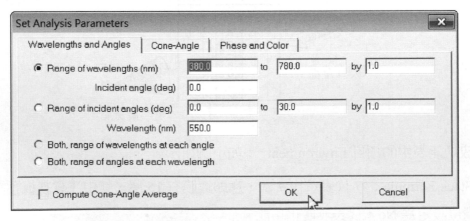

項目 Stack Formula：只顯示其中前 5 層。

一、設定

執行之前必須先設定各項參數，例如，設定分析參數：

設定最適化參數：最適化可以是膜層(Layers)或膜組(Groups)，方法有三種：(1)Gradient；
(2)Simplex；(3)Variable Metric。

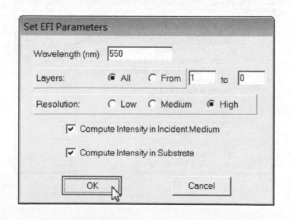

設定全區域搜尋參數：搜尋變化參數可以是膜層或膜組，搜尋型態有亂數(Random)或系統
化(Systematic)兩種。

設定電場強度參數：

設定靈敏度參數：

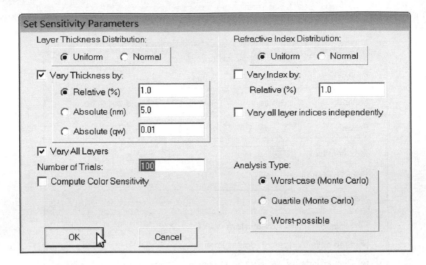

設定監控信號參數：

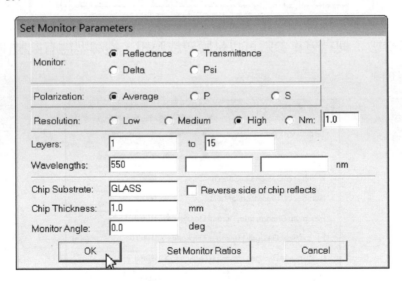

滑鼠按[Run/Analyze Only]，只是分析而已，不會顯示任何輸出結果。

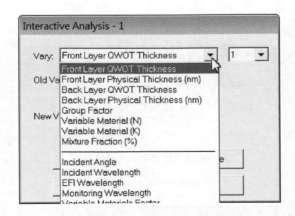

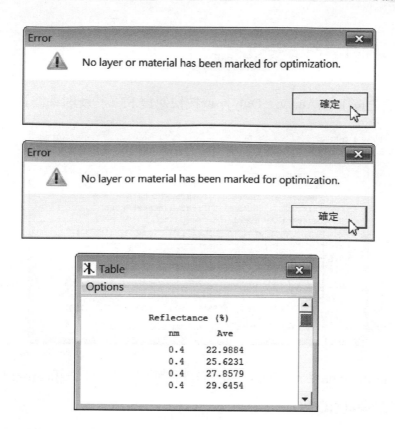

二、執行計算

　　功能表 Run 的計算項目，如下圖所示，其中有快速鍵設定的項目有 Analyze Only(F3)，以及 Optimize Design(F4)。

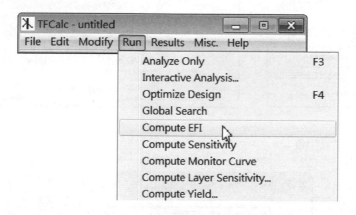

A-4 顯示特性計算的結果

續前例，滑鼠選按[Run/Analyze Only]，或按快速鍵 F3，其反射率波長曲線圖如下所示。

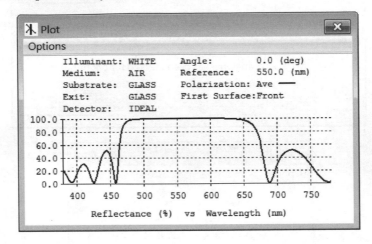

滑鼠選按[Run/Interactive Analysis]：互動分析變動項目為前方膜(Front Layer)的第 1 層，單位為 1/4 參考光學厚度(QWOT)。

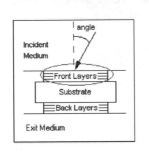
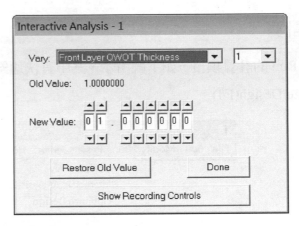

變動層數：下拉式選項切換。

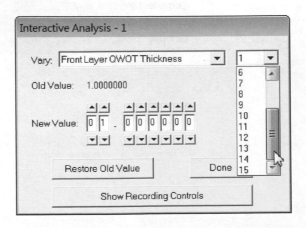

變動互動分析項目：下拉式選項切換。

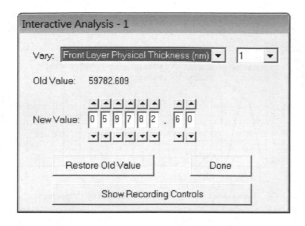

滑鼠選按[Run/Compute EFI]：選按前，檢查 Set EFI Parameters 設定，更改參考波長為 550nm。

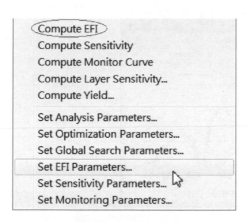
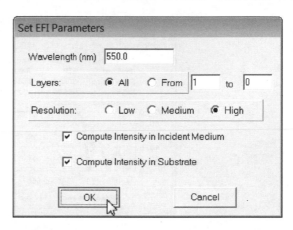

顯示計算結果，滑鼠選按[Results/Show EFI Plot]：選按前，檢查[Results/Set EFI Plot Parameters]
設定，Polarization 選項 P 偏振與 S 偏振皆勾選，繪圖範圍勾選自動(Automatic)。

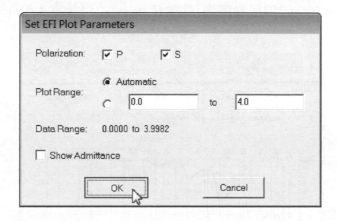

結果：

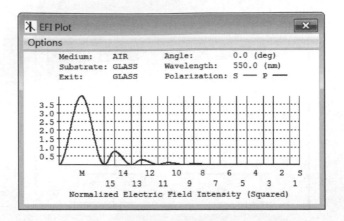

滑鼠選按[Run/Compute Sensitivity]：選按前，檢查[Run/Set Sensitivity Parameters]設定。

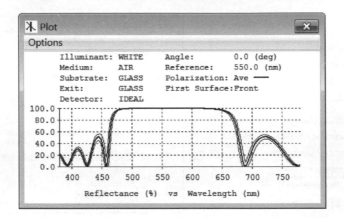

滑鼠選按[Results/Show Monitor Chart]：選按前，檢查[Run/Set Monitoring Parameters]設定，其中監控(Monitor)項目設定反射率(Reflectance)，偏極性(Polarization)項目設定平均值(Average)，解析度(Resolution)項目設定高，膜層(Layers)項目設定 1 至 15，波長(Wavelengths)項目設定 550。

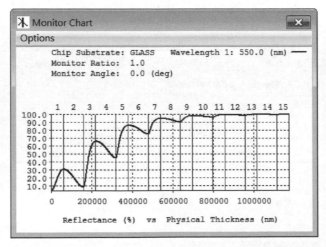

欲結束此鍍膜模擬，可以滑鼠選按[File/Close Coating]，或存檔 Save Coating，或另存 Save Coating As。

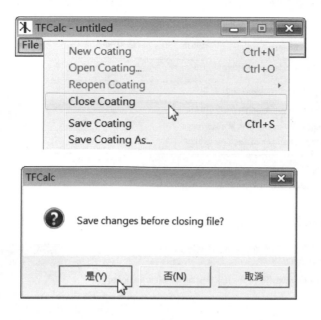

A-5　範例說明

　　舉雙層抗反射鍍膜爲例，滑鼠選按[File/New Coating]，編輯環境設定：參考波長 550nm，離開介質爲空氣。

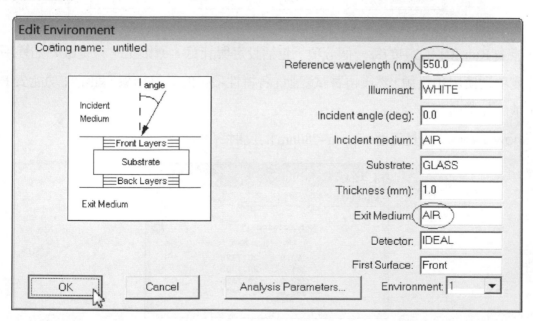

選按 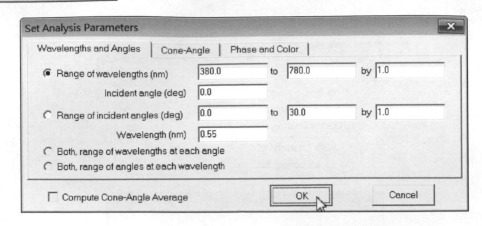 ：設定波長範圍 380nm~780nm。

選按[Modify/Stack Formula]：英文字母可以大寫，但系統會自動改為預設字母。

執行功能表 Run 項目之中的每一個分項，包括設定與計算，原則上，只更改熟知變項，不清楚的變項則使用預設值，然後再嘗試變動；各特性項目的計算結果，顯示在功能表 Results 之中，依序如下所列：

1. Show Table：波長範圍 380nm~780nm 的反射率數據。

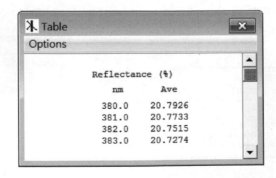

選項(Options)提供其他功能，包括印出、複製、儲存與統計計算數據表。

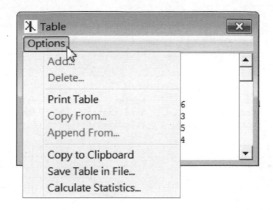

例如選項統計計算數據：由統計結果可知，在波長 380nm 反射率最大，數值為 20.7926%，平均反射率為 15.2649%，在波長 550nm 反射率最小，數值為 12.0377%。

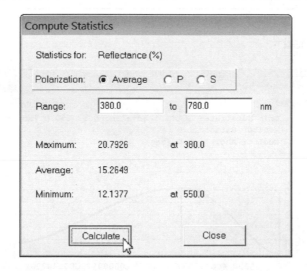

2. Show Plot：Options 選項功能請自行參閱。

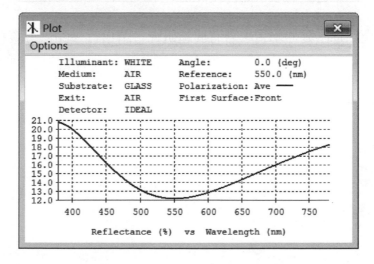

3. Show EFI Plot：因爲垂直入射，故 S 偏振與 P 偏振相同。

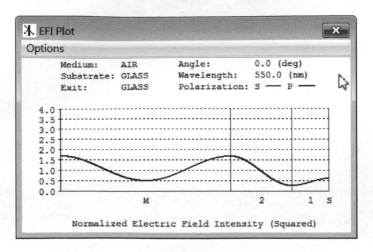

4. Show Monitor Chart：

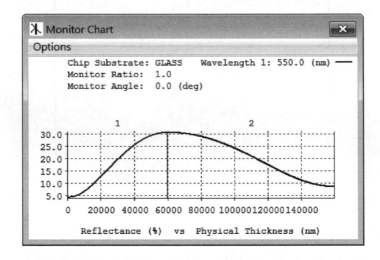

優化設定歸類爲進階延伸學習，若有興趣研究，請自行參閱參考資料 14。

Reference 參考文獻

1. 李正中，1999，"薄膜光學與鍍膜技術"，藝軒圖書，台北。

2. 葉倍宏，1992，"薄膜光學-電腦輔助模擬與分析"，台灣復文興業，台南。

3. 葉倍宏，2011，"MATLAB 程式設計-基礎篇(第四版)"，全華圖書，台北。

4. 葉倍宏，2006，"MATLAB 7 程式設計-應用篇"，全華圖書，台北。

5. 葉倍宏，2009，"Visual C++ 2010 程式設計"，全華圖書，台北。

6. 葉倍宏，2011，"Visual Basic 程式設計(第二版)"，全華圖書，台北。

7. 葉倍宏，2011，"Visual C# 2010 程式設計" (電子書)。

8. 葉倍宏，2012，"FreeMat 程式設計-工程與應用"，全華圖書，台北。

9. ALFRED THELEN, 1989, "Design of Optical Interference Coatings", McGraw-Hill。

10. Hugh Angus Macleod, "Thin-film optical filters", CRC Press/Taylor & Francis。

11. James D. Rancourt, 1987, "Optical thin films users' handbook", McGraw-Hill。

12. Sung-Mok Jungb, Young-Hwan Kim, Seong-Il Kim, Sang-Im Yoo, 《Design and fabrication of multi- layer antireflection coating for III-V solar cell》, Current Applied Physics, vol. 1, pp. 538-541, 2011。

13. http://www.wavelab-sci.com/TW/product-tfc.htm。

14. http://www.sspectra.com/files/win_demo/manual.pdf。

國家圖書館出版品預行編目資料

薄膜光學概論 / 葉倍宏編著. -- 初版. -- 新北
市 ： 全華圖書, 2012.09
面； 公分

ISBN 978-957-21-8710-4 (平裝)

1.光學 2.科學技術

474.7 101018099

薄膜光學概論

作者 / 葉倍宏

執行編輯 / 曾霈宗

發行人 / 陳本源

出版者 / 全華圖書股份有限公司

郵政帳號 / 0100836-1 號

印刷者 / 宏懋打字印刷股份有限公司

圖書編號 / 06201

初版一刷 / 2012 年 09 月

定價 / 新台幣 480 元

ISBN / 978-957-21-8710-4

全華圖書 / www.chwa.com.tw

全華網路書店 Open Tech / www.opentech.com.tw

若您對書籍內容、排版印刷有任何問題，歡迎來信指導 book@chwa.com.tw

臺北總公司(北區營業處)
地址：23671 新北市土城區忠義路 21 號
電話：(02) 2262-5666
傳真：(02) 6637-3695、6637-3696

中區營業處
地址：40256 臺中市南區樹義一巷 26 號
電話：(04) 2261-8485
傳真：(04) 3600-9806

南區營業處
地址：80769 高雄市三民區應安街 12 號
電話：(07) 862-9123
傳真：(07) 862-5562

歡迎加入 全華會員

● **會員獨享**

會員享購書折扣、紅利積點、生日禮金、不定期優惠活動…等。

● **如何加入會員**

填妥讀者回函卡直接傳真(02) 2262-0900 或寄回，將由專人協助登入會員資料，待收到E-MAIL 通知後即可成為會員。

如何購買 全華書籍

1. **網路購書**

全華網路書店「http://www.opentech.com.tw」，加入會員購書更便利，並享有紅利積點回饋等各式優惠。

2. **全華門市、全省書局**

歡迎至全華門市（新北市土城區忠義路21號）或全省各大書局、連鎖書店選購。

3. **來電訂購**

(1) 訂購專線：(02) 2262-5666 轉 321-324
(2) 傳真專線：(02) 6637-3696
(3) 郵局劃撥（帳號：0100836-1　戶名：全華圖書股份有限公司）

※ 購書未滿一千元者，酌收運費 70 元。

OpenTech.com.tw 全華網路書店

全華網路書店 www.opentech.com.tw
E-mail: service@chwa.com.tw

※ 本會員制如有變更則以最新修訂制度為準，造成不便請見諒。

讀者回函卡

填寫日期： ___ / ___ / ___

姓名： _____ 生日：西元 ___ 年 ___ 月 ___ 日 性別：□男 □女

電話：( ) 傳真：( ) 手機： _____

e-mail： (必填)

註：數字零，請用 Φ 表示，數字 1 與英文 L 請另註明並書寫端正，謝謝。

通訊處：□□□□□

學歷：□博士 □碩士 □大學 □專科 □高中·職

職業：□工程師 □教師 □學生 □軍·公 □其他

學校/公司： _____ 科系/部門： _____

· 需求書類：

□A. 電子 □B. 電機 □C. 計算機工程 □D. 資訊 □E. 機械 □F. 汽車 □I. 工管 □J. 土木

□K. 化工 □L. 設計 □M. 商管 □N. 日文 □O. 美容 □P. 休閒 □Q. 餐飲 □B. 其他

· 本次購買圖書為： _____ 書號：_____

· 您對本書的評價：

封面設計：□非常滿意 □滿意 □尚可 □需改善，請說明 _____

內容表達：□非常滿意 □滿意 □尚可 □需改善，請說明 _____

版面編排：□非常滿意 □滿意 □尚可 □需改善，請說明 _____

印刷品質：□非常滿意 □滿意 □尚可 □需改善，請說明 _____

書籍定價：□非常滿意 □滿意 □尚可 □需改善，請說明 _____

整體評價：請說明 _____

· 您在何處購買本書？

□書局 □網路書店 □書展 □團購 □其他

· 您購買本書的原因？（可複選）

□個人需要 □幫公司採購 □親友推薦 □老師指定之課本 □其他

· 您希望全華以何種方式提供出版訊息及特惠活動？

□電子報 □DM □廣告 (媒體名稱 _____)

· 您是否上過全華網路書店？(www.opentech.com.tw)

□是 □否 您的建議 _____

· 您希望全華出版那方面書籍？ _____

· 您希望全華加強那些服務？ _____

~感謝您提供寶貴意見，全華將秉持服務的熱忱，出版更多好書，以饗讀者。

全華網路書店 http://www.opentech.com.tw 客服信箱 service@chwa.com.tw

2011.03 修訂

親愛的讀者：

感謝您對全華圖書的支持與愛護，雖然我們很慎重的處理每一本書，但恐仍有疏漏之處，若您發現本書有任何錯誤，請填寫於勘誤表內寄回，我們將於再版時修正，您的批評與指教是我們進步的原動力，謝謝！

全華圖書 敬上

勘 誤 表

書 號			
頁 數	行 數	書 名	作 者
		錯誤或不當之詞句	建議修改之詞句

我有話要說： (其它之批評與建議，如封面、編排、內容、印刷品質等···)